高等职业教育"十四五"规划教材

动物防疫与检疫

第 2 版

张　忠　王红戟　主编

中国农业大学出版社
·北京·

内 容 简 介

　　动物防疫与检疫是一门综合性应用课程,集畜牧、兽医学科多种知识技能于一体,阐述动物防疫、检疫的基础理论、基本知识和基本技能。本教材内容体系分为模块、项目和任务三级结构,每一项目又设"学习目标""学习内容""考核评价""案例分析""知识拓展""知识链接"等教学组织单元,并以任务的形式展开叙述,明确学生通过学习应达到的识记、理解和应用等方面的基本要求。

　　本教材文字精练,配有高清彩图(72幅)、实操视频(36个)资源,理论结合实际,编排得当,现代职教特色鲜明,既可作为教师和学生开展"校企合作、工学结合"人才培养模式的特色教材,又可作为企业技术人员的培训教材,还可作为广大畜牧兽医工作者短期培训、技术服务和继续学习的参考用书。

图书在版编目(CIP)数据

动物防疫与检疫/张忠,王红戟主编. --2版. --北京:中国农业大学出版社,2022.8
(2023.11重印)
　　ISBN 978-7-5655-2832-3

Ⅰ.①动…　Ⅱ.①张…②王…　Ⅲ.①兽疫—防疫②兽疫—检疫　Ⅳ.①S851.3

中国版本图书馆 CIP 数据核字(2022)第 130357 号

书　名	动物防疫与检疫　第2版
作　者	张　忠　王红戟　主编

策划编辑	康昊婷	责任编辑	康昊婷
封面设计	李尘工作室　郑　川		
出版发行	中国农业大学出版社		
社　址	北京市海淀区圆明园西路2号	邮政编码	100193
电　话	发行部 010-62733489,1190	读者服务部	010-62732336
	编辑部 010-62732617,2618	出 版 部	010-62733440
网　址	http://www.caupress.cn	E-mail	cbsszs@cau.edu.cn
经　销	新华书店		
印　刷	涿州市星河印刷有限公司		
版　次	2022年8月第2版　2023年11月第2次印刷		
规　格	185 mm×260 mm　16开本　15.5印张　420千字　彩插4		
定　价	52.00元		

图书如有质量问题本社发行部负责调换

编审人员

主　编　张　忠（甘肃畜牧工程职业技术学院）
　　　　　王红戟（云南农业职业技术学院）

副主编　王　云（遵义职业技术学院）
　　　　　谢雯琴（永州职业技术学院）
　　　　　向金梅（湖北生物科技职业学院）
　　　　　陈晓瑛（山东畜牧兽医职业学院）
　　　　　彭中友（贵州农业职业学院）

编　者（按姓氏笔画排序）
　　　　　王　云（遵义职业技术学院）
　　　　　王红戟（云南农业职业技术学院）
　　　　　邢耀潭（内江职业技术学院）
　　　　　向金梅（湖北生物科技职业学院）
　　　　　刘海霞（甘肃畜牧工程职业技术学院）
　　　　　陈晓瑛（山东畜牧兽医职业学院）
　　　　　杨祎程（兰州现代职业学院）
　　　　　张　忠（甘肃畜牧工程职业技术学院）
　　　　　张　洁（甘肃农业职业技术学院）
　　　　　奎国玉（甘肃畜牧工程职业技术学院）
　　　　　彭中友（贵州农业职业学院）
　　　　　谢雯琴（永州职业技术学院）
　　　　　刘晓芳（兴化市畜牧兽医站）

审　稿　王治仓（甘肃畜牧工程职业技术学院）

前　言

　　《动物防疫与检疫》教材自出版以来,得到广大高等职业院校师生及其他使用者的喜爱和普遍好评,我们所有编审人员实感欣慰并致以谢意! 为了进一步发挥本教材对教学、短期培训、技术服务和继续学习所起的积极促进作用,我们在第一版的基础上,做了全面仔细的修改。根据 2021 年新修订的《中华人民共和国动物防疫法》,对全书的文字进行了增减改动。结合生产实际,对第一版的部分图片、视频进行了替换,同时新增了一些更具代表性的彩图和视频。

　　党的二十大报告指出,实施科教兴国战略,强化现代化建设人才支撑。教材在人才培养中起着重要作用。本教材属于专业核心课教材,以生产过程和岗位能力需求为导向,坚持适度、够用、实用,符合学生认知规律,以模块→项目→任务为主线,设"学习目标""学习内容""案例分析""考核评价"和"知识拓展"等教学组织单元,开展"教、学、做"一体化的教学,以体现"教学内容职业化、能力训练岗位化、教学环境企业化"为特色。在教材的使用过程中,要充分关注学生的个性、态度、兴趣、品质等方面的特点及职业素养,促使其职业技能达到从事相应职业岗位工作所必需的要求和标准。

　　本教材内容渗透了防疫与检疫方面的行业标准和技术规范,文字精练,图文并茂,通俗易懂,融入数字资源,提供了丰富的教学信息资源。编写形式新颖、职教特色明显,既可作为教师和学生开展"校企合作、工学结合"人才培养模式的特色教材,又可作为企业技术人员的培训教材,还可作为广大畜牧兽医工作者短期培训、技术服务和继续学习的参考用书。

　　本教材的编写分工为:绪论、项目一、项目二、项目五由张忠编写,项目三由张洁编写,项目四由王云、向金梅、谢雯琴编写,项目六、项目七由杨祎程编写,项目八由王红戟、彭中友、陈晓瑛、刘晓芳编写,项目九由刘海霞、邢耀潭、奎国玉编写。全书由张忠、王红戟统稿,由王治仓主审。

　　感谢所有编审人员和责任编辑为本教材的修订再版所付出的艰辛劳动;编写过程中得到编写人员所在学校的大力支持,在此一并表示感谢。作者参考著作的有关资料,不再一一述及,谨对所有作者表示衷心的感谢!

　　由于编者水平有限,书中错误和不妥之处在所难免,敬请同行、专家提出宝贵意见和建议。

编　者

2023 年 11 月

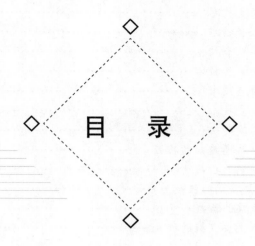

目　录

绪 论

一、课程简介

"动物防疫与检疫"是从事动物防疫与检疫工作人员需要学习和必须掌握的基础理论、基本知识和基本技能;是推动我国畜牧业生产、有效控制人兽共患病、实施消费者食入"放心动物性产品"工程不断发展的重要理论基础和技术指南,是动物医学专业重要的一门专业课程,它包括动物防疫、动物检疫两大部分。

动物防疫主要阐明防止动物疫病的发生、传播而采取的措施,将动物疫病排除于未受感染的动物群之外。根据疫病的发生、发展规律,采取包括消毒、免疫接种、药物预防、检疫、隔离、动物群淘汰及改善饲养管理和加强环境保护等措施,以消除或减少疫病的发生,提高动物的免疫力,控制传播媒介,切断疫病的传播途径,保障一定的动物群不受已存在于该地区的疫病的影响。

学习动物防疫的最终目的是要贯彻国家对动物疫病实行"预防为主,预防与控制、净化、消灭相结合"的方针,了解动物生产中如何加强防疫工作,制订科学的防疫计划,有效地预防、控制和扑灭动物疫病,以消除或减少疫病的发生,从而保障养殖业的健康发展和动物性食品的安全。

动物检疫主要阐明为预防、控制动物疫病、防止动物疫病传播、扩散和流行,保障养殖业的发展和人体健康的相关知识和规定,是由法定机构、法定人员依照法定的检疫项目、国家标准和方法,对动物及动物产品进行检查、定性和处理的一项带有强制性的技术行政措施。

学习动物检疫的最终目的是要掌握动物及动物产品的检疫程序、方式、方法及处理措施;能够迅速、正确地判定被检动物是否患有法定的检疫对象或携带病原体,进而按照有关规定对被检的动物及动物产品进行处理,从而防止疫病传播。

二、课程性质

"动物防疫与检疫"是动物医学及其相关专业的专业课程,具有较强的理论性和实践性。一方面,它将动物防疫与检疫技术有机融合,基于动物医学专业的职业活动、应职岗位需求,培养学生动物防疫、动物检疫等专业能力,同时注重学生职业素质的培养。另一方面,作为后续课程的基础,它所阐述的基本理论与技术具有更多的指导意义,能为后续专业课程的学习和毕业后从事动物防疫与检疫工作奠定扎实的理论基础。

三、课程内容

本课程内容编写是以技术技能型人才培养为目标,以动物医学专业动物防疫与检疫方面的岗位能力需求为导向,坚持适度、够用、实用及学生认知规律和同质化原则,以过程性知识为主、陈述性知识为辅。

本课程内容排序尽量按照学习过程中学生的认知规律、与专业所对应的典型职业工作顺序或实际职业工作过程来序化知识,将陈述性知识与过程性知识整合、理论知识与实践知识整合,意味着适度、够用、实用的陈述性知识总量没有变化,而是这类知识在课程中的排序方式发生了变化,课程内容不再是静态的学科体系的显性理论知识的复制与再现,而是着眼于动态的行动体系的隐性知识的生成与构建,更符合职业教育课程开发的全新理念。

本课程内容以实际应用知识和实践操作为主,删去了实践中应用性不强的理论知识,将动物防疫与检疫的相关知识和关键技能列出,依据教学内容的同质性和技术技能的相似性,进行归类和教学设计,划分为三大模块、七大项目,即:

模块一　动物防疫
　　项目一　动物防疫基本知识
　　项目二　动物防疫基本技术
　　项目三　动物疫病的处理

模块二　动物检疫
　　项目四　动物检疫基本知识
　　项目五　动物检疫基本技术
　　项目六　主要动物疫病的检疫
　　项目七　动物检疫环节

模块三　实训指导
　　项目八　动物防疫技术实训
　　项目九　动物检疫技术实训

每一项目又设"学习目标""学习内容""考核评价""案例分析""知识拓展""知识链接"6个教学组织单元,并以任务的形式展开叙述,明确学生通过学习应达到的理解、掌握和了解等方面的基本要求;有些项目的相关理论知识或实践技能,可通过实训指导、知识拓展或知识链接等形式学习。

四、课程目标

掌握动物防疫与检疫的基本知识,能够做到以下几点。
①制定动物疫病防疫制度、计划。
②熟练应用消毒、免疫接种和药物预防等动物疫病的防疫技术。
③对重大动物疫情采取正确的处理方法。
④进行动物及动物产品的检疫、监督及处理。
⑤对动物常见疫病进行鉴定及处理。

模块一　动物防疫

项目一
动物防疫基本知识

学习目标

• 了解动物疫病的概念、特点、分类、发展阶段、危害性、流行形式、影响因素、监测、无规定动物疫病区的概念、意义、原则、制度、各种措施及原则；

• 掌握动物疫病的发展阶段、发生的条件、流行的过程、监测的程序、手段及方法；

• 熟悉动物疫病流行的特征、监测体系的组成、对象及主要内容。

学习内容

▶▶ 任务一　动物疫病概述 ◀◀

一、动物疫病的病原

动物疾病包括动物疫病（包括传染病和寄生虫病）和动物普通病（包括内科病、外科病、产科病等）。动物疫病是由活的病原体引起的具有传染性和流行性的疾病。动物疫病的病原体一般包括病毒、病原菌和病原寄生虫三大类。病原微生物（包括病毒、病原菌）引起的动物疫病称为传染病，病原寄生虫引起的动物疫病称为寄生虫病。

（一）病毒

病毒是无细胞结构的微小生物，细胞内寄生。病毒核酸承载着病毒的遗传物质，病毒蛋白质包裹在核酸内芯外面，保护核酸免受破坏。亚病毒是比病毒结构更简单的微生物，主要有类病毒和朊病毒。类病毒只含有核酸，不含蛋白质，仅感染植物；朊病毒只含有传染性蛋白质，不含有核酸，引起人和动物的感染，如朊病毒引起的海绵状脑病。

（二）病原菌

病原菌是有完整细胞结构的微生物。按照细胞有无核膜可分为原核微生物和真核微生物。原核微生物包括细菌、立克次氏体、衣原体、支原体、螺旋体和放线菌等；真核微生物一般称为真菌，可分为酵母菌、霉菌等。

（三）寄生虫

寄生虫一般分为蠕虫（包括吸虫、绦虫、线虫、棘头虫等）、蜘蛛昆虫和原虫等。原虫为单细胞生物,可由一个细胞进行或完成生命活动的全部功能和过程。蠕虫和蜘蛛昆虫为多细胞动物,由相应的器官和系统构成,通过中间宿主或终末宿主完成其生活史。

二、动物疫病的特点

(一)动物传染病的特点

1. 由相应病原微生物引起

每一种传染病都有其特定的病原微生物。如猪瘟由猪瘟病毒引起,口蹄疫由口蹄疫病毒引起,炭疽由炭疽芽孢杆菌引起。

2. 具有持续性和感染性

病原微生物侵入机体后,能不断繁殖、增强毒性,持续发挥作用,因此具有一定的持续性。有些病原微生物可随排泄物、分泌物、渗出物等排出体外,传染给其他易感动物,从而造成疫病的传播与流行。

3. 感染的动物机体能发生特异性免疫反应

传染过程中由于病原微生物及其抗原的刺激作用,机体发生特异性免疫反应,产生特异性抗体和发生变态反应等;大多数情况下,耐过的动物均能产生特异性免疫力,在一定时期内或终生不再感染或发病。

4. 具有一定疾病特征和病程经过

大多数传染病具有特征性的临床症状和病理变化,个体发病动物通常有潜伏期、前驱期、明显期和转归期等病程经过。

5. 流行有一定的规律性

大多数传染病在动物群中的流行有一定的时限,且表现有明显的季节性,如洪水泛滥和多雨季节易发生炭疽或气肿疽。有些传染病的流行表现有明显的地域性,如猪支原体肺炎等;有些传染病的流行表现有一定的周期性,如口蹄疫等。

(二)动物寄生虫病的特点

1. 由相应病原寄生虫寄生于动物的体内或体表引起

寄生虫病由寄生虫寄生引起,如牛皮蝇的幼虫寄生于皮下组织引起牛皮蝇蛆病,猪蛔虫寄生于肠道引起猪蛔虫病,伊氏锥虫寄生于马血液引起伊氏锥虫病。

2. 传染性和流行性

寄生虫有多个生活阶段,并不是所有的阶段都对宿主具有感染能力,能使动物机体感染的阶段称为感染性阶段或感染期。处于感染期的寄生虫也可造成某些寄生虫病的传播与流行。

3. 病原寄生虫感染动物的免疫反应表现为不完全免疫或带虫免疫

大多数寄生虫是多细胞动物,构造复杂,且经过不同的发育阶段,生活史多样,造成了其抗原及免疫的复杂性。不完全免疫是指尽管宿主动物对侵入的寄生虫有一定的免疫反应,但不能完全将虫体清除,以致寄生虫可以在宿主体内有一定程度的繁殖和生存;带虫免疫是指当寄生虫在宿主体内保持一定数量时,宿主对同种寄生虫的再感染有一定的免疫力,一旦宿主体内虫体消失,这种免疫力也随之消失。

4. 多样性

病原寄生虫生活史复杂,受环境因素影响大,宿主类型各异,使疾病过程或特征多样化。

5. 对侵袭动物的危害呈现多重性

寄生虫通过吸盘、棘钩和移行作用,可直接造成组织损伤;虫体的直接压迫或阻塞于腔管,可引起器官萎缩或梗死;寄生虫吸取宿主血液、组织液等,可造成营养不良或贫血;寄生虫分泌毒素,可引起发热、溶血、血管壁损伤等,有些毒素可影响神经、消化等系统的功能。有些寄生虫可作为传播媒介使动物感染其他病原体,造成新的感染或疾病。

三、动物疫病的分类

(一)按照感染或侵袭的病原体分类

依据病原体的特性,可将动物疫病分为传染病和寄生虫病。传染病一般分为病毒病和细菌病。其中,病毒病除包括一般意义的各种病毒感染或疾病外,还包括朊病毒引起的疾病;细菌病除包括狭义的各种细菌感染或疾病外,还包括支原体病、衣原体病、螺旋体病、立克次氏体病、放线菌病和真菌病等。寄生虫病一般分为蠕虫病、蜘蛛昆虫病和原虫病。蠕虫病包括吸虫病、绦虫病、线虫病、棘头虫病等;蜘蛛昆虫病包括蜱病、螨病和昆虫病等;原虫病包括球虫病、鞭毛虫病、梨形虫病、孢子虫病和纤毛虫病等。

(二)按照感染的宿主动物的种类分类

依据宿主动物的种类,可将动物疫病分为多种动物共患疫病、猪疫病、禽疫病、牛疫病、羊疫病、马属动物疫病、兔疫病、蜜蜂疫病、蚕疫病及水生动物疫病等。

(三)按照病原体侵害的主要组织器官或系统分类

按照病原体侵害的主要组织器官、系统,可将动物疫病分为呼吸系统疫病、消化系统疫病、生殖系统疫病、神经系统疫病、免疫系统疫病、循环系统疫病、皮肤或运动系统疫病等。但在大多数情况下,器官或系统的感染或疫病,只不过是疾病全身过程的局部表现,真正单纯组织或器官的疫病感染并不多见。

(四)按照动物疫病的重要性分类

根据动物疫病的公共卫生学意义、对动物生产的危害程度、造成经济损失的大小以及控制消灭动物疫病的需要,一般将动物疫病进行等级划分,并通过相应的法律规定实施强制性管理。

2005 年以前,世界动物卫生组织(OIE)根据疫病对动物健康及人类公共卫生的危害程度,将动物疫病划分为 A 类和 B 类 2 种疾病。A 类疫病是指超越国界,具有迅速传播的潜力,引起严重的社会经济或公共卫生后果,并对动物和动物产品国际贸易具有重大影响的疫病;B 类疫病是指在国内对社会经济和公共卫生具有影响,并在动物和动物产品国际贸易中具有明显影响的疫病。2005 年,OIE 取消了 A 类和 B 类疫病名录分类,统一为目前的须通报陆生和水生动物疫病名录。本项目知识拓展分别列出了 2019 年版陆生和水生动物疫病名录。

根据动物疫病对养殖业生产和人体健康的危害程度,《中华人民共和国动物防疫法》将规定的动物疫病分为 3 类:一类疫病,是指口蹄疫、非洲猪瘟、高致病性禽流感等对人、动物构成特别严重危害,可造成重大经济损失和社会影响,需要采取紧急、严厉的强制预防、控制等措施的动物疫病;二类疫病,是指狂犬病、布鲁氏菌病、草鱼出血病等对人、动物构成严重危害,可能造成较大经济损失和社会影响,需要采取严格预防、控制等措施的动物疫病;三类疫病,是指大肠杆菌病、禽结核病、鳖腮腺炎病等常见多发,对人、动物构成危害,可能造成一定程度的经济损失和社会影响,需要及时预防、控制的动物疫病。项目四知识拓展列出了农业农村部 2022

年公布的一、二、三类动物疫病病种名录。

四、动物疫病的发展阶段

为了更好地理解动物疫病的发生、发展规律,将动物疫病的发展分为 4 个阶段,虽然各阶段有一定的划分依据,但有的界限不是非常严格。

(一)潜伏期

潜伏期是指从病原体侵入动物机体并进行繁殖,到动物体出现最初症状为止的一段时间。

不同的疫病潜伏期不同,即便是同一种疫病潜伏期的长短也有很大的变动范围。潜伏期的长短一般与病原体的毒力、数量、侵入途径和动物机体的易感性有关。比如结核病的潜伏期一般为 10～45 d,长者数月甚至数年;猪繁殖与呼吸综合征的潜伏期为 3～28 d,一般为 14 d。动物处于潜伏期时没有临床表现,难以被发现,对健康动物威胁大。从流行病学的观点看,了解各种动物疫病的潜伏期,对于疫病的诊断,确定动物疫病的封锁期,控制传染来源,制定预防措施,具有非常重要的实际意义。

(二)前驱期

前驱期是指从出现最初症状到特征性症状出现前的这段时间,又称征兆期。

此期时间较短,仅表现疾病的一般症状,比如精神沉郁、食欲减退、体温升高、生产性能下降等,此时进行诊断是非常困难的。

(三)明显期

明显期是指前驱期之后到该动物疫病特征性临床症状明显表现出来的时期,又称发病期。

明显期是疾病发展到高峰的阶段,比较容易识别,在动物疫病诊断上有重要意义。这一阶段患病动物排出体外的病原体最多、传染性最强。

(四)转归期

转归期是指动物疫病发展到最后结局的时期。表现为痊愈(康复或免疫)或死亡 2 种情况。

如果病原体的致病性增强,或动物体的抵抗力减弱,病原体不能被动物机体控制或杀灭,则动物以死亡告终;如果动物体的抵抗力得到改进和增强,病原体被有效控制或杀灭,症状就会逐步缓解,病理变化慢慢恢复,生理功能逐步正常,则动物机体逐渐恢复健康。在病愈后一段时间内,动物体内的病原体不一定马上消失,在一定时期内保留免疫学特性,虽然在一定时间内还有带菌(毒)、排菌(毒)现象存在,但最后病原微生物可被消灭清除。

五、动物疫病的危害性

由于动物疫病具有传染性、流行性的特点,其危害更具危险性和普遍性。动物疫病不仅对动物生产造成危害,而且许多动物疫病属人兽共患病,对人类健康也构成严重威胁。

(一)引起大批动物死亡,造成巨大的经济损失

动物疫病是死亡率最高的一类疾病,引起动物死亡的数量很大,可直接造成巨大的经济损失,即使动物不死亡,也会造成经济价值或饲养价值下降,使大批动物被淘汰,经济损失惨重。如当流行口蹄疫、高致病性禽流感等烈性传染病时,需要对同群或一定范围内的易感动物做扑杀销毁处理,会造成很大的经济损失。

(二)动物疫病引起动物生产性能下降

动物受病原体感染或发病,导致动物生产性能降低,如产蛋率、产乳量、日增重、饲料转化率等降低,或者使役力降低或丧失,或者引起繁殖障碍性疫病,影响繁殖能力(如猪繁殖与呼吸综合征、伪狂犬病等),或者导致动物副产品废弃(如牛皮蝇蛆病造成牛皮张的废弃),往往造成难以估量的经济损失。

(三)人兽共患病威胁人类健康

许多动物疫病(如高致病性禽流感、结核病、炭疽、弓形虫病、旋毛虫病)等属人兽共患病,不仅使养殖业蒙受损失,而且威胁人类健康,引起消费市场的恐慌甚至混乱,对农业生产乃至国计民生带来严重的负面影响。

(四)动物疫病影响经济贸易活动

动物疫病的存在、发生或流行,不仅影响区域经济贸易活动,而且影响国际经济贸易活动,甚至引起国际贸易纠纷或不必要的国际贸易壁垒,造成不可估量的损失。例如:"疯牛病"事件使英国为之骄傲的养牛业遭受灭顶之灾。

(五)动物疫病的防疫消耗大量财富

动物疫病的控制水平,常常是一个国家综合国力和科学技术的标尺。对动物疫病的控制、扑灭和消灭,常常需要花费大量的人力、物力和财力,造成社会财力资源的巨大浪费。

▶ 任务二　动物疫病的发生与流行 ◀

一、动物疫病发生的条件

动物疫病的发生是在一定环境条件下病原体与宿主动物相互作用、相互斗争的体现。这一作用过程的发生和发展受病原体特征(毒力、数量)、病原体侵入宿主动物的途径(入侵门户)、宿主机体防御状态和防御能力、宿主动物的营养状况以及外部环境等诸多因素的影响。

(一)病原体的毒力和数量

1. 病原体的毒力

病原体引起宿主动物感染或发病的致病力程度称为毒力。各种病原体有不同的致病力,同种病原体不同株系之间其致病力也有强有弱。病原体必须有足够的毒力才可能引发感染或致病。高致病性病原体,可使宿主动物发生严重感染或急性感染;中等毒力的病原体,可使宿主动物发生轻度感染;低致病性病原体,不引起宿主动物明显的临床症状,使宿主动物呈现亚临床感染状态。还有一些病原体,单独感染时病症轻微,但可使宿主动物更易受到其他病原体的严重感染;另外,一些病原体,平时存在于宿主体内或周围环境中,当宿主受到应激因素的作用时,可引起明显感染或严重感染。

2. 感染病原体的数量

除毒力之外,感染的病原体尚需达到一定数量,才能引发疾病。即使病原体毒力强,但数量不足,也可能被机体防御力量所消灭,疾病不能发生。一般而言,病原体毒力越强,引起感染发病所需的数量越少;毒力越弱,所需数量则越多。如多杀性巴氏杆菌,强毒株只需几个活菌即可致死实验小鼠,弱毒株则需几亿个活菌方能使实验小鼠死亡。

(二)入侵门户

病原体能引起宿主动物感染发病的入侵部位或途径称为入侵门户。入侵门户常与病原体的寄生繁殖特性、组织亲和性、对宿主细胞的黏附作用以及在体内的扩散因素等有关,也受宿主防御能力的限制。大多数病原体可通过多种入侵部位引起感染发病,如炭疽杆菌、布鲁氏菌、猪瘟病毒等。某些病原体有其专门的入侵门户,如破伤风梭菌只有在较深创伤部位的厌氧环境中才能大量繁殖,引发疾病;脑膜炎球菌则经呼吸道入侵,在鼻咽部黏膜繁殖,再入侵脑脊髓膜,引起脑膜感染。

(三)宿主动物的防御状态和防御能力

没有一定毒力和数量的病原体,就不会引起相应的感染或疾病。但病原体入侵易感动物,是否一定引起感染,在更大程度上还取决于宿主动物的防御状态和防御能力,而宿主动物的防御状态和防御能力通常由诸多因素决定。

1. 宿主抗感染免疫的遗传特性

动物由于种属、品种和品系的不同,对同种病原体或者不同病原体在易感性方面存在很大差别,这种差异是由种属的免疫遗传特性决定的。如炭疽杆菌常引起牛和羊的急性感染,对猪则多引起局限性感染;白来航鸡对鸡白痢、沙门菌感染的抵抗力较其他品系的鸡更强。某些病原体对宿主动物的感染常表现出年龄倾向特征,即病原体只对一定年龄时期的动物有感染能力,这种特征具有遗传特征。如布鲁氏菌主要感染性成熟动物,沙门菌和大肠杆菌以感染幼龄动物为主。

2. 宿主个体免疫系统的发育

宿主个体免疫系统的良好发育是抵抗感染的根本保证,如果免疫系统在个体发育时期形成缺陷或遭受某种免疫抑制性疾病感染,则容易被病原体感染。如鸡患传染性法氏囊病后可引起免疫抑制,宿主对多杀性巴氏杆菌、致病性大肠杆菌、葡萄球菌等多种病原菌的易感性增强。

3. 非特异性免疫作用

非特异性免疫作用由动物机体正常组织结构、细胞以及体液成分构成,是先天性的,其发挥的抗感染作用缺乏针对性。非特异性免疫作用主要包括宿主的皮肤屏障、血-脑屏障、血-胎屏障、吞噬细胞的吞噬作用以及正常细胞免疫因子的作用等。

4. 获得性免疫作用

宿主动物耐过某种病原体感染或经免疫接种后,可获得特异性的抗感染能力,又称为特异性免疫。宿主动物的特异性免疫状态对抗感染有着十分重要的意义。

(四)宿主动物的营养状况

宿主动物的营养状况与感染的发生之间存在着很重要的相互作用。一方面,营养状况影响免疫力,进而影响抵抗病原体感染的能力;另一方面,病原体引起的感染又影响宿主新陈代谢和营养需求。这种相互作用最终导致免疫系统功能和营养状况同时恶化,增加病原体的感染机会,导致感染过程加剧或疾病恶化。

(五)外部环境因素

影响动物疫病发生的外部环境因素主要指气候因素、生物性传播媒介、应激因素、生产因素、环境卫生状况以及控制疾病发生的措施等。

气候因素对动物感染病原体有着重要的影响,适宜的温度、湿度、阳光等因素影响病原体的增殖和存活时间。节肢动物、啮齿类动物以及非宿主动物(包括人)的活动影响病原体的散播。如高寒、过热、断水、饥饿、维生素缺乏、矿物质不足和寄生虫侵袭等应激因素,以及长途运输、过度使役、高产应激、断喙、拥挤饲养、通风不良等生产因素影响宿主动物的抵抗力。环境卫生状况差、污物堆积、蚊蝇滋生、虫鼠活跃等因素有利于病原体的存活和传播。控制感染的措施(如杀灭病原、免疫接种、检疫隔离、药物防治、消毒销毁尸体、杀虫灭鼠等)对疫病的发生有一定的影响。

二、动物疫病的流行过程

动物疫病不仅能使易感个体感染发病,在条件适宜时,也能使易感群体感染发病,这是动物疫病的一个重要特征。病原体从受感染的个体通过直接接触或传播媒介传递给另一易感个体,循环传播,形成流行。动物疫病在群体中的蔓延流行一般需经 3 个阶段,即病原体从感染的机体(传染来源)排出,在外界环境中存留,经过一定的传播途径侵入新的易感动物而形成新的感染。通常将传染源、传播途径和易感动物称为动物疫病流行的 3 个基本环节。这 3 个环节必须环环相扣、紧密联系才能形成动物疫病的传播流行。

(一)传染源

病原体在其中寄居、生长、繁殖,并能排出体外的人和动物称为传染源。传染源就是受病原体感染的人和动物,包括患病动物、患人兽共患病的病人及病原携带者。

1. 患病动物

多数患病动物在发病期排出病原体数量大、次数多,传染性强,是主要传染来源。如开放性鼻疽病马,随鼻液或黏膜溃疡分泌物不断地排出病原体,易于被发现和隔离处理。临床症状不典型的慢性鼻疽,不易被发现,虽然排出病原体数量较少,但也是危险的传染来源。

2. 患人兽共患病的病人

如患炭疽、布鲁氏菌病、结核病及钩端螺旋体病等的病人,排泄物、分泌物中含有病原体,排到环境中可造成动物感染。

3. 病原携带者

病原携带者指外表无症状但携带并排出病原体的动物和人,其排出病原体的数量一般不及患病动物或人多,但由于缺乏症状,往往不易引起注意,是更危险的传染来源。如果检疫不严,还可以随运输动物远距离散播到其他地区,造成新的传播。病原携带者又可分为 3 类。

(1)潜伏期病原携带者　指感染后至症状出现前排出病原体的动物。多数患病动物,在潜伏期不具备排出病原体的条件。但少数疫病(如猪瘟)在潜伏期后期能够排出病原体,可以成为传染源。

(2)病后病原携带者　指临床症状消失后仍能排出病原体的动物。一般当患病动物临床症状消失后,机体各种功能基本恢复,其传染性很小或无传染性。但有些疫病(如猪支原体肺炎)临床痊愈的恢复期仍然能排出病原体,甚至可延续终身。

(3)健康病原携带者　指过去没有患过某种疫病,但却能排出该种病原体的动物或人。一般认为是隐性感染或健康带菌现象。巴斯德菌病和猪丹毒等疫病的健康病原携带者可成为传染源。

病原体自动物体内排出后,可以在排泄物、分泌物内存留一定时间,有的病原体可在粪便、用具及土壤里存活。

(二)传播途径

病原体由传染源排出后,经一定方式再侵入其他易感动物所经过的路径称为传播途径,根据病原体在传染源和易感动物之间的世代更替方式,可分为水平传播和垂直传播。

1. 水平传播

病原体在群体之间或个体之间以水平形式传播。根据传染源和易感动物接触传递病原体的方式,水平传播又可分为直接接触传播和间接接触传播。

(1)直接接触传播　病原体通过传染来源与易感动物直接接触(如舔咬、交配、皮毛接触等)发生传播的方式。如狂犬病病毒、外寄生虫的传播等多以直接接触为主要传播方式。

(2)间接接触传播　病原体通过生物性或非生物性媒介物使易感动物发生感染的传播方式。从传染源将病原体传播给易感动物的各种外界环境因素称为传播媒介。大多数动物疫病(如口蹄疫、牛瘟、猪瘟、鸡新城疫等)以间接接触为主要传播方式。

2. 垂直传播

垂直传播是指病原体从上一代动物传递给下一代动物的方式,一般有 3 种情况。

(1)经胎盘传播　病原体经受感染的孕畜胎盘传播感染胎儿。如猪瘟病毒、猪细小病毒、蓝舌病病毒、伪狂犬病病毒等均可经胎盘传播。

(2)经卵传播　病原体由污染的卵细胞发育而使胚胎受感染。这种传播主要见于禽类疫病,如禽白血病、禽腺病毒感染、鸡白痢等。

(3)经产道传播　病原体经孕畜阴道通过子宫颈口到达绒毛膜或胎盘引起胎儿感染,或胎儿从无菌的羊膜腔产出而暴露于严重污染的产道时,胎儿经皮肤、呼吸道、消化道感染源于母体的病原体。可经产道传播的病原体有大肠杆菌、链球菌和疱疹病毒等。

(三)易感动物

动物对某种病原体缺乏免疫力而容易感染的特性称为易感性,对某种病原体有易感性的动物称为易感动物。动物群体的易感性是影响动物疫病蔓延流行的重要因素,反映的是动物群体作为整体对某种病原体易感的程度。某一动物群体中易感个体所占的比率,决定着动物疫病能否形成流行或流行的严重程度。

三、动物疫病流行的特征

(一)传染性

病原体从感染动物体内排出,侵入另一个易感动物体内,引起同样症状的疾病或感染,这种特性称为传染性,动物疫病的传染性是构成其流行的生物学基础。

(二)流行性

当环境条件适宜时,在一定时间内,某一地区易感动物群中可能有许多动物被感染或发病,致使疫病蔓延散播,形成流行,这种特性称为流行性。流行性是动物疫病的一个重要特征。

(三)地域性

某种病原体引起的感染或疾病局限在一定的地域范围,这种特性称为地域性。地域性在一定程度上是地方流行性的同义语,也就是说,某种传染性疾病的流行表现有一定的地区性。地域性揭示了某一地区存在有利于某种疫病发生流行的因素。如猪支原体肺炎、日本血吸虫病等多呈地域性发生。

(四)季节性

某种动物疫病常发于一定的季节,或者在一定的季节发病率显著升高的现象,称为季节性。动物疫病表现季节性的原因主要有以下几个方面。

(1)季节对病原体在外界环境中存在和散播有影响。例如:夏季气候炎热,不利于口蹄疫病毒的存活,口蹄疫流行少见;多雨和洪水泛滥时节,易造成炭疽杆菌和气肿疽梭菌的散播。

(2)季节对活的传播媒介(如节肢动物等)有影响。夏天蚊、蝇、虻多,猪丹毒、马传染性贫血、炭疽等发生较多。

(3)季节对易感动物的活动和抵抗力有影响。冬季寒冷,温度低,通风不良,常易促进呼吸道传染病发生流行。

(五)周期性

某些动物疫病(如口蹄疫、马流行性感冒、牛流行热等),经过一定的间隔时间(通常以年计),再度发生流行的现象或特征称为周期性。动物疫病流行期间,一部分动物发病死亡或淘汰处理,其余动物或患病免疫,或隐性感染,获得一定免疫力,流行逐渐停息。但经过一定时间后,原有动物免疫力降低,或新一代出生动物比例增大,或引进新的易感动物,使易感动物比例增高,动物群体易感性增高,疫病重新暴发流行。

四、动物疫病流行的形式

动物疫病流行的形式指在一定时间内某种动物疫病发病率的高低和传播范围的大小。动物疫病的流行形式一般包括散发性流行、地方性流行、流行和大流行等。

(一)散发性流行

在较长时间内,某种动物疫病呈个别的、零星散在的发生形式称为散发性流行。动物疫病表现散发性流行的原因主要有以下几点。

(1)免疫接种使动物对某种疫病群体免疫水平提升,只有少数个体易感,出现散发。如猪瘟本为一种流行性强的传染病,现每年进行两次免疫接种,使动物群体易感性降低,只有少数动物易感,出现散发病例。

(2)某种动物疫病(如钩端螺旋体病、流行性乙型脑炎等)隐性感染比例较大,仅有一部分动物出现临床症状,表现为散发。

(3)某些动物疫病(如破伤风、恶性水肿、放线菌病等),传播发生需特殊的条件,只有当条件存在或满足时,才会出现病例,而呈散发性流行。

(二)地方性流行

在一定时间内,某种疫病发病动物数较多,但流行范围不广,局限于一定的区域范围,这种流行形式称为地方性流行,即疫病的流行具有一定的地区性。如猪丹毒、猪支原体肺炎等常呈现地方性流行。

(三)流行

在一定时间内,某种动物疫病发病动物数量多,且在较短的时间内传播范围较广的流行形式称为流行。具有流行性特性的动物疫病,传染性强,发病率高,传播范围广,在时间、空间以及动物群间的分布变化常起伏不定。如口蹄疫、猪瘟、绵羊痘等常呈流行态势。

(四)大流行

某种动物疫病呈现出的规模宏大的流行形式称为大流行。呈现大流行的动物疫病,传染易于实现,流行迅速,传播范围广大,可波及几个省区、一个国家、几个国家甚至全球。口蹄疫、牛瘟、新城疫等在历史上均发生过大流行。

五、影响动物疫病流行的因素

只有传染源、传播途径和易感动物 3 个基本环节相互衔接并协同作用时,动物疫病才能构成蔓延和流行。动物活动所在的环境和条件,即各种自然因素和社会因素,通过影响 3 个基本环节的存在及相互衔接,从而影响动物疫病蔓延和流行。

(一)自然因素

自然因素包括气候、气温、湿度、阳光、雨量、水域、地形地貌、地理位置等,这些因素对动物疫病流行的影响作用是错综复杂的。

1. 作用于传染源和排出的病原体

一定的地理条件(如大海、河流、高山等)可限制和阻隔传染源的转移、流动。季节变换、气候变化影响患病动物的病况和排出病原体的多少。一般情况下,阳光照射、空气干燥等气候因素不利于传染源排出的病原体长期存活;相反,适当的温度、湿度则有利于传染源排出的病原体在外界生存。如猪支原体肺炎患猪,寒冷、潮湿天气,病情加剧,排出病原体多,易于传播。

2. 作用于传播媒介

夏季气温上升,媒介昆虫滋生,活动频繁,易于传播乙型脑炎等虫媒传播的疫病。多雨多水季节,易造成洪水泛滥,使土壤和粪便中的病原体随水流散播,易于引起钩端螺旋体病、炭疽等疫病的流行。

3. 作用于易感动物

自然因素对易感动物的作用首先是改变其抵抗力,进而影响疫病的流行。低温高湿,可降低易感动物呼吸道黏膜的屏障作用,有利于呼吸道疫病的发生和流行。处于不同季节的动物,营养状况往往不同,影响其免疫力构成。自然应激因素(如寒冷、断水和饥饿等),使动物机体抵抗力下降,易感性升高,容易造成某种疫病的流行。

(二)社会因素

影响动物疫病流行的社会因素主要包括社会制度、教育文化水平、科学技术水平、综合经济实力、养殖业发展水平、动物防疫法规的建立及执行情况、人们对动物疫病及防疫的认知水平等。社会因素对动物疫病流行的影响作用是综合的、复杂的,也是深远的。只有提升人们的文化科技素养和对疫病的认知水平,建立健全动物防疫法规并认真遵照执行,切实采取综合防疫措施,才可有效阻断动物疫病的传播流行,保障人类健康和养殖业持续发展。

▶▶ 任务三 动物疫病的监测与净化 ◀◀

一、动物疫病监测

动物疫病监测工作是动物疫病防控工作的重要组成部分,是动物疫病有效预防、控制、净化和消灭的基础性工作,这项工作不仅关系到重大动物疫病的防控和公共卫生安全及畜牧业发展,而且也关系到广大消费者的切身利益。搞好动物疫病监测工作,加强综合防控对策和防范措施的调研,为合理防控动物疫病提供科学的依据,才能有效防止和控制动物疫病的发生和流行。

(一)动物疫病监测的概念及意义

1. 动物疫病监测

动物疫病监测是指连续地、系统地和完整地收集动物疫病的有关资料,经过分析、解释后及时反馈和利用信息并制定有效防制对策的过程(图1-1-1)。

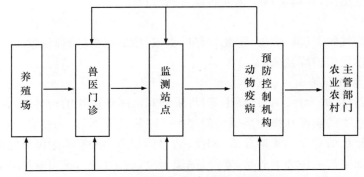

图1-1-1　动物疫病监测资料(信息)的流向

2. 动物疫病监测的意义

(1)动物疫病监测是掌握动物疫病分布特征和发展趋势的重要方法。通过动物疫病监测,有助于动物疫病预防和控制计划的制订,特别是对外来疫病的监测能及时发现并采取预警措施。

(2)动物疫病监测是兽医部门掌握动物群体特征性和影响疫病流行社会因素的重要手段。通过动物疫病监测,有助于确定传染源、传播途径和传播范围,预测动物疫病的危害性,并制定合理的预防和控制措施。

(3)动物疫病监测是评价动物疫病预防和控制措施效果的重要方法。

(4)动物疫病监测是国家调整兽医防疫策略和计划、制订动物疫病消灭方案的基础。通过动物疫病监测,能及时准确地掌握动物疫病的发生情况和流行趋势,能有效地实施国家动物疫病预防、控制和消灭的计划,能为动物疫病区域化管理提供有力的支持。

(5)动物疫病监测是保证动物产品质量的重要措施。通过动物疫病监测使动物及动物产品达到健康合格标准或无公害绿色标准。

(二)动物疫病监测体系

疫病监测体系由中央、省、县三级及技术支撑单位组成,即国家动物疫病预防控制中心、省动物疫病预防控制中心、县级动物防疫站和边境动物疫情检测站;技术支撑单位包括国家动物卫生与流行病学中心、农业农村部兽医诊断中心及相关国家动物疫病诊断实验室。标准的疫病监测系统通常由疫病监测中心、诊断实验室和分布各地的监测点等组成,如图1-1-2所示。

(三)动物疫病监测的对象和主要内容

1. 疫病监测对象

动物疫病监测的对象主要包括重要的动物传染病和寄生虫病,尤其是危害严重的烈性传染病和人兽共患性疫病。我国将各种法定报告的动物传染病和外来动物疫病作为重点监测对象。动物养殖场应按照有关部门的要求,结合当地疫病流行的实际情况,制订疫病监测方案并实施,并及时向当地兽医行政管理部门报告监测结果。同时,动物养殖场应接受并配合当地动物防疫监督机构进行定期或不定期的疫病监督抽查、普查、监测等工作。

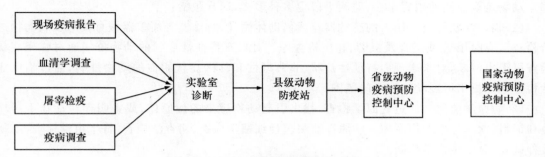

图 1-1-2　动物疫病监测系统

2. 疫病监测主要内容

(1)动物的群体特性以及疫病发生和流行的社会影响因素。

(2)动物疫病的发病、死亡及其分布特征。

(3)动物群体的免疫水平。

(4)病原体的型别、毒力和耐药性等。

(5)野生动物、动物疫病传播媒介及其种类、分布。

(6)动物群的病原体携带状况。

(7)动物疫病的防制措施及其效果。

(8)动物疫病的流行规律等。

(四)动物疫病监测的程序、手段和方法

1. 监测程序

动物疫病的监测程序包括:资料收集,资料的整理和分析,疫情信息的表达、解释和发送等。

(1)资料收集　疫病监测资料收集时应注意完整性、连续性和系统性,资料来源的渠道应广泛。收集的资料通常包括疫病流行或暴发及发病和死亡等资料;血清学、病原学检测或分离鉴定等实验室检验资料;现场调查或其他流行病学方法调查的资料;药物和疫苗使用资料;动物群体及其环境方面的资料等。上述资料可通过基层监测点按常规疫情进行上报,或按照周密的设计方案要求基层单位严格按规定方法调查并收集样品和资料信息。

(2)资料的整理和分析　资料的整理和分析是指将原始资料加工成有价值信息的过程。收集资料通常包括以下步骤:①将收集的原始资料认真核对、整理,同时了解其来源和收集方法,选择符合质量要求的资料录入疫病信息管理系统供分析用;②利用统计学方法将各种数据转换为有关的指标;③解释不同指标说明的问题。

(3)疫情信息的表达、解释和发送　将资料转化为不同指标后,要经统计学方法检验,并考虑影响监测结果的因素,最后对所获得的信息作出准确合理的解释。

运转正常的动物疫病监测系统能够将整理和分析的疫病监测资料以及对监测问题的解释和评价,迅速发送给有关的机构或个人。这些机构或个人主要包括:提供基本资料的机构或个人、需要知道有关信息或参与疾病防治行动的机构或个人以及一定范围内的公众。监测信息的发送应采取定期发送和紧急情况下及时发送相结合的方式进行。

2. 监测手段

动物疫病监测的内容很多,监测手段也多种多样,通常包括:

(1)临床症状检查 用人的感觉器官或借助体温计、听诊器等简单器械直接对发病动物进行检查。有时用 X 线透视及摄影、超声检查等。对具有特征性症状的动物疫病通过临床症状检查可得出诊断,对未表现出特征性症状、非典型性和临床症状相似的动物疫病,通过临床症状检查只能提出可疑动物疫病的范围。

(2)病原学监测 通过病原学检查,找出引起动物感染的病原体,或查明存在动物生活环境和饲料、饮水等中的病原体。病原性监测包括细菌学检查、病毒学检查、寄生虫学检查、动物接种试验、分子生物学诊断。

(3)血清学监测 定期、系统地从动物群体中采样,通过血清学试验检查动物群体的免疫状态、研究疫病的分布和流行。血清学监测具有特异性强、检出率高、方法简易快速的特点。

(4)动物疫病流行病学调查 对动物群体性特性和疫病流行影响因素的调查,包括本次流行情况、疫情来源、传播途径和方式、影响疫病流行因素的调查。

(5)哨兵动物的应用 对在某特定区域内用于检测或预警环境中各有毒有害物质或潜在性有毒有害物质污染程度的一类动物的应用。

3. 监测方法

动物疫病监测的方法包括被动疫病监测和主动疫病监测。

(1)被动疫病监测 被动疫病监测是疫病相关资料收集的常规方法,主要通过需要帮助的养殖业主、现场兽医、诊断实验室和疫病监测员以及屠宰场、动物交易市场等以常规疫病报告的形式获得的资料。被动监测必须有主动疫病监测系统作为补充,尤其对紧急疫病更应强调主动监测。疫病报告的内容包括疑似疫病的种类;疫病暴发的确切地点,发生疫病的养殖场户的名称和地址;发病动物的种类;病死动物的估计数量;发病动物临床症状和剖检变化的简要描述;疫病初次暴发被发现的地点和蔓延情况;当地易感动物近期的来源和运输去处;其他任何关键的流行病学信息(如野生动物疫病和昆虫的异常活动);初步采取的疫病控制措施等。

(2)主动疫病监测 主动疫病监测是指根据特殊需要严格按照预先设计的监测方案,要求监测员有目的地对动物群体进行疫病资料的全面收集和上报过程。主动监测的步骤通常是按照流行病学监测中心的要求,监测员在其辖区内随机选择采样地点、动物群体和动物进行采样,同时按规定的方法填写采样表格。

无论是通过主动监测还是被动监测,所获得的疫病监测资料均应汇集到动物疫病监测中心以便进行有序的管理、储存和分析,然后将分析的结果反馈给资料呈递的有关人员,如养殖业主、诊疗兽医、屠宰检疫员、市场检验员或地区疫病监测员,必要时还需要在较大范围内通报。

(五)动物疫病监测的原则

1. 国家监测与地方监测相结合

监测计划分国家监测计划和各省(自治区、直辖市)监测计划。各省(自治区、直辖市)动物疫病预防控制机构依据《国家动物疫病监测计划》,结合本地实际情况,制定本省(自治区、直辖市)动物疫病监测计划。地方动物疫病监测机构应当根据国家和本省动物疫病监测计划,定期对本地区的易感动物进行疫病监测。

2. 主动监测与被动监测相结合

各级动物疫病预防控制机构要切实做好主动监测与被动监测。扩大监测信息系统覆盖面,探索动物诊疗单位及养殖企业执业兽医诊断与报告管理模式,提高疫情报告的科学性、准确性和时效性。根据各区域动物疫病流行特点有针对性地开展监测分析工作,提高数据采集、分析和报告的科学性、系统性和有效性。

3. 病原监测与抗体监测相结合

国家和省级监测以病原学监测为主,鼓励有条件的地市和县级动物疫病预防控制机构开展病原学监测。对中央下达的重点动物疫病进行病原学监测和血清学监测,及时掌握病原分布状况,分析疫病流行趋势。

4. 常规监测与定点监测相结合

各地应根据本辖区动物疫病流行特点、防控现状和畜牧业优势产业带,全面开展常规监测与流行病学调查工作。同时,在重点地区、重点环节设立固定的监测与流行病学调查点,持续开展监测与流行病学调查工作,掌握具有地理意义的全国监测数据,科学研判疫情态势,为实施《规划》和疫病扑灭计划提供基础依据。

5. 专项调查与紧急调查相结合

各地要持续监视动物养殖、流通、屠宰加工环节的动物疫病传播风险因素变化情况,及时了解基本流行病学信息,开展专项流行病学调查,定期分析动物疫病发生与流行风险。对疑似或确认发生口蹄疫等重大动物疫情、牛海绵状脑病等外来疫病病例、牛肺疫等已消灭疫病或新发疫病病例,或者猪瘟等疫病流行特征出现明显变化,或者部分地区(场、户)较短时间内出现较大数量动物发病或死亡,且蔓延较快的疫病时,要及时开展紧急监测和流行病学调查工作,迅速开展疫源追溯和追踪调查分析,科学研判疫病流行和扩散趋势,提高早期预警预报和应急处置能力。必要时,省级畜牧兽医主管部门要及时组织开展市场调查相关工作。

6. 监测净化与评估管理相结合

加大对规模养殖场(特别是种畜禽场)疫病监测力度,鼓励、支持并引导具备条件的种畜禽场和规模养殖场开展主要动物疫病监测净化工作,对相关养殖企业开展评估分析。

(六)动物疫病监测的计划与具体实施

1. 制定动物疫病监测的计划

根据《动物防疫法》第十九条规定,县级以上人民政府建立健全动物疫病监测网络,加强动物疫病监测。国务院农业农村主管部门会同国务院有关部门制定国家动物疫病监测计划。省、自治区、直辖市人民政府农业农村主管部门根据国家动物疫病监测计划,制定本行政区域的动物疫病监测计划。

2. 动物疫病监测的具体实施

(1)我国将对动物疫病的发生、流行等情况进行监测的职责赋予了动物疫病预防控制机构。动物疫病预防控制机构按照国务院农业农村主管部门的规定和动物疫病监测计划,对动物疫病的发生、流行等情况进行监测。

(2)当动物疫病预防控制机构对动物疫病的发生、流行等情况进行监测时,从事动物饲养、屠宰、经营、隔离、运输以及动物产品生产、经营、加工、贮藏、无害化处理等活动的单位和个人不得拒绝或者阻碍。由于各级动物疫病防控机构负责具体实施国家动物疫情监测计划,其监测工作是一种强制性技术活动,是服务于国家和公众利益的政府行为,同其他技术性监督行为一样,有关管理相对人,即从事动物饲养、屠宰、经营、隔离、运输以及动物产品生产、经营、加工、贮藏、无害化处理等活动的单位和个人,必须配合做好有关监测工作,不得拒绝和阻碍。

二、动物疫病净化

根据《动物防疫法》第二十二条规定,国务院农业农村主管部门制订并组织实施动物疫病净化、消灭规划。县级以上地方人民政府根据动物疫病净化、消灭规划,制订并组织实施本行政区域的动物疫病净化、消灭计划。

动物疫病预防控制机构按照动物疫病净化、消灭规划、计划,开展动物疫病净化技术指导、培训,对动物疫病净化效果进行监测、评估。

国家推进动物疫病净化,鼓励和支持饲养动物的单位和个人开展动物疫病净化。饲养动物的单位和个人达到国务院农业农村主管部门规定的净化标准的,由省级以上人民政府农业农村主管部门予以公布。

(一)动物疫病净化

动物疫病净化是指通过采取检疫、消毒、扑杀或淘汰等技术措施,使某一地区或养殖场内的某种或某些重点动物疫病实施有计划的消灭过程。达到该范围内个体不发病和无感染状态,其目的就是消灭和清除传染源。种用、乳用动物饲养单位和个人应当按照国家和各地制定的动物疫病监测、净化计划,实施动物疫病的监测、净化,达到国家和所在地规定的标准后方可向社会提供商品动物和动物产品。净化是一个过程也是结果,是从疫病控制到消除再到根除;净化是一种状态,广义上讲,是非免疫无疫,也可以是免疫无疫;净化还是监测、检疫检验、隔离、扑杀或淘汰、生物安全等一系列综合措施的手段。

实施疫病病原学及血清学的检测,及时隔离、淘汰患病动物和血清学阳性动物是疫病净化的根本措施。加强饲养管理,严格执行消毒、免疫、检疫、病害动物及产品的无害化处理等制度是净化养殖场动物疫病的重要基础。引导和支持种畜禽企业开展疫病净化,建立无疫企业认证制度,制定健康标准,强化定期监测和评估;建立市场准入和信息发布制度,分区域制定市场准入条件,定期发布无疫企业信息;引导种畜禽企业增加疫病防治经费投入。大力开展规模化种猪场的高致病性猪蓝耳病、猪繁殖与呼吸障碍综合征、猪伪狂犬病、猪瘟和种鸡场的高致病性禽流感、新城疫、沙门菌病、禽白血病等畜禽传染病的净化,对于养殖业的发展和保障人类健康具有重要意义。

(二)动物疫病净化检疫

1. 概念

净化检疫是指在国内某地发生规定的检疫对象流行时进行的检疫。净化检疫是在已发现疫情流行的情况下进行的检疫。因此,净化检疫是疫区处理的一部分,应引起高度重视。

扎实稳妥地开展净化检疫对防控动物疫病具有很重要的意义。通过净化检疫可以摸清发病动物的种类和数量,弄清疫情发生的地点和波及范围,了解疫情发生的时间和流行强度,掌握疫情发生原因与流行过程,可提供扑灭疫情的可靠依据。另外,还可以控制和清除某些动物疫病,净化畜群。

2. 净化检疫的要求

(1)迅速确诊 饲养、经营、生产、屠宰、加工、运输动物及其产品的任何单位或者个人,若发现患有疫病或疑似疫病的动物及其产品,应当及时向所在地农业农村主管部门或动物疫病预防控制机构报告,动物预防控制机构应当迅速采取措施作出确定诊断,并按有关规定,将疫情等情况上报国务院农业农村主管部门。

(2)追查疫源 发现规定的动物疫病或当地新的动物疫病时,要追查疫源,掌握疫病来源与去向,采取紧急扑灭措施。

(3)摸清分布 疫区内的易感动物都必须进行检疫,摸清疫情的畜群分布、地区分布和时间分布。

(4)尽快控制 根据疫病种类的不同,组织人力、物力,按《中华人民共和国动物防疫法》的有关规定迅速采取强制性控制、扑灭措施或防治和净化等措施。

3. 净化检疫的程序与方法

(1)根据需要报请封锁 若发现为一类动物疫病,当地县级以上地方人民政府动物卫生监督机构或者动物疫病预防控制机构中的任何单位应立即派人到现场,划定疫点、疫区、受威胁区,并对疫区进行封锁。

(2)制订净化检疫方案 根据疫情处理的要求及时提出净化方案,明确疫区检疫的目的、达到的目标、采用的方法和依据的标准。

(3)物质准备 物质准备包括人力、物力、技术等方面的准备。

(4)实施检疫 若为一、二类动物疫病,县级以上地方人民政府应当根据检疫需要立即组织有关部门和单位采取封锁、隔离、扑杀、销毁、消毒、无害化处理、紧急免疫接种等强制性控制、扑灭措施。若为三类动物疫病,县、乡级人民政府应当根据有关规定组织防治和净化。

(三)动物疫病净化措施(以种猪场为例)

1. 种猪场的生物安全基础设施建设

(1)科学选择场址 场址的选择要符合本地规划的要求,要地势高燥,背风向阳,排水良好;周围应具备就地无害化处理粪尿、污水的足够场地和排污条件,同时应满足防疫卫生的要求,距离生活水饮用水源地、动物养殖场和养殖小区、城镇居民区、学校、医院以及公路、铁路等交通干线1 km以上;距离动物隔离场所、无害化处理场所、动物屠宰加工场所、动物和动物产品集贸市场、动物诊疗场所3 km以上。要有必要的防鼠、防鸟、防虫设施或措施;要有国家规定的动物疫病净化制度等。

(2)合理规划场区 按场区全年的主导风向,合理规划生活区、辅助生产区、生产区、隔离区;猪舍布置、朝向、间距要合理;合理规划场区内外道路;要有场区绿化带;要有粪污、动物尸体及废弃物处理设施和场区出入口消毒设施、围墙等防护设施。

2. 种猪场配套的管理措施

(1)猪场养殖人员和外来人员的管理、消毒 猪场内的兽医技术人员、饲养员、后勤人员以及外来人员进入场区必须要消毒,进入生产区,必须消毒、换鞋、更衣、洗澡,进入猪舍时需要二次更换提前消毒或灭菌好的鞋子和工作服。

(2)车辆和用具的管理、消毒 外来车辆一般在场区大门外停放,如果必须进入,则需要进行消毒后方可进入;场区内移动车辆要定期清洗、消毒;场区内的料槽、饮水器、扫帚等也要定期清洗、消毒。

(3)圈舍、场区环境的定期消毒 定期用对皮肤、黏膜无刺激性或刺激性小的消毒药对圈舍内环境和猪的体表进行喷洒消毒;出栏后对空圈舍进行机械清理、冲洗,并用消毒药进行全面、彻底地喷洒消毒或熏蒸消毒。对场区环境用消毒药进行定期喷洒消毒,以杀死外界环境中存在的病原体。

（4）坚持"自繁自养，全进全出"　猪场采取自繁自养的饲养模式，全进全出的饲养制度，分群饲养。必须引进优良品种时，不从疫区引入，引入后要隔离，确诊无动物疫病后方可混群。

（5）定期杀虫、灭鼠和粪便的无害化处理　定期杀死猪场内的蚊蝇和老鼠，定期对猪场内的粪便、污水、垃圾等进行无害化处理。

3. 种猪场疫病净化

（1）淘汰隔离场（区）的准备　为减少淘汰损失和防止交叉感染，猪场必须配套有一个单独的、距离养猪场（站）0.5 km 以上的隔离场，以隔离阳性猪。

（2）熟练的采样技术和监测技术　种猪场（站）种猪基数大，采样及检测工作量大，需要有经验丰富的采样人员，猪场所在区/县的动物防疫站需要有经验的检测人员。

（3）严把引种关　引进的种猪必须来自非疫区猪场，要有《种畜禽生产合格证》和《检疫合格证明》，引进后隔离饲养 30～45 d，经检疫合格后才可混群饲养。

（4）实施早期断奶技术　加强仔猪选育，实行早期断奶技术，降低或控制其他病原的早期感染，建立健康猪群。保育期间对留种用的仔猪做一次野毒感染检测，野毒感染抗体阴性的仔猪做种用，阳性仔猪则淘汰。

（5）做好疫苗免疫效果评价　种猪群分胎次、仔猪分周龄按一定比例抽样检测疫苗抗体，评价疫苗的免疫效果。若免疫合格率达不到要求时，应分析是疫苗原因还是生猪自身原因。若是疫苗质量问题，可更换疫苗加强免疫一次；若是生猪自身原因，可加强免疫一次；仍不合格，淘汰免疫抗体阴性猪。

（6）加强种猪监测　加强种公猪和后备种母猪监测，建立阴性、健康的种猪群，后备猪群混群前应严格检测，检疫合格的后备猪才可进入猪场。每年定期检测，对阳性猪扑杀或淘汰。疫病抗原检测通过采样检测种猪疫病抗原阳性率，预测需要隔离或淘汰的数量，计划场地及设施，评估经济效益，制订净化方案。

（7）定期抽样对净化种猪群进行监测　疫病净化猪群建立后，详细统计净化猪群各项生产指标，开展净化群体净化效果评价，并对其子代进行跟踪监测，以维持净化猪群的健康生产。

（8）加强生猪的保健工作　净化措施会涉及频繁而且数量较多的转群，对转群前后生猪和产前产后母猪进行药物预防保健。

▶ 任务四　动物疫病的防制 ◀

一、动物疫病的防疫计划

（一）动物防疫与动物防疫制度

动物防疫是指预防、控制和扑灭动物疫病的措施，包括平时预防措施和发生疫病时的扑灭措施。

动物防疫制度是指为了切断疫病传播的各种途径，必须根据本场、本地区防疫工作的实际情况，建立健全切实可行的卫生防疫制度。对出入场区的人员、动物及其动物产品、各种器具实行严格的卫生管理，对本场动物免疫预防和消毒、灭鼠、杀虫等工作制定出具体明确的规定和要求,使场区卫生管理制度化、规范化。比如,所有人员进入生产区前必须更衣消毒,饲养人员不准相互串舍,所有用具与设备必须固定在本舍内使用,不准互相借用,出入车辆需经专用通道等。严格执行防疫制度,保证各项防疫措施落实到位,科学管理,这是有效控制各种疫病的重要前提。

(二)防疫计划

防疫计划是根据本场饲养的动物种类与规模、饲养方式、疫病发生情况等而制定的具体预防措施。动物防疫计划的主要内容应包括以下几方面:

(1)动物疫病防制的方法步骤　动物疫病检测与诊断手段,疫情报告制度,消毒液的种类和浓度、用量、消毒范围,疫区、受威胁区和封锁区的确定,染疫动物的处理等。

(2)人员组织及分工　明确各类人员的责任、权限和主要任务。

(3)经费来源及所需物资　所需物资包括疫苗、消毒药品、治疗药品、防护用品、器械等。

(4)统筹考虑防疫接种及消毒　全面考虑防疫接种和消毒的对象、时间、接种的先后次序等。

二、防疫工作的基本原则

随着现代化、规模化、集约化动物养殖业的快速发展,市场的不断开放,流通的不断加强,动物疫病日趋复杂化。规模化养殖场实行阶段化生产线生产,饲养密度大,一旦发病,很难控制,常常给养殖场造成巨大的经济损失,因此搞好动物疫病的防疫工作,就要坚持"预防为主,养防结合,防重于治"的方针,就要坚持"加强领导、密切配合,依靠科学、依法防治,群防群控、果断处置"和"常年免疫,全年防控"的指导思想,为了有效地预防、控制和扑灭动物疫病,促进畜牧业健康、稳定、快速地发展和保护人类的健康,防疫工作应遵循如下基本原则:

(一)建立和健全各级防疫机构

动物疫病防疫工作是一项与农业、商业、外贸、卫生、交通等部门都有密切关系的重要工作。只有各有关部门密切配合、紧密合作,从全局出发,统一部署,全面安排,才能把动物疫病防疫工作做好。特别是基层兽医防疫机构,要保证动物疫病防疫措施的贯彻和执行。

(二)贯彻"预防为主"的方针

搞好饲养管理、防疫卫生、预防接种、检疫、隔离、封锁、消毒等综合性防控措施,以控制和杜绝动物疫病的发生、传播、蔓延,降低发病率和死亡率。生产实践证明,只要做好平时的预防工作,就可以防止很多动物疫病的发生,即使一旦发生动物疫病,也能很快得到控制。

(三)贯彻执行相关法规

为了加强对动物防疫活动的管理,预防、控制、净化、消灭动物疫病,促进养殖业发展,防控人兽共患传染病,保障公共卫生安全和人体健康,2021年1月22日第十三届全国人民代表大会常务委员会第二十五次会议第二次修订,自2021年5月1日起施行的《中华人民共和国动物防疫法》对动物防疫工作的方针政策和基本原则做了明确而具体的规定。根据《中华人民共和国进出境动植物检疫法》的规定,国务院制定中华人民共和国进出境动植物检疫法实施条例。进境、出境、过境的动植物、动植物产品和其他检疫物,进境、出境、过境装载动植物、动植物产品和其他检疫物的装载容器、包装物、铺垫材料,来自动植物疫区的运输工具等依照进出境动植物检疫法和中华人民共和国进出境动植物检疫法实施条例的规定实施检疫。

三、防疫工作的基本内容

动物疫病在动物群体中蔓延流行必须具备传染源、传播途径、易感动物3个基本环节,若缺少其中的任何一个环节,新的传染就不可能发生,也不可能形成流行。因此,在防疫工作中针对动物疫病流行的3个基本环节,平时应采取"养、防、检、治"的综合防疫措施,发病时应贯彻"早、快、严、小"的原则。防疫措施可分为平时的预防措施和发生疫病时的扑灭措施。

(一)平时的预防措施

1. 加强饲养管理,提高动物机体的抵抗力

动物分群饲养,防止饲养密度过大;保持圈舍清洁干燥,通风良好;饲喂营养全面和适合不同生长阶段需要的饲料,在加工、运输、储存、饲喂等过程中防止饲料霉变和污染;注意饮水安全,防止饮水污染;夏季做好防暑降温,冬季做好防寒保暖工作;加强日常管理,减少和避免各种应激反应。

2. 坚持自繁自养的饲养方式,实行全进全出的饲养制度

采用自繁自养的饲养方式不仅可以降低生产成本,也可以防止由于引进动物、种蛋等而人为将病原引入场内;如果必须引进,应从非疫区引进,而且必须经兽医人员检疫合格后方可引入,隔离饲养一定时间后,进行检查确定无疫病时,方可混群。实行全进全出的饲养制度不仅有利于提高动物群体生产性能,而且有利于采取各种有效措施防制动物疫病。

3. 搞好免疫接种和补种工作,提高动物群整体免疫水平

根据当地疫情和本养殖场饲养动物的种类、规模等,制订切实可行的防疫计划,拟定行之有效的免疫程序,选择合理的免疫接种途径实施免疫,对暂时不适合免疫接种的动物,待适宜接种时再补种,提高动物群整体免疫水平,可有效提高动物疫病的防疫效果。

4. 搞好消毒和定期杀虫、灭鼠工作,进行粪便无害化处理

平时搞好圈舍和厂区环境的定期消毒;做好养殖场人员、外来人员的管理和消毒;做好养殖场内移动车辆和养殖场主要通道口的消毒;做好养殖场内饮水、饮水器、饮水管道、喂料器等的消毒。搞好定期杀虫、灭鼠工作,杀死传播媒介,切断传播途径。定期进行动物预防性驱虫和粪便的无害化处理,以杀死存在粪便中的病原微生物和寄生虫虫卵等,以防止动物疫病的发生和流行。

5. 加强检疫,认真贯彻执行相关法规

认真贯彻执行国境检疫、产地检疫、运输检疫、市场检疫、屠宰检疫等各项法规和制度。保障动物和动物产品流通的畅通,阻断动物疫病的发生和蔓延。

6. 各地兽医机构做好平时疫病防控工作

各地兽医机构平时应调查研究本地疫情分布情况,协同邻近地区进行疫病防制,逐步建立无规定动物疫病区。

7. 加强动物防疫的宣传教育工作

加强动物疫病基本知识、动物疫病防疫基本技术、防疫法规和制度等方面的宣传、教育工作,以提高全民的防疫意识。

8. 加强畜牧兽医专业人员的继续教育培训

对从事畜牧、兽医、饲料和兽药等行业的技术人员,进行职业道德和政策法规、动物疫病防控知识、动物诊疗技术、兽医技术规范、兽医科技发展动态、畜牧生产新技术、畜牧科技发展动

态、兽药和饲料生产及检测新技术等方面的继续教育培训,以提高专业技术水平和岗位技能。

(二)发生疫病时的扑灭措施

1. 及时发现、诊断并上报疫情

及时发现疫病,尽快作出确切诊断,迅速上报疫情,并通知毗邻单位做好预防工作。

2. 迅速隔离患病动物和同群动物,对污染场地进行紧急消毒

发生危害大的动物疫病时,应立即划定疫点、疫区和受威胁区,迅速隔离患病动物和同群动物,对污染场地进行紧急消毒,并对疫区采取封锁等综合措施。

3. 实行紧急免疫接种

对疫区和受威胁区内未经感染的易感动物立即进行紧急免疫接种,并建立免疫带,阻止疫情蔓延。

4. 对患病动物进行合理的处理

对发生一、二类动物疫病的患病动物和同群动物按要求进行扑杀、无害化处理等,对发生三类动物疫病的患病动物进行隔离和及时合理地治疗,并对其活动场所进行随时消毒。对没有治疗价值的患病动物进行淘汰、扑杀和无害化处理。

5. 合理处理患病动物尸体及其污染物等

对患病动物的尸体、排出的粪尿、污染的饲草料和垫料等进行无害化处理,防止污染环境,引起人和动物发病。

平时预防措施和发病时的扑灭措施不是截然分开的,而是互相联系、互相配合、互相补充的。

四、畜禽养殖场的防疫措施

由于养殖场多采用机械化、工厂化养殖方式,畜禽密集程度高,接触机会多,动物疫病易于发生流行。在大型养殖场可能造成严重的危害,比如鸡葡萄球菌病、鸡球虫病、猪支原体性肺炎等。因此,疫病防控应在采取一般性措施的基础上,特别重视管理理念,防疫措施的执行更为严格,而且要适用于大型养殖场的实际情况。

(一)科学选择场址

科学选择场址有利于防疫工作的开展,因此,场址的选择要符合本地规划的要求,要地势高燥,背风向阳,排水良好;周围应具备就地无害化处理粪尿、污水的足够场地和排污条件,同时应满足防疫卫生的要求。饲养场和养殖小区应距离城镇居民区、学校、医院等及公路、铁路等交通干线 0.5 km 以上;距离种畜禽场 1 km 以上;距离生活饮用水源地、动物屠宰加工厂、动物和动物产品集贸市场 0.5 km 以上;距离动物隔离场所、无害化处理场所 3 km 以上;距离动物诊疗场所 0.2 km 以上。水源充足,水质良好,便于防护。种畜禽场应距离生活水饮用水源地、动物养殖场和养殖小区、城镇居民区、学校、医院等及公路、铁路等交通干线 1 km 以上;距离动物隔离场所、无害化处理场所、动物屠宰加工场所、动物和动物产品集贸市场、动物诊疗场所 3 km 以上。

(二)合理规划场区

按场区全年的主导风向,合理规划生活区、辅助生产区、生产区、隔离区;场区四周应有围墙,有条件时可开挖防疫沟;场区出入口应有消毒设施,比如消毒池应与门同宽,长 4 m,深 0.3 m 等;生产区和生活办公区要分开,并有隔离设施;要有场区绿化带;生产区入口处应设置更衣消毒室,各养殖栋舍出入口要设置消毒池或消毒垫;合理规划场区内外道路,生产区内清洁道、污染道分设;栋舍布置、朝向、间距要合理,各栋舍之间的距离应在 5 m 以上或者有隔离设施;要有粪污、动物尸体及废弃物处理设施,并且应处在下风向和地势最低处。

(三)坚持"自繁自养,全进全出"

畜禽场采取自繁自养的饲养模式和全进全出的饲养制度,分群饲养。必须引进优良品种时,不从疫区引入,引入后要隔离,确诊无动物疫病后方可混群。

(四)建立健全完善的疫病防疫制度

建立健全完善畜禽标识和养殖档案制度、消毒制度、免疫制度、用药制度、疫情报告制度、无害化处理制度等疫病防疫制度,制定周密的动物防疫计划,配备专门的防疫技术人员。

(五)做好免疫接种工作

结合畜禽养殖场的养殖特点,制订科学合理的免疫程序,做好计划免疫接种工作,根据需要适时进行紧急免疫接种,有条件时,可进行免疫监测,及时掌握动物群体免疫水平。

(六)养殖人员和外来人员的管理、消毒

畜禽场内的兽医技术人员、饲养员、后勤人员以及外来人员进入场区必须要消毒,进入生产区必须消毒、换鞋、更衣、洗澡,进入栋舍时需要二次更换提前消毒或灭菌好的鞋子和工作服。

(七)车辆和用具的管理、消毒

外来车辆一般在场区大门外停放,如果必须进入,则须进行消毒后方可进入;场区内移动车辆要定期清洗、消毒;场区内的料槽、饮水器、扫帚等也要定期清洗、消毒。

(八)圈舍、场区环境的定期消毒

定期用对皮肤、黏膜无刺激性或刺激性小的消毒药对圈舍内环境和畜禽的体表进行喷洒消毒;做好畜禽舍内的通风换气。出栏后对空圈舍进行机械清除、冲洗,并用消毒药进行全面、彻底地喷洒消毒或熏蒸消毒。

(九)定期杀虫、灭鼠和粪便的无害化处理

定期杀死畜禽场内的蚊蝇和老鼠,定期对畜禽场内的粪便、污水、垃圾等进行无害化处理。

(十)建立疫病监测制度

定期检疫,定期采样进行疫病监测,及时扑杀、淘汰染疫动物,净化动物群。种畜禽场要建立国家规定的动物疫病净化制度。

(十一)做好药物预防工作

药物预防工作对规模化养殖十分重要,应给予重视,特别是要掌握好药物预防的量和度,在大型养殖场不能轻视药物的预防作用,也不能过分依赖药物,甚至滥用药物。

▶▶ 任务五　无规定动物疫病区的建立 ◀◀

一、无规定动物疫病区的有关概念

(一)无规定动物疫病区

无规定动物疫病区指在某一确定区域,在规定期限内没有发生过某种或某几种被列为国

家或某一区域重点控制或消灭的动物疫病,且在该区域及其外界或外围一定范围内,对动物和动物产品、动物源性饲料、动物遗传材料、动物病料、兽药(包括生物制品)的流通实施官方有效控制并获得国家认可的特定区域。如口蹄疫、高致病性禽流感、新城疫、猪瘟、高致病性猪蓝耳病等动物疫病。

无规定动物疫病区包括非免疫无规定动物疫病区和免疫无规定动物疫病区 2 种。其区域应集中连片,动物饲养相对集中,与相邻地区必须有自然屏障和人工屏障。非免疫无规定疫病区外必须建立监测区,免疫无规定动物疫病区外必须建立缓冲区。

(二)非免疫无规定动物疫病区

非免疫无规定动物疫病区指在规定期限内,某一划定的区域没有发生过某种或某几种动物疫病,且未实施免疫接种,并在其边界及周围一定范围、规定期限内未实施免疫接种,对动物和动物产品及其流通实施官方有效控制。

(三)免疫无规定动物疫病区

免疫无规定动物疫病区指在规定期限内,某一划定的区域没有发生过某种或某几种动物疫病,对该区域及其周围一定范围采取免疫措施,对动物和动物产品及其流通实施官方有效控制。

(四)地理屏障

地理屏障指自然存在的足以阻断某种疫病传播、人和动物自然流动的地理阻隔,比如山峦、河流、沙漠、海洋、沼泽地等,也称自然屏障。

(五)人工屏障

人工屏障指为防止规定动物疫病病原进入无规定动物疫病区,由省级人民政府批准的,在无规定动物疫病区周边建立的动物防疫监督检查站、隔离设施、封锁设施等。

(六)缓冲区

缓冲区指为防止规定的动物疫病进入无规定动物疫病区,根据自然、地理或行政区域等条件,在无规定动物疫病区边界外围设立的防疫缓冲区域,在区域内采取了防止致病病原进入无疫区采取的免疫、消毒、监测预警等预防措施。

(七)监测区

监测区指在无规定疫病区内,沿无规定疫病区边界设立的,应采取强化疫病监测区域。

二、建立无规定动物疫病区的目的与意义

随着现代畜牧业高度集约化发展,动物疫病已经成为严重影响畜牧业持续健康发展和农民增收,危害人民健康、安全和影响社会稳定的重要因素。因此,通过建立无规定动物疫病区,可有效控制和消灭一些重点动物疫病,提高动物产品质量,促进动物及动物产品贸易,保障畜牧业健康发展和公共卫生安全。建立无规定动物疫病区,完善动物疫病防控体系和食品安全保障体系,促进畜牧业由数量型向质量型转变,提高畜禽养殖规模化水平,保障畜牧业持续健康发展,增强市场竞争力,提高畜牧业产业效益,有利于增加农民收入,开拓国际市场,提高人民生活质量和保障人民健康等,具有十分重要的意义。

三、无规定动物疫病区的内部体系建设

(一)建立无规定动物疫病区的基本条件

1. 组织机构和基础设施条件

无规定动物疫病区内有职能明确的兽医行政管理部门,有统一、稳定的省、市、县三级动物卫生监督机构和技术支撑机构,有与动物防疫工作相适应的动物防疫队伍。有完善的法律法规体系和稳定的财政保障机制,在保证基础设施、设备投入和更新的同时,人员及工作经费应纳入财政预算。兽医机构应具有供其支配的必要资源,有实施监督检查、流行病学调查、疫情监测和疫病报告、控制、扑灭等能力,并有效运作。

2. 具备一定的区域规模

无规定动物疫病区的区域应集中连片,具有一定规模,区内动物饲养和动物屠宰、动物产品加工等企业相对集中,有足够的缓冲区和监测区,区域尽可能与行政区域(如地级市或地区)一致;与相邻地区有一定地理屏障或人工屏障。

3. 社会经济条件

无规定动物疫病区建立需得到辖区范围内政府、相关企业和社会的支持;区域内社会经济水平和政府财政能够承担无规定疫病区建设、维持经费,承受短期的、局部的不利影响。

4. 具有动物疫病防控基础

无规定疫病区内的技术支撑体系应具备相应疫病的诊断、监测、免疫质量监控和分析能力,以及与所承担工作任务相适应的设施设备。动物卫生监督机构具备与检疫、监督、消毒工作相适应的仪器设备,并有能力实施对动物及其产品的检疫监控、防疫条件审核和防疫追溯。有相应的无害化处理设施设备,具备及时有效地处理病害动物和动物产品以及其他污染物的能力。省、市、县有健全的应急体系,完备的疫情信息传递和档案资料管理设备,具有对动物疫情应急处理和对疫情准确、迅速报告的能力,并按《动物疫情报告管理办法》的要求,及时、准确报告疫情。工作人员的数量及技术水平必须符合行政主管部门的规定和工作需要。

5. 保护屏障或监管措施

无规定动物疫病区与相邻地区间必须有足以阻止动物疫病传播的海洋、沙漠、河流、山脉等地理屏障或人工屏障,或考虑结合行政区划定,具有设置和维护缓冲区或监测区等的监管措施。在运输动物及其产品的主要交通路口设立动物防疫监督检查站,需配备检疫、消毒、交通和信息传递的设施设备。

(二)无规定动物疫病区的建立内容

1. 基础建设

基础建设主要包括机构队伍建设、法规规章制定、财政支持、防疫屏障(地理屏障或人工屏障)、测报预警、流通监管、检疫监管、规划制订等。

2. 免疫控制

制订科学的免疫计划,实施免疫接种,开展流行病学和免疫效果监测,及时分析调整免疫程序并适时补免;加强对易感动物及动物产品的流通控制,严格实施产地检疫和屠宰检疫,检疫率达到100%;规定期限内未发现临床病例,视为达到免疫控制标准,转入监测净化阶段。

3. 监测净化(免疫无疫病区)

加强病原和免疫监测,强制扑杀感染动物及同群动物,逐步缩小免疫接种区域。

4. 无疫监测(非免疫无疫病区)

区域内全部停止免疫;强化监测和检疫;处置感染动物;强化流通控制,对确需进入无疫监测区的易感动物,应先在缓冲区按规定实施监控,确定符合卫生要求后方可进入。

5. 评估

农业农村部畜牧兽医局按《无规定动物疫病小区评估管理办法》的规定,对符合免疫无疫或非免疫无疫规定的无规定疫病区进行评估。评估合格后,农业农村部畜牧兽医局按国际惯例向有关国际组织申请国际认证。

考核评价

某规模化养鸡场为预防禽流感的发生,减少经济损失,提高养鸡效益,请为该养鸡场制订有效的防疫计划。

案例分析

分析以下案例,请根据病史、临床检查及相关实验室诊断,提出正确的诊断结果及检疫后的处理措施。

病例一:某养殖户,饲养60多头母猪,现有300多头20日龄左右的仔猪,主诉仔猪有10余头在10日龄左右就陆续出现拉黄色、白色稀便,已死亡10多头。

临床检查:仔猪排黄色、白色稀粪,内含凝乳小片和小气泡,有的稍带黑色。小猪怕冷,常缩在保温箱的一角,皮毛无光泽。

病例二:某养殖基地一农户(存栏母猪100头),突然出现母猪群采食量下降,部分高烧不退、呼吸困难;陆续表现出急性败血症,心肺衰竭死亡;发病急,死亡快;曾肌内注射磺胺六甲和柴胡,效果不佳。据农户反映,2~3 d内已发生母猪急性死亡5头,猪群采食量整体下降至正常的2/3,不吃料的母猪近20头。

通过临床观察发现,发病母猪高烧41.5 ℃左右,部分背部、下颌部及面部皮肤出现典型不规则的红色疹块。

知识拓展

2019 年新版《世界动物卫生组织疫病名录》

OIE(世界动物卫生组织)成立于1924年1月25日,主要负责动物疫病通报、动物/动物产品国际贸易规则制定和动物疫病无疫国际认证等工作。截至目前,OIE共有182个成员,设立了5个区域委员会和12个区域或次区域代表处,认证了246个参考实验室和55个协作中心,与FAO(联合国粮食及农业组织,简称"粮农组织")、WTO(世界贸易组织)、WHO(世界卫生组织)等75个国际和区域组织建立了合作关系。

OIE是为改善全球动物卫生状况而成立的政府间组织,疫病通报是核心工作之一。疫病名录是疫病通报的基础,也是各国/地区进行动物及动物产品国际贸易的主要参考依据。OIE根据全球疫病、科学进展、贸易等情况定期对疫病名录进行评估和更新,经OIE代表大会通过后发布。

2019年1月1日,世界动物卫生组织(OIE)2019版动物疫病通报名录正式生效。182个成员和区域组织将按照新版名录向其通报动物疫病发生状况。新版名录包括117种动物疫病,其中陆生动物疫病名录 88 种、水生动物疫病名录 29 种。

陆生动物疫病名录(88 种):

1. 多种动物共患传染病和寄生虫病(24 种)

炭疽、克里米亚刚果出血热、马脑脊髓炎(东部)、心水病、伪狂犬病病毒感染、蓝舌病病毒感染、布鲁氏菌感染(流产、马耳他、猪)、细粒棘球蚴感染、多房棘球蚴感染、流行性出血病、口蹄疫病毒感染、结核分枝杆菌感染、狂犬病病毒感染、裂谷热病毒感染、牛瘟病毒感染、旋毛虫感染、日本脑炎、新大陆螺旋蝇蛆病、旧大陆螺旋蝇蛆病、副结核病、Q 热、苏拉病(伊氏锥虫病)、土拉杆菌病(野兔热)、西尼罗热。

2. 牛病(13 种)

牛无浆体病、牛巴贝斯虫病、牛生殖道弯曲菌病、牛海绵状脑病、牛病毒性腹泻、地方流行性牛白血病、出血性败血症、牛传染性鼻气管炎/传染性脓疱性阴户阴道炎、牛结节性皮肤病病毒感染、丝状支原体丝状亚种 SC 感染(牛传染性胸膜肺炎)、泰勒虫病、滴虫病、伊氏锥虫病。

3. 绵羊和山羊病(11 种)

山羊关节炎/脑炎、传染性无乳症、山羊传染性胸膜肺炎、流产衣原体感染(母羊地方流行性流产,绵羊衣原体病)、小反刍兽疫病毒感染、梅迪-维斯那病、内罗毕绵羊病、绵羊附睾炎(绵羊布氏杆菌)、沙门菌病(流产沙门菌)、痒病、绵羊痘和山羊痘。

4. 马病(11 种)

马传染性子宫炎、马媾疫、马脑脊髓炎(西部)、马传染性贫血、马流感、马梨形虫病、非洲马瘟病毒感染、马疱疹病毒-1 感染(EHV-1)、马动脉炎病毒感染、鼻疽伯克霍尔德菌感染(马鼻疽)、委内瑞拉马脑脊髓炎。

5. 猪病(6 种)

非洲猪瘟、古典猪瘟病毒感染、猪繁殖与呼吸综合征病、猪带绦虫病(猪囊虫病)、尼帕病毒性脑炎、传染性胃肠炎。

6. 禽病(13 种)

禽衣原体病、鸡传染性支气管炎、鸡传染性喉气管炎、禽支原体病(鸡败血支原体)、禽支原体病(滑液囊支原体)、鸭病毒性肝炎、禽伤寒、禽流感病毒感染、非家禽的鸟类包括野生鸟类高致病性 A 型流感病毒感染、新城疫病毒感染、传染性法氏囊病(甘布罗病)、鸡白痢、火鸡鼻气管炎。

7. 兔病(2 种)

黏液瘤病、兔出血病。

8. 蜜蜂病(6 种)

蜜蜂蜂房球菌感染(欧洲幼虫腐臭病)、蜜蜂幼虫芽孢杆菌感染(美洲幼虫腐臭病)、蜜蜂武氏螨侵染、蜜蜂小蜂螨侵染、蜜蜂瓦螨侵染(大螨病)、蜂房小甲虫侵染(小蜂房甲虫)。

9. 其他动物疫病(2 种)

骆驼痘、利什曼原虫病。

水生动物疫病名录(29 种):

1. 鱼病(10 种)

丝囊霉菌感染(流行性溃疡综合征)、流行性造血器官坏死病病毒感染、鲑鱼三代虫感染、HPR 缺失型或 HPR0 型鲑鱼传染性贫血症病毒感染、鲑鱼甲病毒感染、传染性造血器官坏死病、锦鲤疱疹病毒感染、真鲷虹彩病毒感染、鲤春病毒血症病毒感染、病毒性出血性败血病病毒感染。

2. 软体动物病(7种)

鲍鱼疱疹样病毒感染、包拉米虫原虫感染、牡蛎包拉米虫感染、折光马尔太虫感染、海水派琴虫感染、奥尔森派琴虫感染、加州立克次氏体感染。

3. 甲壳类动物病(9种)

急性肝胰腺坏死病、变形藻丝囊霉菌感染(螯虾瘟)、对虾肝炎杆菌感染(坏死性肝胰腺炎)、传染性皮下及造血组织坏死病毒感染、传染性肌肉坏死病毒感染、罗氏沼虾田村病毒感染(白尾病)、桃拉综合征病毒感染、白斑综合征病毒感染、黄头病毒基因型感染。

4. 两栖动物病(3种)

箭毒蛙壶菌感染、沙蜥壶菌感染、蛙病毒感染。

无非洲猪瘟区标准

1　范围

本标准规定了无非洲猪瘟区的条件。

本标准适用于无非洲猪瘟区的建设和评估。

2　规范性引用文件

下列文件的最新版本适用于本文件。重大动物疫情应急条例

非洲猪瘟疫情应急实施方案

无规定动物疫病区管理技术规范

3　术语和定义

除《无规定动物疫病区管理技术规范　通则》规定的术语和定义外,下列术语和定义也适用于本标准。

3.1　猪:包括家猪和野猪。

3.2　家猪:指人工饲养的生猪以及人工合法捕获并饲养的野猪。

3.3　非洲猪瘟病毒感染:出现以下任一情形,视为非洲猪瘟病毒感染。

(1)从采集的猪样品中分离出非洲猪瘟病毒。

(2)从以下任一采集的样品中检测到非洲猪瘟特异性抗原、核酸或特异性抗体。

a. 有非洲猪瘟临床症状或有病理变化猪的样品。

b. 与非洲猪瘟确诊、疑似疫情有流行病学关联猪的样品。

c. 怀疑与非洲猪瘟病毒有接触或关联猪的样品。

4　潜伏期

非洲猪瘟的潜伏期为15天。

5　无非洲猪瘟区

5.1　猪无非洲猪瘟区

除遵守《无规定动物疫病区管理技术规范　通则》相关规定外,还应当符合下列条件。

5.1.1　与毗邻非洲猪瘟感染国家或地区间设有保护区,或具有人工屏障或地理屏障,以有效防止非洲猪瘟病毒传入。无疫区原则上以省级行政区域为单位划定。

5.1.2　具有完善有效的疫情报告体系和早期监测预警系统。

5.1.3 具有防控非洲猪瘟宣传计划,区域内兽医人员,饲养、屠宰加工和运输环节等相关从业人员了解非洲猪瘟的相关知识、防控要求和政策。

5.1.4 开展区域内野猪和钝缘软蜱调查,掌握区域内野猪和钝缘软蜱品种、分布和活动等情况,通过风险评估,排除野猪和钝缘软蜱在区域内传播非洲猪瘟的可能性。

5.1.5 没有饲喂餐厨废弃物。

5.1.6 进入区域的生猪运输车辆应符合生猪运输车辆备案要求和生物安全标准要求。

5.1.7 区域内各项防控非洲猪瘟的措施得到有效实施。

5.1.8 监测。具有有效的监测体系,按照《无规定动物疫病区管理技术规范 规定动物疫病监测准则》和国家相关要求制定监测方案,科学开展监测,经监测,在过去3年内区域内家猪和野猪均没有发现非洲猪瘟病毒感染;经流行病学调查区域内不存在钝缘软蜱,或经监测区域内钝缘软蜱没有发现非洲猪瘟病毒感染的,则时间可缩短为在过去12个月内区域内所有家猪和野猪均没有发现非洲猪瘟病毒感染。

5.2 家猪无非洲猪瘟区

5.2.1 符合5.1.1、5.1.2、5.1.3、5.1.4、5.1.5、5.1.6、5.1.7相关规定。

5.2.2 监测。具有有效的监测体系,按照《无规定动物疫病区管理技术规范 规定动物疫病监测准则》和国家相关要求制定监测方案,科学开展监测,经监测,在过去3年内区域内家猪没有发现非洲猪瘟病毒感染;经流行病学调查区域内不存在钝缘软蜱,或经监测区域内钝缘软蜱没有发现非洲猪瘟病毒感染的,则时间缩短为在过去12个月内区域内家猪没有发现非洲猪瘟病毒感染。

6 无非洲猪瘟区发生非洲猪瘟有限疫情建立感染控制区的条件

6.1 无非洲猪瘟区发生非洲猪瘟疫情时,该无非洲猪瘟区的无疫状态暂时停止。

6.2 根据《重大动物疫情应急条例》和《非洲猪瘟疫情应急实施方案》划定疫点、疫区和受威胁区,并采取相应的管理技术措施。

6.3 开展非洲猪瘟流行病学调查,查明疫源,证明所有疫情之间存在流行病学关联,地理分布清楚,且为有限疫情。

6.4 根据流行病学调查结果,结合地理特点,在发生有限疫情的区域建立感染控制区,明确感染控制区的范围和边界。感染控制区应当包含所有流行病学关联的非洲猪瘟病例。感染控制区不得小于受威胁区的范围,原则上以该疫点所在县级行政区域划定感染控制区范围。

6.5 按照《重大动物疫情应急条例》和《非洲猪瘟疫情应急实施方案》要求,对疫点、疫区和受威胁区的猪及产品进行处置,对其他有流行病学关联的猪及产品可通过自然屏障或采取人工措施,包括采取建立临时动物卫生监督检查站等限制流通等措施,禁止猪及产品运出感染控制区。

6.6 对整个无非洲猪瘟区进行排查,对感染控制区开展持续监测,对感染控制区以外的其他高风险区域进行强化监测,在最后一例病例扑杀后至少30天没有发生新的疫情或感染,可申请对感染控制区进行评估。

7 无非洲猪瘟区的恢复

7.1 建立感染控制区后的无疫状态恢复

7.1.1 符合6的要求,感染控制区建成后,感染控制区外的其他区域即可恢复为非洲猪瘟无疫状态。

7.1.2 在感染控制区内,按照《重大动物疫情应急条例》和《非洲猪瘟疫情应急实施方案》要求进行疫情处置,在最后一例病例扑杀后3个月内未再发生疫情,经监测,区域内没有发现非洲猪瘟病毒感染,可申请恢复为非洲猪瘟无疫状态;感染控制区的无疫状态恢复应当在疫情发生后的12个月内完成。

7.1.3 感染控制区内再次发现非洲猪瘟病毒感染,取消感染控制区,撤销无非洲猪瘟区资格。无非洲猪瘟区按照《重大动物疫情应急条例》和《非洲猪瘟疫情应急实施方案》要求进行疫情处置,在最后一例病例扑杀后3个月内未再发生疫情,经监测,区域内没有发现非洲猪瘟病毒感染,可申请恢复为非洲猪瘟无疫状态。

7.2 未能建立感染控制区的无疫状态恢复

不符合6的要求,按照《重大动物疫情应急条例》和《非洲猪瘟疫情应急实施方案》要求进行疫情处置,在最后一例病例扑杀后3个月内未再发生疫情,经监测,区域内没有发现非洲猪瘟病毒感染,可申请恢复为非洲猪瘟无疫状态。

知识链接

1. 中华人民共和国动物防疫法
2. 畜禽规模养殖污染防治条例
3. 中华人民共和国农业法
4. 无规定动物疫病小区管理技术规范
5. GB/T 22330—2008 无规定动物疫病区标准
6. GB/T 18635—2002 动物防疫 基本术语
7. GB/T 22468—2008 家禽及禽肉兽医卫生监控技术规范
8. GB/T 17823—2009 集约化猪场防疫基本要求

项目二

动物防疫基本技术

学习目标

• 了解隔离及封锁的方法和解除封锁的条件,不同消毒对象的消毒方法,疫苗的类型、运送与保存方法,疫苗使用中的注意事项,免疫效果评价技术,免疫失败的原因;

• 掌握封锁区内外疫病所采取的措施,消毒药物的使用方法,常用的免疫接种技术,预防用药的给药方法,查明、控制和消灭传染源的方法,切断传播途径的方法;

• 熟悉消毒的种类,消毒方法,消毒剂选择的原则,疫苗接种的分类,选择预防药物的原则。

学习内容

▶▶ 任务六　查明、控制和消灭传染源 ◀◀

动物防疫是指动物疫病的预防、控制、诊疗、净化、消灭和动物、动物产品的检疫,以及病死动物、病害动物产品的无害化处理。动物疫病的流行是由传染来源、传播途径和易感动物 3 个基本环节相互联系、相互作用构成的复杂的生物学过程。因此,动物防疫工作要针对疫病流行的 3 个基本环节,通过采取查明、控制、消灭传染源,切断传播途径和保护易感动物等综合措施,预防和阻断动物疫病的发生、流行。另外,建立无特定疫病区,是动物防疫的一种新途径。

一、查明传染源

动物疫病发生或流行时,通过诊断查明传染源是防疫工作的关键和首要环节,它关系到能否制定并采取行之有效的防疫措施。诊断动物疫病的方法很多,包括临床诊断、流行病学诊断、病理学诊断、病原学诊断和免疫学诊断等。准确的诊断来自正确的思维、合理的方案、可靠的方法和先进的技术。特别是对重大疫情,应全面了解、系统掌握各方面的信息、材料、数据及检测结果,综合分析,作出判断。规模化养殖场疫病的确定,应注重诊断的群体性,即在一个相对隔离的养殖场,检出一例或少数几例某些疫病患病动物或阳性动物时,要考虑全群染疫的可能性。

从事动物疫情监测、检测、检验检疫、研究、诊疗以及动物饲养、屠宰、经营、隔离、运输等活动的单位和个人,发现动物染疫或者疑似染疫的,应立即向所在地农业农村主管部门或者动物疫病预防控制机构报告,并迅速采取隔离等控制措施,防止动物疫情扩散。疫情报告采取逐级上报的原则。《动物防疫法》规定,动物疫情由县级以上人民政府农业农村主管部门认定;其中重大动物疫情由省、自治区、直辖市人民政府农业农村主管部门认定,必要时报国务院农业农村主管部门认定。国务院农业农村主管部门应当及时向国务院卫生健康等有关部门和军队有关部门以及省、自治区、直辖市人民政府农业农村主管部门通报重大动物疫情的发生和处置情况。国务院农业农村主管部门应当依照我国缔结或者参加的条约、协定,及时向有关国际组织或者贸易方通报重大动物疫情的发生和处理情况。

二、控制和消灭传染源的方法

(一)隔离

通过诊断或检查,将染疫动物、可疑感染动物和假定健康的动物分开饲养,以消除和控制传染来源的措施称为隔离。

1. 染疫动物

染疫动物指疫病流行时,有明显临床症状的典型病畜或通过其他诊断方法检查为阳性的动物。染疫动物应原地隔离或在指定场所隔离,及时进行救治和消毒,有专人负责观察、护理和喂养等工作。

2. 可疑感染动物

可疑感染动物指无任何症状,但怀疑与染疫动物及其污染的环境有过明显接触的动物。可疑感染动物消毒后另地观察或看管,限制其活动并进行疫病观察。出现症状者按染疫动物处理。

3. 假定健康动物

假定健康动物指一切正常,与上述两类动物及其所在环境无明显接触的动物。假定健康动物可根据实际情况分散喂养或转移到偏僻场地,加强管理并定时检查。有条件时,进行紧急免疫接种以提高群体免疫水平。

(二)治疗

对染疫动物采取的综合救护措施称为治疗。一方面是挽救患病动物的生命,减少经济损失;另一方面通过治愈患病动物,消灭传染源,避免疫病的流行蔓延。因此,治疗是动物疫病综合防控措施的重要组成部分。

(三)扑杀

将被某种疫病感染的动物(有时包括可疑感染动物或同群动物)全部宰杀并进行无害化处理,以彻底消灭传染源的措施称为扑杀。扑杀政策是指国家对扑灭某种疫病所采取的严厉措施,即宰杀所有感染动物、可疑感染动物和同群动物,必要时宰杀直接接触或间接接触但可能造成病原传播的动物,并采取隔离、消毒、无害化处理等措施。

扑杀淘汰患病动物或可疑感染动物是传染性疾病防控中的重要举措。对在动物检疫特别是在口岸检疫中检出国家规定的一类疫病时,患病动物及同群动物应全部扑杀并销毁尸体;某一地区发生当地从未有过的传染性疾病时,患病动物及同群动物应全部扑杀并销毁尸体;无法治愈的患病动物应淘汰扑杀;医疗费用超过自身价值、长期甚至终身携带某种病原体的患病动物或罹患目前尚无有效治疗方法疫病的动物应及时淘汰、扑杀;感染某种严重危害人类和动物健康的病原体(如狂犬病病毒、炭疽杆菌等)的患病动物应做淘汰扑杀处理;对某些慢性经过的传染病,如结核病、布鲁氏菌病、鸡白痢等,应每年定期进行检疫,为了净化这些疾病,必须将每次检出的阳性动物扑杀。

在动物检疫工作中,应该选择简单易行、干净彻底、低成本的无血扑杀方法,常用的扑杀方法有以下几种。

1. 静脉注射法

适合扑杀染疫大动物,方法是将染疫动物保定后,用静脉输液的办法将消毒药输入体内。注射用的消毒药有甲醛、来苏尔等。

2. 心脏注射法

心脏注射所用的药物为菌毒敌原液,目的是药液随血液循环进入大动脉内和小动脉及组织中,杀灭体液及组织中的病原体,破坏肉质,与焚烧深埋相结合,可有效防止人为再利用现象。其方法是,大家畜先麻醉,后使其卧地,用注射器吸取菌毒敌原液,注入心脏;猪、羊等中小家畜直接保定后进行心脏注射。

3. 毒药灌服法

用敌敌畏或尿素,加水,混合溶解后灌服。此法简单,但药液易淋到操作人员衣服上,对人员易造成危害。

4. 电击法

电击法是利用电流对机体的破坏作用达到扑杀疫畜的方法。

5. 扭颈法

适用于禽类,捕杀量较小时,一只手握住头部,另一只手握住体部,朝相反方向扭转拉伸。

6. 窒息法

将待扑杀禽装入袋中,置于密封车或其他密封容器,通入二氧化碳窒息致死。

(四)尸体的处理

1. 尸体的运送

尸体运送前,工作人员应穿戴工作服、口罩、风镜、胶鞋及胶手套。运送尸体应用特制的运尸车(车的内壁衬钉铁皮,以防漏水)。装车前应将尸体各天然孔用蘸有消毒液的湿纱布、棉花严密填塞,小动物和禽类可用塑料袋盛装,以免流出粪便、分泌物、血液等污染周围环境。在尸体躺过的地方,应用消毒液喷洒消毒,如为土壤地面,应铲去表层土,连同尸体一起运走。运送过尸体的用具、车辆应严加消毒,工作人员用过的手套、衣物及胶鞋等也进行消毒。

2. 尸体的处理方法

尸体的处理方法主要有销毁和无害化处理,具体有焚烧、掩埋、化制和发酵。

(1)焚烧法　焚烧法是毁灭尸体最彻底的方法,可在焚尸炉中进行。如无焚尸炉,则可挖掘焚尸坑,焚尸坑有以下3种。

十字坑:按十字形挖两条沟,沟长2.6 m,宽0.6 m,深0.5 m。在两沟交叉处坑底堆放干草和木柴。沟沿横架数条粗湿木头,将尸体放在架上,在尸体的周围及上面再放上木柴,然后在木柴上倒煤油,并压以砖瓦,从下面点火,直到把尸体烧成黑炭为止,并把它们掩埋在坑内(图1-2-1)。

单坑:挖一条长2.5 m,宽1.5 m,深0.7 m的坑,将取出的土堵在坑沿的两侧。坑内用木柴架满,坑沿横架数条粗湿木头,将尸体放在架上,后续处理如十字坑法(图1-2-2)。

双层坑:先挖一条长、宽各2 m,深0.75 m的大沟,在沟的底部再挖一条长2 m,宽1 m,深0.75 m的小沟,在小沟沟底铺以干草和木柴、两端各留出18~20 cm空隙,以便吸入空气,在小沟沟沿横架数条粗湿木头,将尸体放在架上,后续处理如十字坑法。

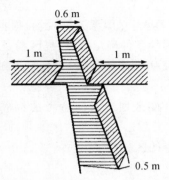

图1-2-1 十字坑(引自王子轼)

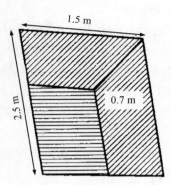

图1-2-2 单坑(引自王子轼)

(2)掩埋法 这种方法虽不够可靠,但比较简单易行,所以在实际工作中仍常应用。

选择地势高,地下水位低,远离住宅、农牧场、水源及主干道的僻静地方,土质干而多孔(沙土最好),以便尸体加快腐败分解。坑的长度和宽度以能容纳侧卧尸体即可,从坑沿到尸体表面不得少于1.5~2 m。坑底铺以2~5 cm厚的石灰,将尸体放入,使之侧卧,并将污染的土层、捆尸体的绳索一起抛入坑内,然后再铺2~5 cm厚的石灰,填土夯实。

(3)化制法 化制法是一种较好的尸体处理方法,不仅对尸体做到无害化处理,并保留了有价值的畜产品,如工业用油脂及肉骨粉。此法要求在有一定设备的化制站进行。化制尸体时,对烈性传染病,如炭疽、气肿疽、羊快疫等病畜尸体可用高压灭菌;对于普通传染病可先切成4~5 kg的肉块,然后在锅中煮沸2~3 h。

(4)发酵法 这种方法是将尸体抛入专门的尸体坑内,利用生物热的方法将尸体发酵分解,以达到消毒的目的。选择远离住宅、农牧场、水源及道路的僻静地方。尸坑为圆井形,深9~10 m,直径3 m,坑壁及坑底用不透水材料做成(多用水泥)。坑口高出地面约30 cm,坑口有盖,盖上有小的活门(平时上锁),坑内有通气管。如有条件,可在坑上修一小屋。坑内尸体可以堆到距坑口1.5 m处。经3~5个月后,尸体完全腐败分解,此时可以挖出做肥料。发酵法不适合因炭疽、气肿疽等死亡的动物尸体处理。

(五)封锁

当暴发某种重要动物疫病或某种疫病呈流行态势时,及时报请县级以上地方人民政府发布命令,实行划区管理,采取隔离、治疗、扑杀、销毁、消毒、无害化处理、紧急免疫接种等强制性措施,禁止染疫、疑似染疫和易感的动物、动物产品流出疫区,禁止非疫区的易感动物进入疫区,并根据扑灭动物疫病的需要对出入疫区的人员、非易感动物、运输工具及有关物品采取消毒和其他限制性措施,称为封锁。

1.封锁的对象与原则

当发生某些重要疫病时,对疫源地进行封闭,防止疫病向安全区散播和健康动物误入疫区而被传染,以达到保护其他地区动物的安全和人体健康,迅速控制疫情和集中力量就地扑灭的目的。

封锁即将疫源地封闭起来,适用对象是国家规定的一类疫病或当地新发现的动物疫病。

执行封锁时掌握"早、快、严、小"的原则,即发现疫情时报告和执行封锁要早,行动要快,封锁要严,范围要小。

2.封锁区的划分

所在地县级以上地方人民政府农业农村主管部门应当立即派人到现场,根据动物疫病的特点、流行规律、动物分布、地理环境、居民点以及交通等条件确定疫点、疫区和受威胁区。

疫点指经国家指定的检测部门检测确诊发生了疫病疫情的养殖户(场)、养殖小区或其他有关的屠宰加工、经营单位等。

疫区以疫点为中心,半径3 km范围内的区域。疫区划分时注意考虑饲养环境和天然屏障。

受威胁区指疫区周围一定范围内可能受疫病传染的区域。

3.封锁实施

(1)县级以上地方人民政府应立即组织有关部门和单位采取隔离、扑杀、销毁、消毒、紧急免疫接种等强制性控制、扑灭措施,迅速扑灭疫病,并通报毗邻地区。

(2)在封锁期间,禁止染疫和疑似染疫的动物及动物产品流出疫区,禁止非疫区的动物进入疫区,并根据扑灭动物疫病的需要对出入封锁区的人员、运输工具及有关物品采取消毒和其他限制性措施。

(3)疫区范围涉及两个以上行政区域的,由有关行政区域共同的上一级人民政府对疫区实行封锁,或者由各有关行政区域的上一级人民政府共同对疫区实行封锁。必要时,上级人民政府可以责成下级人民政府对疫区实行封锁。

(4)封锁区的边缘设立明显标记,指明绕道路线,设置监督哨卡,禁止易感动物通过封锁线。在必要的交通路口设立检疫消毒站,对必须通过的车辆、人员和非易感动物进行消毒。

(5)疫点内采取的措施:扑杀所有患病动物和同群动物,并进行无害化处理。销毁所有病死动物、被扑杀动物及其产品;对动物的排泄物、被污染饲料、垫料、污水等进行无害化处理。对被污染的物品、用具、饲养场所进行严格消毒。对发病期间及发病前一定时间内售出的动物及易感动物进行追踪,并做扑杀和无害化处理。

(6)疫区内应采取的措施:在疫区周围设置警示标志,禁止易感动物进出和易感动物产品运出。在出入疫区的交通路口设置动物检疫消毒站,对出入的人员和车辆进行消毒。关闭动物及动物产品交易市场,禁止易感动物及动物产品的经营或者流动。对易感动物实行圈养或者在指定地点放养,役用动物限制在疫区内使役。对动物圈舍、动物排泄物、垫料、污水和其他可能受污染的物品、场地,进行消毒或无害化处理。对易感动物进行监测,并实施紧急免疫接种。

(7)受威胁区采取的措施:对易感动物进行紧急强制免疫,建立"免疫带",防止疫情扩散。加强疫情监测和免疫效果检测,掌握疫情动态。

4.解除封锁

疫区(点)内最后一头患病动物扑杀或痊愈后,经过该病一个最长潜伏期以上的检测,未再出现患病动物时,经彻底消毒清扫,由县级以上地方人民政府农业农村主管部门检查合格后,经原发布封锁令的政府发布解除封锁,并通报毗邻地区和有关部门。病愈动物则根据带菌(毒)时间,控制在原疫区范围,不能将其调出安全区。

任务七　切断传播途径

通过采用消毒、销毁尸体、杀虫、灭鼠以及染疫器物的无害化处理等措施,消灭病原体及其媒介动物,消除外界环境中的疫病传播因子。

一、消毒

(一)概念及意义

消毒是指运用各种方法清除或杀灭环境中的各类病原体的措施。消毒是生物安全措施中的一项重要内容,通过消毒可以减少病原体对环境的污染,切断动物疫病的传播途径,阻止动物疫病的发生、蔓延,进而控制和消灭传染病。

(二)种类

根据消毒时机和消毒目的的不同分为预防性消毒、临时消毒和终末消毒3类。

1. 预防性消毒

预防性消毒是指平时为预防疫病的发生而对圈舍、饲养用具、屠宰车间、运输工具等物品、设施等进行定期或不定期的消毒。

2. 临时消毒

临时消毒是指在发生疫病期间,为及时清除、杀灭患病动物排出的病原体而采取的消毒措施。如在隔离封锁期间,对患病动物的排泄物、分泌物污染的环境及一切用具、物品、设施等进行反复、多次的消毒。

3. 终末消毒

在疫病控制、平息之后或在疫区解除封锁前,为了消灭疫区内可能残留的病原体而采取的全面、彻底的大消毒。

(三)对象

1. 消毒对象

消毒对象是患病动物及动物尸体所污染的圈舍、场地、土壤、饮水、饲养用具、运输工具、仓库、人体防护装备、病畜产品、粪便等。

2. 动物检疫消毒的对象

(1)动物产品　除规定应"销毁"的动物疫病以外,其他疫病的染疫动物的生皮、原毛以及未经加工的蹄、骨、角、绒。

(2)运载动物及动物产品的工具　运输工具及其附带物如栏杆、篷布、绳索、饲饮槽、笼箱、用具、动物产品的外包装等。

(3)检疫相关场所　检疫地点、动物和动物产品交易销售场所、隔离检疫场所等;存放畜禽产品的仓库;被病死动物、动物产品及其排泄物污染的场所。

(4)检疫工具及器械　检疫刀、检疫钩、锉棒等。

(四)消毒的方法

1. 消毒的方法

消毒的方法有物理消毒法、化学消毒法和生物消毒法。

（1）物理消毒法　通过机械清除、冲洗、通风换气、热力、光线等物理方法对环境、物品中的病原体的清除或杀灭方法。

①机械性清除：清扫和洗刷圈舍地面，清除粪尿、垫草和残余饲料，洗刷动物体被毛，除去表面污物，保持圈舍通风换气等。机械性清除在实践中最常用，并且简便易行，该方法虽然不能彻底杀灭病原体，但可以有效地减少动物圈舍及体表的病原体，需配合其他消毒方法。

②日光消毒：阳光照射具有加热和干燥作用，自然光谱中的紫外线（其波长范围 210～328 nm）具有较强的杀菌消毒作用。一般病毒和非芽孢病原菌在强烈阳光下反复曝晒可使其致病力大大降低甚至死亡。利用阳光曝晒，对牧场、草地、畜栏、用具和物品等进行消毒是一种简单、经济、易行的消毒方法。

③干热消毒：这种消毒方式有焚烧法、烧灼法和热空气消毒法。

a. 焚烧法，用于染疫的动物尸体、患病动物垫料、病料以及污染的垃圾、废弃物等物品的消毒，可以直接点燃或在焚烧炉内焚烧。地面、墙壁等耐火处可以用火焰喷灯进行消毒。

二维码 1-2-1　接种环、试管口火焰灼烧灭菌（视频）

b. 烧灼法，用于实验室的接种针、接种环、试管口、玻片等耐热的器材，将其直接用火焰烧灼灭菌。

c. 热空气消毒法，利用干热空气进行消毒。需在特制的电热干燥箱内进行，主要用于各种耐热玻璃器皿（如试管、吸管、烧瓶及培养皿等）实验器材的消毒。

④湿热消毒：这种消毒方式有煮沸消毒法、流通蒸汽消毒法、巴氏消毒法和高压蒸汽灭菌法。

a. 煮沸消毒法，是最常用的消毒方法之一，此法操作简便、经济实用，效果比较可靠。大多数非芽孢病原微生物在 100 ℃沸水中会迅速死亡；大多数芽孢在煮沸后 15～30 min，可致死。配合化学消毒可提高煮沸消毒效果。如在煮沸金属器械时加入 2%碳酸钠，增强杀菌作用，同时还可减缓金属氧化，具有一定的防锈作用；若在水中加入 2%～5%石炭酸，煮沸 5 min 可杀死炭疽杆菌的芽孢。

煮沸消毒时，消毒时间应从水煮沸后开始计算，各种器械煮沸时间（表 1-2-1）。

表 1-2-1　各类器械煮沸消毒时间

消毒对象	时间/min	消毒对象	时间/min
玻璃类器械	20～30	金属及搪瓷类器材	5～15
橡胶及电木类器材	5～10	接触过疫病动物的器材	≥30

b. 流通蒸汽消毒法，又称为常压蒸汽消毒法，是在 1 个标准大气压下，用 100 ℃左右的水蒸气进行消毒。这种消毒方法常用于不耐高温高压物品的消毒。在常压下，蒸汽温度达到 100 ℃，维持 30 min，能杀死细菌的繁殖体，但不能杀死细菌的芽孢和霉菌孢子，因此有时必须采用间歇灭菌法。即将蒸汽灭菌器或蒸笼加热约 100 ℃维持 30 min，1 次/d，连续 3 d，这样所有的芽孢将被杀灭。

c. 巴氏消毒法，是利用热力杀死物品中的病原菌及其他细菌的繁殖体（不包括芽孢和嗜热菌），而不致严重损害物品质量的一种方法，广泛应用于牛奶等消毒。

d. 高压蒸汽灭菌法，利用高压灭菌器进行灭菌，为杀菌效果最好的灭菌法。通常压力达到 102.97～137.30 kPa 时,温度可达 121～126 ℃,15～30 min 可杀灭所有的繁殖体和芽孢。此法常用于耐高热的物品,如普通培养基、金属器械、敷料、针头等的灭菌。

(2)化学消毒法　用化学药物(消毒剂)杀灭病原体的方法。在疫病防制过程中,经常利用各种化学消毒剂对病原体污染的场所、物品等进行清洗、浸泡、熏蒸、喷洒等,以杀灭其中的病原体。消毒剂除对病原体具有广泛的杀伤作用外,对动物、人的组织细胞也有损伤作用,使用过程中应加以注意。

(3)生物消毒法　生物消毒法是指用生物热杀灭、清除病原体的方法。该法主要用于污染粪便的生物安全处理。粪便在堆积过程中,其中的微生物发酵产热而使内部温度达到 70 ℃以上,经过一段时间便可杀死病毒、细菌(芽孢除外)、寄生虫卵等病原体。芽孢菌污染的粪便应予以销毁。

二维码 1-2-2　培养基高压　　　二维码 1-2-3　熏蒸　　　二维码 1-2-4　喷洒
　　蒸汽灭菌(视频)　　　　　　消毒(视频)　　　　　　消毒(视频)

(五)消毒药品的选择、配制和使用

1.消毒药品的选择原则

在选择消毒药品时应考虑以下几个方面:

①对病原体杀灭力强且广谱,易溶于水,性质比较稳定。

②对人、畜及动物产品无毒、无残留、不产生异味,不损坏被消毒物品。

③价格低廉,使用简便。

2.消毒药品的配制

大多数消毒药从市场购回后,必须进行稀释配制或经其他处理,才能正常使用。配制时应注意以下几个问题:

①根据需要配制消毒液浓度及用量,正确计算所需溶质、溶剂的用量。

②对固态消毒剂,要用比较精确的天平称量;对液态消毒剂,要用刻度精细的量筒或吸管量取。准确称量后,先将消毒剂原粉或原液溶解在少量水中,使其充分溶解后再与足量的水混匀。

③配制药品的容器必须干净。

④尽量现配现用。配制好的消毒剂存放时间过长,浓度会降低或完全失效。有剩余时,应在尽可能短的时间内用完。个别需储存待用的,要按规定用适宜的容器盛装,注明药品名称、浓度和配制日期等,并做好记录。

3.常用的消毒剂及其使用

根据化学消毒剂的不同结构,将消毒剂分为以下几类。

(1)碱类　强碱化合物包括钠、钾、钙和铵的氢氧化物,弱碱化合物包括碳酸盐、碳酸氢盐和碱性磷酸盐。动物养殖场常用的碱类消毒剂为氢氧化钠、生石灰和草木灰。

①氢氧化钠(苛性钠、火碱)　氢氧化钠的杀菌作用很强,常用于病毒性、细菌性污染的

消毒,对细菌芽孢和寄生虫卵也有杀灭作用,主要用于养殖场环境及用具的消毒。其中,2%的溶液用于病毒性或细菌性污染的消毒;5%的溶液用于杀灭细菌芽孢。氢氧化钠对金属有腐蚀性,对纺织品、漆面等有损害作用,也能灼伤皮肤和黏膜。喷洒6～12 h后用清水冲洗干净,防止引起动物肢蹄、趾足和皮肤等损伤以及对被消毒物品的腐蚀,并注意对人员自身的防护。

②石灰乳 用于消毒的石灰乳是生石灰(氧化钙)1份加水制成熟石灰(氢氧化钙),然后用水配成10%～20%的混悬液。本品对大多数细菌繁殖体有较强的杀灭作用,但对炭疽芽孢和结核分枝杆菌无效。10%～20%的石灰乳混悬液,用于粉刷圈舍墙壁、地面、粪渠及污水沟等处进行消毒。生石灰1 kg加水350 mL制成的粉末,也可撒布在阴湿地面、粪池周围及污水沟等处进行消毒。如直接将生石灰撒布于干燥地面,不但不起消毒作用,反而使动物蹄部干燥开裂。生石灰可吸收空气中的二氧化碳生成碳酸钙,故必须现用现配,不宜久储。

(2)酸类 乳酸对多种病原体具有杀灭和抑制作用,能杀灭流感病毒和某些革兰氏阳性菌。常用于蒸汽消毒。20%的乳酸溶液在密闭室内加热蒸发30～90 min,适用于空气消毒。2.5%盐酸溶液和15%食盐水溶液等量混合,保持液温30 ℃左右,浸泡40 h,可用于炭疽芽孢污染的皮张消毒。有时也用草酸和甲酸溶液以气溶胶形式消毒口蹄疫或其他疫病病原体污染的房舍。

(3)醇类 能够去除细菌细胞膜中的脂质并使菌体蛋白质凝固和变性。常用的醇类消毒剂为75%的乙醇。乙醇可杀灭一般的病原体,但不能杀死细菌芽孢,对病毒也无显著效果。多用75%的乙醇进行皮肤和器械消毒。

(4)酚类 包括苯酚、煤酚、复合酚等,低浓度时能破坏菌体细胞膜,使胞质漏出;高浓度可使病原体的蛋白质变性而起杀菌作用。

①苯酚 又称石炭酸,为无色针状结晶,可杀灭细菌繁殖体,但对芽孢无效、对病毒效果差。2%～5%的水溶液用于污物、用具、车辆、墙壁、运动场及动物圈舍的消毒。本品因有特殊臭味而不适于肉、蛋运输车辆及贮藏库的消毒。苯酚忌与碘、溴、高锰酸钾、过氧化氢等配伍使用,也不宜用于创伤或皮肤的消毒。

②煤酚(甲酚) 为无色或淡黄色澄明液体,有类似苯酚的臭味。毒性较小、杀菌作用比苯酚强3倍,能杀灭细菌的繁殖体,但对芽孢的作用较差。2%溶液用于手术前洗手及皮肤消毒;3%～5%溶液用于器械、物品消毒;5%～10%溶液用于动物圈舍及排泄物等消毒。

③复合酚(菌毒敌、农福、农富) 抗菌谱广,能杀灭细菌、霉菌和病毒,对多种寄生虫卵也有杀灭作用,稳定性好、安全性高。其0.5%～1%的水溶液可用于动物圈舍、笼具、排泄物等的消毒;熏蒸用量为2 g/m³。不得与碱性药物或其他消毒液混用。

(5)卤素类 主要有以下几种:

①漂白粉(氯化石灰) 是一种广泛应用的消毒剂,本品是次氯酸钙、氯化钙和氢氧化钙的混合物,有效氯含量一般为25%～32%,当有效氯低于16%时失去消毒作用。本品应密闭保存,置于干燥、通风处。漂白粉加水后生成次氯酸,杀菌作用快而强,能杀灭细菌及其芽孢、病毒及真菌等。5%溶液可用于动物圈舍、笼架、饲槽、水槽及车辆等的消毒;10%～20%乳剂可用于被污染的动物圈舍、车辆和排泄物的消毒;将干粉剂与粪便以1:5的比例均匀混合,可进行粪便消毒。由于次氯酸杀菌迅速且无残留物和气味,所以常用于食品厂、肉联厂设备和工作台面等物品的消毒。

②氯胺-T　是一种含氯化合物,含有效氯 24%～25%,性质较稳定,易溶于水且刺激性小。氯胺-T 杀菌谱广,对细菌繁殖体、芽孢、病毒、真菌孢子都有杀灭作用,可用于养殖场、无菌室及医疗器械的消毒;且适用于饮水、食具、各种器具等消毒。0.000 4%溶液用于饮水消毒;0.3%溶液可用于黏膜消毒;10%溶液在 2 h 内可杀死炭疽芽孢;0.5%～1%溶液用于食具、器皿和设备消毒;3%溶液用于排泄物和分泌物消毒。日常使用中,以 1∶500 的比例配制的消毒液,性能稳定、无毒、无刺激反应、无酸味、无腐蚀、使用保存安全,可用于室内空气、环境消毒和器械、用具、玩具的擦拭、浸泡消毒等。本品水溶液稳定性较差,故宜现用现配,时间过久,杀菌作用降低。

③二氯异氰尿酸钠(优氯净)　本品为新型广谱高效安全消毒剂,对细菌、病毒均有显著杀灭作用,可用于饮水、器具、环境和粪便的消毒。0.5%～1%水溶液采用喷洒、浸泡、擦拭等方法可杀灭病原体;5%～10%水溶液能杀灭细菌芽孢。本品干粉与粪便按 1∶5 混合,可消毒粪便;场地消毒时,用量为 10～20 mg/m³,作用 2～4 h;冬季 0 ℃以下时,用量为 50 mg/m³,作用 16～24 h 或以上。本品稳定性差,需现用现配。

④复合型二氧化氯　本品有独特的杀菌机制,能够快速、持久地杀灭所有病原微生物。使用本品安全、高效、杀菌谱广,不产生抗药性,不造成环境污染,使用量低,性质稳定,使用方便,价格低廉,是新一代环保型消毒剂。本品适用于畜禽养殖环境、空气、器具和畜禽饮水饲料消毒,可有效预防控制畜禽养殖各个环节的疫病。畜禽进舍前,充分通风、晾晒后,用本品对内外环境进行喷洒;对器具清洗、喷洒或擦拭。本品也用于饲料外包装的喷洒消毒。

⑤碘酊　2%～5%的碘酊可用于手术部位、注射部位的消毒,也用于皮肤霉菌病的治疗。在 1 L 水中加入 2%碘酊 5～6 滴,用于饮水消毒,能杀死致病菌及原虫,15 min 后可供饮用。

⑥碘伏　是碘与表面活性剂的不定型络合物,能杀灭多种病原体、芽孢。在酸性(pH 2～4)环境中杀菌效果最好,有机物存在时可降低其杀菌力。常用于饮水、饲槽、水槽和环境的消毒。12～25 mg/L 水溶液用作清洁和饮水消毒、50 mg/L 水溶液用作环境消毒、75 mg/L 水溶液用作饲槽和水槽消毒,作用时间为 5～10 min。

(6)氧化剂类　该类消毒剂含有不稳定的结合态氧,当与病原体接触后可通过氧化反应破坏其活性基团而呈现杀灭作用。常用的有以下几种:

①过氧乙酸　又称过氧醋酸,杀菌作用快而强,对多种病原体和芽孢均有效,除金属和橡胶外,可用于多种物品的消毒。0.2%溶液用于耐酸塑料、玻璃、搪瓷制品消毒;0.5%溶液用于圈舍、仓库、地面、墙壁、食槽的喷雾消毒及室内空气消毒;5%溶液按 2.5 mL/m³ 量喷雾消毒密闭的实验室、无菌室、仓库、屠宰车间等;0.2%～0.3%溶液可作 10 日龄以上鸡的体表消毒。由于分解产物无毒,故能消毒水果蔬菜和食品表面。本品对组织有刺激性,对金属有腐蚀作用。本品高浓度遇热(70 ℃以上)易爆炸,浓度在 10%以下无此危险。低浓度水溶液易分解,应现用现配。

②高锰酸钾　为强氧化剂,遇有机物或加热、加酸或加碱均能放出新生态氧,呈现杀菌、杀病毒、除臭和解毒作用,但高浓度时有刺激和腐蚀作用。0.1%水溶液能杀死多数细菌的繁殖体,用于皮肤、黏膜、创面冲洗消毒;2%～5%水溶液能在 24 h 内杀死芽孢,多用于器具消毒。也可与福尔马林混合用于熏蒸消毒。

③过氧化氢(双氧水)　对厌氧菌感染很有效,主要用于伤口消毒,常用浓度为 1%～3%。

(7)表面活性剂类　该类制剂可通过吸附于细菌表面,改变菌体胞膜的通透性,使胞内酶、辅酶和中间代谢产物逸出,造成病原体代谢过程受阻而呈现杀菌作用。

①新洁尔灭 是一种季铵盐类阳离子表面活性剂。本品对化脓性病原菌、肠道菌及部分病毒有较好的杀灭能力,对结核分枝杆菌及真菌的效果较弱,对细菌芽孢一般只能起抑制作用,对革兰氏阳性菌的杀灭能力比革兰氏阴性菌强。0.05%～0.1%水溶液用于手的消毒;0.1%水溶液用于蛋壳的喷雾消毒和种蛋的浸洗消毒,还可用于皮肤、黏膜及器械浸泡消毒。本品对皮肤、黏膜有一定的刺激和脱脂作用,不适用于饮水消毒。不能与阴离子表面活性剂(肥皂、合成洗涤剂)配合应用。

②消毒净 是一种季铵盐类阳离子表面活性剂。用于黏膜、皮肤、器械及环境的消毒,作用比新洁尔灭强,易溶于水和乙醇,水溶液易起泡沫。0.05%水溶液可用于黏膜冲洗、金属器械浸泡消毒;0.1%水溶液可用于手和皮肤消毒。

③百毒杀 为双链季铵盐类表面活性剂。本品具有速效和长效等双重效果,能杀灭多种病原体和芽孢。0.002 5%～0.005%溶液用于预防水塔、水管、饮水器污染以及除霉、除藻、除臭和改善水质;0.015%溶液可用于舍内、环境喷洒或设备器具洗涤、浸泡等预防性消毒;疫病发生时的临时消毒,使用浓度为0.05%;饮水消毒使用浓度为0.005%。

(8)挥发性烷化剂 该类消毒剂主要是通过其烷基取代病原体活性的氨基、巯基、羧基等基团的不稳定氢原子,使之变性或功能改变而达到杀菌的目的。本品能杀死细菌及其芽孢、病毒和霉菌。

①福尔马林 含40%甲醛的水溶液,具有很强的消毒作用。2%～4%水溶液用于圈舍和水泥地面的消毒;1%水溶液可用于动物体表消毒;本品常和高锰酸钾混合用作熏蒸消毒,一般30 mL/m³福尔马林加入15 g/m³高锰酸钾,如果污染比较严重,1 m³空间用21 g高锰酸钾和42 mL福尔马林。熏蒸时,室温不应低于15 ℃,相对湿度为60%～80%,密闭门窗7 h以上便可达到消毒目的。本品对皮肤、黏膜刺激强烈,可引起支气管炎,甚至窒息,使用时要注意人、畜安全。

②环氧乙烷 环氧乙烷气体与液体有较强的杀菌能力,以气体作用更强,故多用其气体消毒,对细菌芽孢有很好的杀灭作用,通常不造成消毒物品的损坏,可用于精密仪器、医疗器械、皮革、裘皮、橡胶、塑料制品、谷物、饲料等忌热、忌湿物品的消毒,也可用于仓库、实验室等空间的消毒。消毒必须在密闭容器中进行。对大多数对热不稳定的物品常用温度为55 ℃。干燥微生物必须给予水分湿润才能杀灭,常用的消毒剂相对浓度为40%～60%,消毒时间6～24 h。环氧乙烷蒸汽遇明火易爆炸,故使用时应注意安全。

(9)染料类 主要有依沙吖啶和甲紫等。

①依沙吖啶 是外用杀菌防腐剂,外用浓度为0.1%～0.2%。对革兰氏阳性菌及少数革兰氏阴性菌有较强的杀灭作用,对球菌尤其是链球菌的杀菌作用较强。本品用于各种创伤,渗出、糜烂的感染性皮肤病及伤口冲洗。本品刺激性小,一般治疗浓度对组织无损害。

②甲紫 是外用杀菌药物,1%水溶液用于治疗黏膜感染。甲紫主要对革兰氏阳性菌有效;对革兰氏阴性菌和抗酸杆菌几乎无作用,且能与坏死组织凝结成保护膜,起收敛作用。

(六)不同消毒对象的消毒方法

1. 空场舍消毒

任何规模和类型的养殖企业,其场舍在再次启用之前,必须空出一定时间(15～30 d或更长时间),经多种方法全面彻底消毒后,方可正常启用。

（1）机械清除　对空舍顶棚、墙壁、地面彻底打扫，将垃圾、粪便、垫草和其他各种污物全部清除，焚烧或生物热消毒处理。饲槽、饮水器、围栏、笼具、网床等设施用常水洗刷；最后冲洗地面、粪槽、过道等，待干后用化学法消毒。

（2）药物喷洒　常用3%～5%来苏尔、0.2%～0.5%过氧乙酸或5%～20%漂白粉等喷洒消毒。地面用药量800～1 000 mL/m³，舍内其他设施200～400 mL/m³。为了提高消毒效果，应使用2种或以上不同类型的消毒药进行2～3次消毒。每次消毒要等地面和物品干燥后进行下次消毒。

（3）熏蒸消毒　常用福尔马林和高锰酸钾熏蒸。福尔马林与高锰酸钾的比例为2∶1。一倍消毒浓度为(14 mL＋7 g)/m³；二倍消毒浓度为(28 mL＋14 g)/m³；三倍消毒浓度为(42 mL＋21 g)/m³。通常空场舍选用二倍或三倍消毒浓度，时间为12～24 h。但墙壁及顶棚易被熏黄，用等量生石灰代替高锰酸钾可消除此缺点。熏蒸消毒完成后，应通风换气。

2. 场舍门口消毒

场舍门口设消毒池，消毒剂常用2%～4%苛性钠或1%农福，每周定时更换或添加消毒液，冬天可加8%～10%的食盐防止结冰(彩图1-2-1)。

3. 带畜禽圈舍消毒

每天要清除圈舍内排泄物和其他污物，保持饲槽、水槽、用具清洁卫生，做到勤洗、勤换、勤消毒。尤其幼龄动物的水槽、饲槽每天要清洗消毒一次。做好通风，保持舍内空气新鲜。每周至少用0.1%～0.2%过氧乙酸或0.1%次氯酸钠对墙壁、地面和设施喷雾消毒一次。

二维码1-2-5　带畜禽圈舍消毒(视频)

4. 地面、土壤消毒

患病动物停留过的圈舍、运动场地面等被一般病原体污染的，地面用消毒液喷洒。若为炭疽等芽孢杆菌污染时，铲除的表土与漂白粉按1∶1混合后深埋，地面以5 kg/m³漂白粉撒布。若为水泥地面被一般病原体污染，用常用消毒药喷洒；若为芽孢菌污染，则用10%苛性钠喷洒。土壤、运动场地面大面积污染时，可将地深翻，并同时撒上漂白粉，一般病原体污染时用量为0.5 kg/m³，炭疽等芽孢杆菌污染时的用量为5 kg/m³，加水湿润压平。牧场被污染后，一般利用阳光或种植某些对病原体有杀灭力的植物(如大蒜、大葱、小麦、黑麦等)，连种数年，土壤可发生自洁作用。

5. 动物体表消毒

动物体表消毒也称带畜禽消毒。正常动物体表可携带多种病原体，尤其动物在换羽、脱毛期间，羽毛可成为一些疫病的传播媒介。做好动物体表的消毒，对预防一般疫病的发生有一定的作用，在疫病流行期间采取此项措施意义更大。消毒时常选用对皮肤、黏膜无刺激性或刺激性较小的药品用喷雾法消毒，可杀灭动物体表多种病原体。可选择的主要药物有0.015%百毒杀、0.1%新洁尔灭、0.2%～0.3%次氯酸钠、0.2%～0.3%过氧乙酸等。

6. 动物产品外包装消毒

目前，动物产品外包装物品和用具反复使用得越来越多，容易携带、传播各种病原体。因此必须对外包装严格消毒。

（1）塑料包装制品消毒　常用0.04%～0.2%过氧乙酸或1%～2%氢氧化钠溶液浸泡消毒。操作时先用自来水洗刷，除去表面污物，干燥后再放入消毒液中浸泡10～15 min，取出用自来水冲洗,干燥后备用。也可在专用消毒房间用 0.05%～0.5% 的过氧乙酸喷雾消毒,喷雾后密闭 1～2 h。

(2)金属制品消毒　先用自来水刷洗干净,干燥后可用火焰消毒,或用 4%～5% 的碳酸钠喷洒或洗刷,对染疫制品要反复消毒 2～3 次。

(3)其他制品(木箱、竹筐等)消毒　因其耐腐蚀性差,通常采用熏蒸消毒。用福尔马林 42 mL/m³ 熏蒸 2～4 h 或更长时间,必要时可做焚毁处理。

7. 运载工具消毒

各种运载工具在卸货后,都要先将污物清除,洗刷干净。清除的污物在指定地点进行生物热消毒或焚毁处理。然后可用 2%～5% 的漂白粉澄清液、2%～4% 的氢氧化钠溶液、0.5% 的过氧乙酸溶液等喷洒消毒。消毒后用清水洗刷一次,用清洁抹布擦干。对有密封舱的车辆包括集装箱,还可用福尔马林熏蒸消毒,其方法和要求同圈舍消毒。对染疫运载工具要反复消毒 2～3 次。

8. 粪便消毒

粪便中含有多种病原体,染疫动物粪便中病原体的含量更高,是环境的主要污染源。及时、正确地做好粪便的消毒,对切断疫病传播途径具有重要意义。粪便消毒主要有以下几种方法:

(1)生物热消毒法　常用的有堆粪法和发酵池法 2 种,如图 1-2-3 所示。

①堆粪法　选择远离人、畜居住地并避开水源处,在地面挖一个深 20～25 cm 的长形沟或一浅圆形坑,沟的长短宽窄、坑的大小视粪便量而定。先在底层铺上 25 cm 厚的非传染性粪便或杂草等,在其上面堆放要消毒的粪便,高 1～1.5 m,若粪便过稀可混合一些干粪土,若过干时应泼洒适量的水。含水量应保持在 50%～70%,在粪堆表面覆盖 10～20 cm 厚的非传染性粪便,最外层抹上 10 cm 厚草泥封闭。冬季不短于 3 个月,夏季不短于 3 周,即可完成消毒。

②发酵池法　地点选择与堆粪法相同。先在粪池底层放一些干粪,再将欲消毒的畜禽粪便、垃圾、垫草倒入池内,快满的时候,在粪堆表面再盖一层泥土封好。经 1～3 个月,即可出粪清池。此法适合于饲养数量较多、规模较大的养殖场。

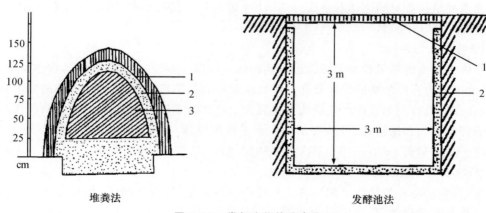

堆粪法　　　　　　　　　　　　　发酵池法

图 1-2-3　粪便生物热消毒法

1. 土壤　2. 非传染性粪便或杂草　3. 传染性粪便

(2)掩埋法　漂白粉或生石灰与粪便按 1∶5 混合,然后深埋地下 2 m 左右。本法适用于烈性疫病病原体污染的少量粪便的处理。

(3)焚烧法　少量的带芽孢粪便可直接与垃圾、垫草和柴草混合焚烧。必要时地上挖一个坑,宽 75～100 cm,深 75 cm,以粪便多少而定,在距坑底 40～50 cm 处加一层铁梁(相当于炉箅子,以不漏粪土为宜),铁梁下放燃料,铁梁上放欲消毒的粪便。如粪便太湿,可混一些干草,以便烧毁。

9. 人员、衣物等消毒

饲养管理人员进出场舍应洗澡更衣。工作服、靴、帽等,用前先洗干净,然后放入消毒室,用福尔马林 28～42 mL/m³ 熏蒸 30 min 后备用。

(七)影响消毒效果的因素和消毒效果的检查

1. 影响消毒效果的因素

(1)消毒的时间、剂量和浓度　如紫外线照射的强度和时间达不到规定要求、消毒剂量过小、浓度过高或过低、作用时间短等都会影响消毒效果。

(2)温湿度　大部分消毒剂在较高温度和湿度环境中可提高消毒效果,如福尔马林熏蒸时,舍内温度在 18 ℃以上,相对湿度在 60%～80%消毒效果最好。

(3)酸碱度　如新洁尔灭、氯己定等阳离子消毒剂,在碱性环境中消毒作用强;石炭酸、来苏尔等阴离子消毒剂在酸性环境中消毒作用强。

(4)有机物的存在　如粪便、饲料残渣、分泌物等大量污染时,消毒效果降低。因此,消毒前先清除干净,再进行化学消毒可明显提高消毒效果。

2. 消毒效果的检查

①消毒对象清扫、洗刷的清洁程度。

②消毒药物的正确选择及适宜浓度。

③消毒方法的选用和实施。

④消毒作用的时间。

⑤环境的温度和湿度。

⑥实验室检查。

3. 评价消毒效果的方法

①中和试验。

②消毒剂定性消毒试验。

③消毒剂定量消毒试验。

④消毒剂杀菌能力试验。

二、杀虫

蚊、蝇、虻、蜱等节肢动物是动物疫病的主要传播媒介,杀灭这些媒介,在消灭传染源、切断传播途径、阻止疫病的发生流行、保障人和动物健康等方面具有十分重要的意义。

(一)物理杀虫法

根据具体情况选择适当的杀虫方法。在规模化养殖场中对昆虫聚居的墙壁缝隙、用具和垃圾等可用火焰喷灯喷烧杀虫;机械拍打、捕捉等方法,也能杀灭部分昆虫。当有害昆虫聚集数量较多时,也可选用电子灭蚊、灭蝇灯具杀虫。

（二）生物杀虫法

以昆虫的天敌或病菌及雄虫绝育技术杀灭昆虫的方法。由于具有不造成公害、不产生抗药性等优点，已受到各国广泛重视。比如，养柳条鱼或草鱼等灭蚊；利用雄虫绝育控制昆虫繁殖；使用过量激素，抑制昆虫的变态或蜕皮，影响昆虫的生殖；利用病原微生物感染昆虫，使其死亡。此外通过排出积水、污水，清理粪便垃圾，间歇灌溉农田等改造环境的措施，也是有效的杀虫方法。

（三）化学杀虫法

化学杀虫法是指在养殖场圈舍内外的有害昆虫栖息地、滋生地大面积喷洒化学杀虫剂，以杀灭昆虫成虫、幼虫和虫卵的措施。

1. 杀虫剂的种类

经昆虫摄食，使虫体中毒死亡的，称胃毒剂；药物直接和虫体接触，由体表进入体内使之中毒死亡，或将其气门闭塞使之窒息而死的，称接触毒剂；通过吸入药物而死亡的，称熏蒸毒剂；有些药物喷于土壤或植物上，能为植物根、茎、叶吸收，并分布于整个植物体，昆虫在摄取含有药物的植物组织或汁液后，发生中毒死亡，这类杀虫药为内吸毒剂。

2. 常用的杀虫剂及其使用

（1）敌百虫　对多种昆虫有很高的毒性，具有胃毒、接触毒和熏蒸毒的作用。常用剂型有水溶液、毒饵和烟剂。水溶液常用浓度为 0.1%；毒饵可用 1% 溶液浸泡米饭、面饼等，灭蝇效果较好；烟剂用 0.1～0.3 g/m³。

（2）倍硫磷　是一种低毒高效有机磷杀虫剂，具有接触毒、胃毒及内吸毒等作用，主要用于杀灭成蚊、蝇等。乳剂喷洒量为 0.5～1 g/m³。

（3）马拉硫磷　具有接触毒、胃毒和熏蒸毒作用。商品为 50% 乳剂，能杀灭成蚊、蝇蛆等。室内喷洒量 2 g/m³，持效 1～3 个月。0.1% 和 1% 溶液可杀灭蝇蛆和臭虫。

（4）拟除虫菊酯类杀虫剂　具有广谱、高效、残留短、毒性低、用量小等特点，对抗药性昆虫有效。如胺菊酯对蚊、蝇、蟑螂、虱、螨等均有强大的杀灭作用。室内使用 0.3% 浓度胺菊酯油剂喷雾，0.1～0.2 mL/m³，15～20 min 内蚊、蝇全部击倒，12 h 全部死亡。0.5 g/m³ 剂量可用于触杀蟑螂。

（5）昆虫生长调节剂　可阻碍或干扰昆虫正常生长发育而致其死亡，不污染环境，对人畜无害。目前应用的有保幼激素和发育抑制剂。前者主要具有抑制幼虫化蛹和蛹羽化的作用，后者抑制表皮几丁化，阻碍表皮形成，导致虫体死亡。

（6）驱避剂　主要用于人畜体表。包括邻苯二甲酸甲酯、避蚊胺等。制成液体、膏剂或冷霜，直接涂布皮肤；制成浸染剂，浸染家畜耳标、项圈或防护网等；制成乳剂，喷涂门窗表面。

三、灭鼠

鼠类为人和动物多种共患疫病的传播媒介和传染源，可以传播炭疽、鼠疫、布鲁氏菌病、结核病、野兔热、李氏杆菌病、钩端螺旋体病、口蹄疫、猪瘟、巴氏杆菌病等，因此，灭鼠对动物防疫和公共卫生都具有重要的意义。

灭鼠工作从两方面进行：一方面从畜舍建筑和卫生措施着手，预防鼠类的滋生和活动，断绝其生存所需的食物和藏身的条件；另一方面采取各种方法杀灭鼠类。灭鼠的方法可分两类，器械灭鼠法和药物灭鼠法。

(一)器械灭鼠法

利用各种工具以不同方式扑杀鼠类,如关、夹、压扣、套、翻、堵、挖、灌等。此类方法可就地取材,简便易行。使用鼠笼、鼠夹之类工具捕鼠,应注意诱饵的选择,布放的方法和时间。诱饵以鼠类喜吃的为佳。捕鼠工具应放在鼠类经常活动的地方,如墙脚、鼠的走道及洞口附近。放鼠夹应离墙 7~10 cm,与鼠道呈"丁"字形,鼠夹后端可垫高 3~6 cm。晚上放,早晨收,并断绝鼠粮。

(二)药物灭鼠法

按毒物进入鼠体途径可分为经口灭鼠药和熏蒸灭鼠药 2 类。经口灭鼠药主要有杀鼠灵、敌鼠钠盐和氟乙酸钠;熏蒸灭鼠药包括三氯硝基甲烷和灭鼠烟剂等。使用时以器械将药物直接喷入洞内,或吸附在棉花球中投入洞中,并以土封洞口。

▶ 任务八 保护易感动物 ◀

一、提高动物非特异性抵抗力

加强饲养管理,均衡动物营养,消除外环境中的各种应激因素,提高动物非特异性抵抗力,是做好卫生防疫工作的关键。

(一)加强饲养管理与防疫

加强饲养管理应做好以下几方面的工作:

①实行"全进全出"制的饲养方式,即在畜禽舍内环境一致的条件下合理饲养,这样会使组成畜禽群的各项个体性状具有统计学上的一致性。这种一致性不仅有利于群体生产性能的提高,而且有利于标准化和工厂化生产,也有利于采取各种有效措施防治畜禽疫病。

②科学饲喂,定时定量保质,不喂霉变、污染饲料,保证饮水清洁安全。不喂过冷过热饲料或突然更换饲料。

③及时清除畜禽舍内的粪便污物,并作无害化处理。保持舍内光照、通风良好,温度、湿度适宜,有害气体含量符合卫生要求,保证舍区具有较好的小气候环境。

④饲养密度合理,保持舍内安静,减少不良应激反应。

⑤合理使用药物,适当配伍,交替使用,注意将药物防制与环境防制、生物防制、机械防制等有机结合。

(二)畜禽舍内部环境与防疫

从防疫要求出发,养殖场内应有良好的消毒、粪便及污物处理设施,能有效地控制野生动物进入,控制蚊蝇等昆虫滋生。

畜禽场应设门卫消毒室、脚踏消毒池和车辆消毒池。人员进入畜禽舍时要洗手、洗澡、消毒、更换衣服和鞋帽。场内应有自备的车辆,如场外车辆必须进入生产区时,车轮一定要在消毒池内滚动一周以上。

畜禽场应有与本场养殖规模相适应的粪便污水排放处理设施,所有排泄物必须经无害化处理后方能利用。此外,搞好内部清洁卫生,清除杂草及污水塘,采取综合措施灭鼠杀虫,这对动物疫病预防具有很大意义。

二、免疫接种,提高动物特异性抵抗力

免疫接种是采用人工的方法给动物接种疫苗、类毒素或免疫血清等,使机体产生相应的抵抗力,从而达到预防和控制疫病的目的。免疫预防是最经济、最方便、最有效的手段,对动物以及人类健康均起着积极的作用。

(一)免疫接种的分类

1. 预防免疫接种

为预防疫病的发生,平时用疫苗、类毒素等生物制剂有计划地给健康动物群进行的免疫接种,称预防免疫接种。预防接种要有科学性和针对性。根据各地动物疫病发生和流行情况拟订每年的预防接种计划,按照合理的免疫程序进行免疫。

2. 紧急免疫接种

发生疫病时,为迅速控制和扑灭疫病的流行,对疫区和受威胁区内尚未发病动物进行的免疫接种称紧急免疫接种。其目的是建立"免疫带"以包围疫区,就地扑灭疫情,阻止疫病向外传播扩散。紧急接种常使用高免血清,具有安全、产生免疫快的特点,但免疫期短,用量大,价格高,不能满足实际使用需求。有些疫病(如口蹄疫、猪瘟、鸡新城疫、鸭瘟等)使用疫苗紧急接种,也可取得较好的效果。紧急接种必须与疫区的隔离、封锁、消毒等综合措施密切配合。

3. 临时免疫接种

临时为避免某些动物疫病发生而进行的免疫接种,称临时免疫接种。如引进、外调、运输动物时,为避免运输途中或到达目的地后暴发某些动物疫病而临时进行的免疫接种;又如动物去势、手术时,为防止发生某些动物疫病(如破伤风等)而进行的免疫接种。

4. 免疫隔离屏障

为防止某些动物疫病从有疫情国家向无疫情国家扩散,而对国境线周围动物进行的免疫接种。

(二)疫苗类型、保存与运送

1. 疫苗的类型及其特性

疫苗是指由病原微生物或其组分、代谢产物经过特殊处理所制成的、用于人工主动免疫的生物制品。按构成成分及其特性,可将其分为常规疫苗、代谢产物和亚单位疫苗以及生物技术疫苗。

(1)常规疫苗　指由细菌、病毒、立克次氏体、螺旋体、支原体等完整微生物制成的疫苗,主要有弱毒苗和灭活苗两种。

①弱毒苗,又称活疫苗,是指通过人工诱变获得的弱毒株、筛选的天然弱毒株或失去毒力但仍保持抗原性的无毒株所制成的疫苗。用同种病原体的弱毒株或无毒变异株制成的疫苗称同源疫苗,如新城疫的 B1 系毒株和 LaSota 系毒株等。通过含交叉保护性抗原的非同种微生物制成的疫苗称异源疫苗,如预防马立克病的火鸡疱疹病毒疫苗和预防鸡痘的鸽痘病毒疫苗等。

②灭活苗,又称死苗,是指选用免疫原性强的病原体或其弱毒株经人工培养后,用物理或化学方法致死(灭活),使其传染因子被破坏而保留免疫原性所制成的疫苗。灭活苗保留的免疫原性物质在细菌中主要为细胞壁,在病毒中主要为结构蛋白。

生产实践中还常常使用自家灭活苗和组织灭活苗。自家灭活苗是指用本养殖场分离的病原体制成的灭活苗;组织灭活苗是指将含有病原体的患病或死亡动物脏器制成乳剂经过灭活后制成的疫苗。

③生态制剂或生态疫苗，是动物机体的消化道、呼吸道和泌尿生殖道等处具有的正常菌群，它们是机体的保护屏障，是机体非特异性天然抵抗力的重要因素，对一些病原体具有拮抗作用。由正常菌群微生物所制成的生物制品称为生态制剂或生态疫苗，也有人称为活菌剂或生理菌苗。

④多价苗，是指将同一种细菌或病毒的不同血清型混合制成的疫苗。如巴氏杆菌多价苗和大肠杆菌 K88、K99、987P 三价苗等。联苗是指由两种以上的细菌或病毒联合制成的疫苗，一次免疫可达到预防几种疾病的目的，如猪瘟—猪丹毒—猪肺疫三联苗、新城疫—减蛋综合征—传染性法氏囊病三联苗等。应用联苗或多价苗，可减少接种次数，节约人力和物力，减少应激，故很多国家都在大力研发联苗及多价苗。但联苗如想达到与单苗完全相同甚至更好的免疫效果，必须解决抗原含量及免疫时的相互干扰问题。

（2）代谢产物和亚单位疫苗　细菌的代谢产物（如毒素、酶等）都可制成疫苗，如破伤风毒素、白喉毒素、肉毒毒素经甲醛灭活后制成的类毒素有良好的免疫原性，可作为主动免疫制剂。亚单位疫苗是将病毒的衣壳蛋白与核酸分开、除去核酸用提纯的蛋白质衣壳制成的疫苗。此类疫苗含有病毒的抗原成分，无核酸，因而无不良反应，使用安全，效果较好。

（3）生物技术疫苗　是利用生物技术制备的分子水平疫苗。生物技术疫苗通常包括以下几种：

①基因工程亚单位苗，是用 DNA 重组技术，将编码病原微生物保护性抗原的基因导入受体菌（如大肠杆菌）或细胞，使其在受体细胞中高效表达，分泌保护性抗原肽链。提取保护性抗原肽链，加入佐剂制成。

②合成肽苗，是用化学合成法人工合成病原微生物的保护性多肽，并将其连接到大分子载体上，再加入佐剂制成的疫苗。该疫苗的优点是可在同一载体上连接多种保护性肽链或多个血清型的保护性抗原肽链，这样只要一次免疫就可预防几种传染病或几个血清型。缺点是免疫原性一般较弱、合成成本昂贵。

③抗独特型疫苗，是根据免疫调节网络学说设计的疫苗。抗独特型抗体可以模拟抗原物质，可刺激机体产生与抗原特异性抗体具有同等免疫效应的抗体，由此制成的疫苗称为抗独特型疫苗或内影像疫苗。

④基因工程活载体苗，是指将病原微生物的保护性抗原基因，插入病毒疫苗株等活载体的基因组或细菌质粒中，利用这种能表达该抗原但不影响载体抗原性和复制能力的重组病毒或质粒制成的疫苗。

⑤基因缺失苗，是指通过基因工程技术将强毒株毒力相关的基因切除构建的活疫苗。

⑥DNA 疫苗，是将编码保护性抗原的基因与能在真核细胞中表达的载体 DNA 重组，重组的 DNA 可直接注射（接种）到动物（如小鼠）体内，目的基因可在动物体内表达，刺激机体产生体液免疫和细胞免疫。

2. 疫苗的运送、保存和使用时的注意事项

（1）疫苗的运送　疫苗在运送前要逐瓶包装，衬以厚纸或软草，然后装箱，防止碰坏瓶子和散播活的弱毒病原体。运送途中避免高温、曝晒和冻融。若是弱毒苗需要低温保存，可将疫苗装入盛有冰块的保温瓶或保温箱内运送。切忌把疫苗放在衣袋内，以免由于体温较高而降低疫苗的效力。大批量运输的生物制品应放在冷藏箱内，用冷藏车运输则更好，要以最快速度运

送生物制品。

（2）疫苗的保存　各种疫苗应保存在低温、阴暗及干燥的场所。灭活苗和类毒素等应保存在 2～8 ℃的环境中，防止冻结；大多数弱毒苗应放在 −15 ℃以下冻结保存。不同温度条件下，不得超过所规定的期限。如猪瘟兔化弱毒冻干苗，在 −15 ℃可保存 1 年以上，0～8 ℃只能保存 6 个月，若放在 25 ℃左右，最多 10 d 即失去效力。

（3）使用时的注意事项　应严格操作以确保免疫效果。

①使用前，应对疫苗进行认真检查，有下列情形者，不得使用。无标签或标签内容模糊不清，无产地、批号、有效期等说明；疫苗质量与说明书不符，比如色泽、性状有变化，疫苗内有异物、发霉和有异味的；瓶塞松动或瓶壁破裂的；未按规定方法和要求保存的，过期失效的。

②疫苗使用前，湿苗要充分摇匀；冻干苗按瓶签规定进行稀释，充分溶解后使用。

③吸取疫苗时，先除去封口上的火漆、石蜡或铝箔，用酒精棉球消毒瓶塞表面，然后用灭菌注射器吸取。如一次不能吸完，则不要把针头拔出，以便继续吸取。

④接种时要注意动物的营养和健康状况。凡疑似患病动物和发热动物不进行免疫接种，待病愈后补种。妊娠后期的动物应谨慎使用，以免流产和对胎儿产生毒害作用。

⑤同时接种两种以上的不同疫苗时，应分别选择各自适宜的途径，在不同部位进行免疫。注射器、针头、疫苗不得混合使用。

⑥使用活疫苗时，严防泄漏，凡污染之处，均要消毒。用过的空瓶及废弃的疫苗应高压消毒后深埋。

⑦免疫接种后要有详细登记，如疫苗的种类、接种日期、头数、接种方法、使用剂量以及接种后的反应等。还应注明对漏免者补种的时间。

（三）免疫方法

科学合理的免疫接种途径可以充分发挥体液免疫和细胞免疫的作用，大大提高动物机体的免疫应答能力。常用的免疫接种方法有以下几种：

1. 注射免疫法

注射免疫法适用于灭活苗和弱毒苗的免疫接种。按接种部位不同可分为肌肉接种、皮下接种、皮内接种和静脉注射接种。

（1）肌肉接种　操作简单、应用广泛、副作用较小、药液吸收快、免疫效果较好。应选择肌肉丰满、血管少、远离神经干的部位。猪、马、牛、羊采用臀部和颈部两个部位的肌肉接种，鸡多采用胸部、腿部肌肉接种。

（2）皮下接种　多用于灭活苗的接种。选择皮薄、被毛少、皮肤松弛、皮下血管少的部位，马、牛等大家畜宜在颈侧中 1/3 部位，猪在耳根后或股内侧，犬、羊宜在股内侧，家禽在颈部、大腿内侧。注射部位消毒后，注射者右手持注射器，左手食指与拇指将皮肤提起呈三角形，沿三角形基部刺入皮下，推动注射器活塞将疫苗徐徐注入。然后用酒精棉球按住注射部位，将针头拔出。

（3）皮内接种　选择皮肤致密、被毛少的部位。牛、羊在颈侧，也可在尾根或肩胛中央部位；马在颈侧、眼睑部位；猪大多在耳根后；鸡在肉髯部位。左手将皮肤捏起形成皱褶或以左手绷紧固定皮肤，右手持注射器，将针斜面朝上，针头几乎与皮面平行轻轻刺入皮内 0.5 cm 左右，放松左手，左手在针头和针筒交接处固定针头，右手持注射器，将疫苗徐徐注入。如针头确在皮内，则注射时感觉阻力较大，且注射处形成一个小泡，突起于皮肤表面。

（4）静脉注射接种　主要用于注射抗血清进行紧急免疫预防或治疗。马、牛、羊在颈静脉；猪在耳静脉；鸡在翼下静脉。疫苗、菌苗、诊断液一般不作静脉注射。

二维码 1-2-6　鸡腿部肌肉　　　二维码 1-2-7　鸡颈部皮下　　　二维码 1-2-8　羊尾根部皮内
　　接种（视频）　　　　　　　　接种（视频）　　　　　　　　接种（视频）

2. 口服免疫法

口服免疫法效率高、操作方便、省时省力，全群动物能在同一时间内共同接受接种，且对群体的应激反应小，但动物群中产生的抗体滴度不均匀，免疫持续期短，免疫效果易受到其他多种因素的影响。该法包括饮水免疫和拌料免疫两种。饮水免疫时选用的水质要清洁，禁用含漂白粉的自来水，在饮水中加入适当浓度的疫苗保护剂。水温不宜过高，以免影响抗原的活性。免疫前应根据季节和天气情况停饮或停喂 2～4 h，以保证免疫时动物摄入足够剂量的疫苗，饮完后经 1～2 h 再正常供水。

3. 气雾免疫法

气雾免疫法是利用气泵产生的压缩空气通过气雾发生器，将稀释的疫苗喷出去，使疫苗形成直径 0.01～10 μm 的雾化粒子，均匀地浮游在空气之中，动物通过呼吸道吸入肺内，达到免疫目的。气雾免疫时，如雾化粒子过大或过小、温度过高，湿度过高或过低，均可影响免疫效果。

4. 滴鼻、点眼免疫法

鼻腔黏膜下有丰富的淋巴样组织，禽类眼部有哈德腺，对抗原的刺激都能产生很强的免疫应答反应，操作时用乳头滴管吸取疫苗滴于鼻孔内或眼内。

5. 刺种免疫法

刺种免疫法常用于禽痘、禽脑脊髓炎等疫病的弱毒疫苗接种。将疫苗稀释后，用刺种针蘸取疫苗液并刺入禽类翅膀内侧翼膜下的无血管处即可。

二维码 1-2-9　鸡滴鼻、点眼免疫（视频）　　　二维码 1-2-10　鸡翼膜下刺种免疫（视频）

（四）疫苗接种的反应与疫苗的联合使用

1. 疫苗接种的反应

疫苗对动物机体来说是外源性物质，接种后会出现一些不良反应，按反应强度和性质可将其分为以下 3 种类型：

（1）正常反应　是指由于疫苗本身的特性而引起的反应。少数疫苗接种后，常常出现一过性的精神沉郁、食欲下降、注射部位的短时轻度炎症等局部性或全身性异常表现。如果这种反应的动物数量少、反应程度轻、维持时间短暂，属于正常反应。

(2)严重反应　　是指与正常反应在性质上相似,但反应程度重或出现反应的动物数量较多。其原因通常是由于疫苗质量低劣或毒(菌)株的毒力偏强、使用剂量过大、操作不正确、接种途径错误或使用对象不正确等因素引起的。通过严格控制疫苗的质量,并按照疫苗使用说明书操作,常常可避免或减少发生严重反应的频率。

(3)过敏反应　　是指由于疫苗本身或其培养液中存在某些应变原,故疫苗接种后出现过敏性反应的现象。发生过敏反应的动物表现为黏膜发绀、缺氧、严重的呼吸困难、呕吐、腹泻、虚脱或惊厥等全身性反应和过敏性休克症状。过敏反应在以异源细胞或血清制备的疫苗接种时经常出现,在实践中应密切关注接种后的反应。

2. 疫苗的联合使用

有时因防疫需要,往往需在同一时间给动物接种两种或两种以上的疫苗。因此选择疫苗联合接种免疫时,应根据研究结果和试验数据确定哪些疫苗可以联合使用,哪些疫苗在使用时应有一定的时间间隔以及接种的先后顺序等。

随着生物技术的发展,人们将疫苗中与免疫保护作用无关的成分去除,使联合弱毒疫苗或灭活疫苗的质量不断提高、不良反应逐渐减少,这将使动物疫病预防的前景大为改观。

(五)强制免疫与免疫计划

1. 强制免疫

《中华人民共和国动物防疫法》(以下简称《动物防疫法》)第十六条规定:"国家对严重危害养殖业生产和人体健康的动物疫病实施强制免疫。"实施强制免疫可保证动物的健康生长,促进畜牧业健康稳定发展;减少人兽共患病的发生,保证人类不感染或少感染动物传播的疫病;保证人们食用安全的动物产品。

(1)强制免疫制度　　是指国家对严重危害养殖业生产和人体健康的动物疫病,采取制定强制免疫计划,确定免疫用生物制品和免疫程序,以及对免疫效果进行监测等一系列预防控制动物疫病的强制性措施,以达到有计划按步骤地预防、控制、净化、消灭动物疫病的目标的制度。

(2)强制免疫的病种名录　　实施强制免疫的病种是严重危害养殖业生产和人体健康的动物疫病。《动物防疫法》第十六条规定,由国务院农业农村主管部门确定强制免疫的动物疫病病种和区域。根据《动物防疫法》规定,结合当前动物防疫实际,农业农村部印发《2021年国家动物疫病强制免疫计划》中提出强制免疫的动物疫病病种有高致病性禽流感、口蹄疫、小反刍兽疫、布鲁氏菌病、棘球蚴病。

(3)免疫费用　　实行强制免疫的费用由中央财政和地方财政承担。各省财政部门将根据动物疫情需要,保证疫苗费用。各市县财政部门要承担注射疫苗等相应免疫工作经费,畜禽饲养户不承担此项费用。

2. 强制免疫计划

《动物防疫法》第十六条规定,由省、自治区、直辖市人民政府农业农村主管部门制定本行政区域的强制免疫计划;根据本行政区域动物疫病流行情况增加实施强制免疫的动物疫病病种和区域,报本级人民政府批准后执行,并报国务院农业农村主管部门备案。

《动物防疫法》第十七条规定,饲养动物的单位和个人应当履行动物疫病强制免疫义务,按照强制免疫计划和技术规范,对动物实施免疫接种。实施强制免疫接种的动物未达到免疫质量要求,实施补充免疫接种后仍不符合免疫质量要求的,有关单位和个人应当按照国家有关规定处理。

3. 强制免疫动物的可追溯管理

（1）建立动物疫病可追溯管理制度的意义　按照国家有关规定建立免疫档案、加施畜禽标识，保证可追溯。对于动物疫病的风险评估和疫情控制，准确掌握动物群体和个体的免疫、监测和移动状况，有重要的流行病学意义。

（2）免疫档案是动物疫病可追溯管理的基础　建立免疫档案是实行强制免疫动物及动物产品全过程监管、建立强制免疫动物可追溯管理的基础。在动物养殖过程中，免疫情况是养殖档案的一项重要内容。2006 年 6 月，农业部颁布了《畜禽标识和养殖档案管理办法》，规定畜禽养殖场应当建立养殖档案，载明畜禽的品种、数量、繁殖记录、标识情况、来源和进出场日期，以及检疫、免疫、监测、消毒情况和畜禽发病、诊疗、死亡和无害化处理情况等内容。有关单位及个人对经强制免疫的动物，都应当按照上述规定建立免疫档案，以便对动物及动物产品实施可追溯管理。同时，按照《畜禽标识和养殖档案管理办法》的规定，县级动物疫病预防控制机构应当建立畜禽防疫档案，载明以下内容：一是畜禽养殖场的名称、地址、畜禽种类、数量、免疫日期、疫苗名称、畜禽养殖代码、畜禽标识顺序号、免疫人员以及用药记录等；二是畜禽散养户的姓名、地址、畜禽种类、数量、免疫日期、疫苗名称、畜禽标识顺序号、免疫人员以及用药记录等。

（3）畜禽标识是动物疫病可追溯管理的基础　畜禽标识既是实行对强制免疫动物及动物产品全过程监管，建立强制免疫动物可追溯管理的基础，也是建立畜禽档案的基础。2006 年 6 月，农业部颁布了《畜禽标识和养殖档案管理办法》，同时废止了《动物免疫标识管理办法》在标识称谓上以畜禽标识代替了免疫标识。按该办法规定，畜禽标识制度应当坚持统一规划、分类指导、分步实施、稳步推进的原则。畜禽标识实行一畜一标，编码应当具有唯一性。畜禽标识编码由畜禽种类代码、县级行政区域代码、标识顺序号共 15 位数字及专用条码组成。畜禽养殖者应当向当地县级动物疫病预防控制机构申领畜禽标识，并按照规定对畜禽加施畜禽标识。从 2008 年 1 月 1 日起，所有牲畜均应按照规定加施牲畜耳标，并凭此进入流通等环节。这一举措必将对我国动物防疫和动物源性食品安全管理工作带来重大而深远的影响。

（六）免疫程序

根据某地区或养殖场内不同传染病的流行情况及疫苗特性为特定动物制定的免疫接种方案，称免疫程序。免疫程序主要包括疫苗的名称、类型，接种的次序、次数、途径及间隔时间。

1. 制定免疫程序的原则

免疫程序的制定，应根据不同动物或不同传染病流行特点和生产实际情况，充分考虑本地区常见多发或威胁大的传染病分布特点、疫苗类型及其免疫效能和母源抗体水平等因素，以便选择适当的免疫时间，有效地发挥疫苗的保护作用。

（1）根据疫病的分布特征制定　由于动物疫病在地区、时间和动物群中的分布特点和流行规律不同，它们对动物造成的危害程度也会随之发生变化，一定时期内兽医防疫工作的重点就有明显的差异，所以需要根据具体情况随时进行调整。

（2）根据疫苗的免疫学特性制定　疫苗的种类、接种途径、产生免疫力需要的时间、免疫力的持续期等差异是影响免疫效果的重要因素，在制定免疫程序时要进行充分的调查、分析和研究。

（3）具有相对的稳定性　如果没有其他因素的参与，某地区或养殖场在一定时期内动物疫病的分布情况具有相对的稳定性。因此，若实践证明某一免疫程序的应用效果良好，则应尽量避免改变这一免疫程序。如果发现该免疫程序执行过程中仍有某些疫病流行，则应及时查明原因，并适时调整。

2. 制定免疫程序的方法和程序

(1)掌握威胁本地区或养殖场的主要疫病种类及其分布特点　根据疫病监测和流行病学调查结果,分析该地区或养殖场内常见多发疫病的危害程度及周围地区威胁较大疫病流行和分布特征,并根据动物的类别确定哪些疫病需要免疫或终生免疫,哪些疫病需要根据季节或动物年龄进行免疫防治。对本场或本地区从未发生过的疫病,一般不进行免疫接种,有威胁时需要接种,最好使用灭活苗,以免引起人为散毒;对某些季节性较强的疫病(如乙脑),可在流行季节到来前1~2个月进行免疫接种;对主要侵害新生动物的疫病(如仔猪黄痢),可在母畜产仔前接种。接种的次数依据疫苗的特性和该病的危害程度决定。

(2)了解疫苗的免疫学特性　疫苗特性是制定免疫程序的重要依据。由于疫苗的种类、适用对象、保存、接种方法、使用剂量、接种后免疫力产生的时间、免疫保护效力及其持续期、最佳接种时机及间隔等疫苗特性是制定免疫程序的重要内容,因此只有在对这些特性进行充分的研究和分析后,才能制定出科学、合理的免疫程序。

(3)充分利用抗体监测结果　由于易感年龄跨度大的疫病需要终生免疫,因此应根据定期测定的抗体消长规律确定首免日龄和加强免疫的时间。初次使用的免疫程序应定期测定免疫动物群的免疫水平,发现问题要及时调整并采取补救措施。新生动物的首免日龄应根据其母源抗体的消长规律来确定,以防止母源抗体的干扰。

(七)影响免疫效果的因素与免疫效果的评价

1. 影响免疫效果的因素

(1)免疫动物群的机体状况　动物的品种、年龄、体质、营养状况、接种密度等对免疫效果影响较大。幼龄、体弱、生长发育差以及患慢性病的动物,用疫苗接种后反应明显,抗体上升缓慢。若动物群的免疫密度较高时,那些免疫动物在群体中能够形成屏障,从而保护动物群不被感染。但免疫接种疫苗过多,接种过于频繁,会引起动物群出现免疫麻痹,导致免疫失败。

(2)疫苗株与病原体血清型不一致及病原变异　某些病原体的血清型较多且相互之间无交叉保护力,在免疫接种时若使用的疫苗血清型与当地流行毒(菌)株不符,则严重影响免疫效果。某些病原体又容易发生变异,或毒力增强,或出现新毒株,常造成免疫接种失败。

(3)外界环境因素　若免疫动物群动物福利程度不高,环境条件恶劣,卫生消毒制度不健全、饲料营养不全面、动物圈舍寒冷、潮湿、闷热、空气污浊、饲养密度大、嘈杂等应激因素存在时,会降低机体的免疫应答反应。

(4)免疫程序不合理　免疫程序不合理包括疫苗的种类、生产厂家、接种时机、接种途径和剂量、接种次数及间隔时间等不适当,容易出现免疫效果差或免疫失败的现象。此外,疫病的分布发生变化时,疫苗的接种时机、接种次数及间隔时间等应作适当调整。

(5)免疫抑制因素的影响　免疫抑制因素对免疫效果的影响已日益受到重视。某些传染病(如猪繁殖与呼吸综合征、猪圆环病毒病、传染性法氏囊病、马立克病、禽白血病、鸡传染性贫血等)感染,或其他物质(如霉菌毒素、某些药物等),会破坏机体的免疫系统,导致动物免疫功能受到抑制或免疫应答能力下降。

(6)母源抗体的干扰　由于动物胎盘的特殊结构,胎儿在母体内不能获得免疫抗体,出生后需经吃初乳才能获得被动免疫。新生动物未吃初乳前,血清中免疫球蛋白的含量极低,吮吸初乳后血清免疫球蛋白的水平能够迅速上升并接近母体的水平,出生后24~35 h即可达到高峰,随后逐渐下降。由于初生动物免疫系统发育尚未成熟,此时接种弱毒疫苗时很容易被母源抗体中和而出现免疫干扰现象。

（7）疫苗质量存在问题　疫苗的剂型分为2类，即冻干苗和湿苗。湿苗又分为油乳佐剂苗和水剂苗。其保存和运输方法不同。运输和贮藏应严格执行冷链系统，即从生产单位到使用单位的一系列运输、贮藏直到使用过程中的每个环节，始终使其处于适当的冷藏条件下，严禁反复冻融。疫苗使用前应认真检查，若发现冻干苗失真空、油乳剂苗沉淀、变质或发霉，有异物，过期，无批准文号、无生产日期、无有效期的产品等情况，应予废弃。使用时应严格按照要求稀释，在规定时间内接种完毕。对于活疫苗在用苗前后1周内禁止使用抗病毒药物（病毒性疫苗）和抗生素药物（细菌性疫苗）。

2. 疫苗免疫效果的评价

疫苗免疫接种的目的是降低动物对某些疫病的易感性，减少疫病带来的经济损失。因此，某一免疫程序对特定动物群是否达到了预期的效果，需要定期对接种对象的实际发病率和抗体水平进行监测和分析，以评价其是否合理。免疫评价的方法主要有流行病学评价法、血清学评价法和人工攻毒试验法。

（1）流行病学评价法　通过免疫动物群体和非免疫动物群体的发病率、死亡率等流行病学指标，来评价不同疫苗或免疫程序的保护效果。保护率越高，免疫效果越好。常用的指标有：

$$效果指数 = \frac{对照组患病率}{免疫组患病率}$$

$$保护率 = \frac{对照组患病率 - 免疫组患病率}{对照组患病率} \times 100\%$$

当效果指数<2或保护率<50%时，可判定该疫苗或免疫程序无效。

（2）血清学评价法　血清学评价是以测定抗体的转化率和几何滴度为依据，多用血清抗体的几何滴度来进行评价，通过比较接种前后滴度升高的幅度及其持续时间来评价疫苗的免疫效果。如果接种后的平均抗体滴度比接种前升高大于4倍，即认为免疫效果良好；如果小于4倍，则认为免疫效果不佳或需要重新进行免疫接种。

（3）人工攻毒试验法　通过对免疫动物的人工攻毒试验，可确定疫苗的免疫保护率、安全性、开始产生免疫力的时间、免疫持续期和保护性抗体临界值等指标。

三、药物预防

动物疫病种类繁多，防治措施多种多样，其中有些疫病目前已研制出有效的疫苗，也有一些疫病尚无疫苗可用，有些虽有疫苗但实际应用效果还有待提高，而药物预防是目前一项重要的疾病防治措施。

（一）药物预防的概念

动物在正常的饲养管理状态下，适当以抗生素、中药制剂、微生态制剂等加入饲料或饮水，以调节机体代谢、增强机体抵抗力和预防多种疾病的发生，这种方法称药物预防。药物预防时应注意使用安全而廉价的化学药物，即所谓的保健添加剂；也可以使用非化学药物，如中药制剂、微生态制剂等。使用药物预防应以不影响动物产品的品质和消费者的健康为前提。

（二）选择药物的原则

1. 药物敏感性

应考虑病原体对药物的敏感性和耐药性，选用预防效果最好的药物。长期使用化学药物预防,容易产生耐药性菌株,影响防制效果。因此,使用前或使用药物过程中,最好进行药敏试验,选择高度敏感性的药物用于预防,以期收到良好的预防效果。要适时更换药物,以防止耐药性的产生。

2. 动物敏感性

不同种属的动物对药物的敏感性不同,应区别对待。例如,用 3 mg/kg 速丹拌料对鸡来说是较好的抗球虫药,但对鸭、鹅均有毒性,甚至引起死亡。某些药物剂量过大或长期使用会引起动物中毒。待出售的畜禽应有一定的休药期,以免药物残留,如伊维菌素,休药期牛为28 d,羊 8 d,猪 5 d。在宰前休药的同时,有些药物在动物的某一生长阶段禁止使用,如莫能菌素钠,休药期 5 d,蛋鸡产蛋期及奶牛泌乳期禁用。

3. 有效剂量

药物必须达到最低有效剂量,才能收到应有的预防效果。因此,要按规定的剂量,均匀地拌入饲料或完全溶解于饮水中。有些药物的有效剂量与中毒剂量之间距离太近,如喹乙醇,掌握不好就会引起中毒。有些药物在低浓度时具有预防和治疗作用,而在高浓度时会变成毒药,使用时要加倍小心。

4. 注意配伍禁忌

两种或两种以上药物配合使用时,有的会产生理化性质改变,使药物产生沉淀或分解、失效甚至产生毒性。例如:硫酸新霉素、庆大霉素与替米考星、罗红霉素、盐酸多西环素、氟苯尼考配伍时疗效会降低;维生素 C、磺胺类配伍时会沉淀,分解失效。在进行药物预防时,一定要注意配伍禁忌。

5. 药物成本

在集约化养殖场中,畜禽数量多,预防药物用量大,若药物价格较高,则增加了药物成本。因此,应尽可能地使用价廉易得而又确有预防作用的药物。

6. 安全性

要合理使用药物添加剂,以保证动物本身的安全,并确保动物产品品质。

(三)预防性药物的给药方法

不同的给药方法可以影响药物的吸收速度、利用程度、药效出现时间及维持时间。

1. 拌料给药

拌料给药是指将药物均匀地拌入饲料中,让动物在采食时摄入药物而发挥药理效应的给药方法。这种方式主要适用于预防性用药,尤其是长期给药。该法简便易行,节省人力,应激小。但对患病动物,当其食欲下降时,不宜应用。拌料给药时应注意以下几点:

(1)准确掌握药量　应严格按照动物群体重,计算并准确称量药物,以免造成药量过小而起不到作用或药量过大引起中毒。

(2)确保搅拌均匀　通常采用分级混合法,即将全部用量的药物加到少量饲料中,充分混合后,再加到一定量的饲料中,再充分混匀,然后再拌入计算所需的全部饲料中。切忌把全部药量一次性加入所需饲料中简单混合,以避免部分动物药物中毒及大部分动物吃不到药物,影响预防效果。

(3)注意不良反应　某些药物混入饲料后,可与饲料中的某些成分发生拮抗作用。比如饲料中长期混合磺胺类药物,就容易引起鸡 B 族维生素或维生素 K 缺乏。应密切注意并及时纠正不良反应。

2. 饮水给药

饮水给药是指将药物溶解到饮水中，让动物在饮水时饮入药物而发挥药理效应的给药方法。常用于预防和治疗疫病。饮水给药所用的药物应是水溶性的。为了保证全群内绝大部分个体在一定时间内喝到一定量的药水，应考虑动物的品种、畜舍温度、湿度、饲料性质、饲养方法等因素，严格掌握动物一次饮水量，然后按照药物浓度，准确计算用药剂量，以保证药饮效果。

在水中不易被破坏的药物，可让动物长时间自由饮用；而对于一些容易被破坏或失效的药物，应要求动物在一定时间内全部饮尽。在饮水给药前常禁饮一段时间，气温较高的季节禁饮1~2 h，以提高动物饮欲。然后给予加有药物的饮水，让动物在短时间内充分喝到药水。

3. 气雾给药

气雾给药是指用药物气雾器械，将药物弥散到空气中，让畜禽通过呼吸作用吸入体内或作用于畜禽皮肤及黏膜的给药方法。气雾给药时，药物吸收快，作用迅速，节省人力，尤其适用于现代化大型养殖场，但需要一定的气雾设备，且畜舍门窗能满足密闭条件。

能应用于气雾途径的药物应该无刺激性，易溶于水，有刺激性的药物不应通过气雾给药。若欲使药物作用于上呼吸道，应选用吸湿性较强的药物，而欲使药物作用于肺部，就应选用吸湿性较差的药物。

在应用气雾给药时，不要随意套用拌料或饮水给药浓度。应按照畜舍空间和气雾设备，准确计算用药剂量。以免造成不应有的损失。

4. 外用给药

外用给药主要是指为杀死动物体外寄生虫或体外致病微生物所采用的给药方法。外用给药包括喷洒、喷雾、熏蒸和药浴等方法。使用时应注意掌握药物浓度和使用时间。

考核评价

1. 某公司计划在某地建猪场，为保障猪的正常养殖，减少疾病的发生，请制定出相应的消毒制度和免疫程序。

2. 某地区发生禽流感疫情，根据相关规定，请制定控制疫情的方法和措施。

案例分析

案例一：某猪场购进猪苗200头，进场开始发病，食欲废绝，腹泻、呕吐，继而呼吸急促乃至困难，张口伸舌，呈犬坐式，有的倒地死亡；对病死猪进行剖检，发现胸膜表面有广泛性纤维性附着物，胸腔积液呈血色，气管和支气管有纤维性附着物，肺充血、出血，心包液多，肺门淋巴结肿大。病死猪尸体如何处理？

案例二：某奶牛场奶牛起初有短促干咳，随着病程的进展变为湿咳，咳嗽加重、频繁，并有淡黄色黏液或脓性鼻液流出，呼吸次数增加，甚至呼吸困难。病牛食欲下降，日渐消瘦，贫血，产奶减少，体表淋巴结肿大，体温稍升高。数月后死亡，剖解肺部有针尖大至鸡蛋大的黄白色坚硬结节，结节中心干酪样坏死或钙化。通过什么方法控制该病的传播？

知识拓展

蛋鸡免疫程序示例，见表1-2-2。

表 1-2-2　蛋鸡免疫程序（建议活苗全部采用进口苗或优质国产 SPF 苗）

日龄	选用疫苗	接种方式	剂量	特别说明
1～3	新城疫＋传支	点眼、滴眼	1.5 羽份	低威胁地区选弱毒苗（如威支灵），高威胁地区选较强毒力苗（如 L＋M＋C）
10	新城疫＋传支多（L＋M＋C）	点眼、滴鼻	1.5 羽份	
	新城疫油苗	颈部皮下注射	0.3 mL	
14	传染性法氏囊	点口或饮水	2 羽份	
18	禽流感 H9 油苗	颈部皮下注射	0.3 mL	
24	传染性法氏囊	点口或饮水	2 羽份	
25	鸡痘	刺种	1.5 羽份	疫区及有发病史需提前
30	新城疫＋传支多（L＋H52）	倍量饮水	1.5 羽份	
40	禽流感 H5N1Re-5＋Re-4	皮下注射	0.4 mL	
55	传喉	滴鼻	1 羽份	无发病史可不做 传喉多发地区用进口苗
65	禽流感 H5N1 Re-4＋Re-5	皮下注射	0.5 mL	
75	新城疫＋禽流感 H9 油苗	颈部皮下注射	0.5 mL	
	新城疫活苗	滴鼻或饮水	1.5 羽份	
90	传鼻油苗	皮下注射	0.5 mL	无发病史可不做
100	传喉	滴鼻	1 羽份	无发病史可不做 传喉多发地区用进口苗
105	禽流感 H5N1 Re-5＋Re-4	皮下注射	0.5 mL	
110	新＋支＋减三联苗	皮下注射	0.5 mL	
	新城疫 L＋H52	滴眼	1.5 羽份	
125	禽流感 H9 油苗	皮下注射	0.5 mL	

　　备注：1. 禽流感 H5、H9 油苗在产蛋期每 3 个月左右对鸡群进行抗体监测前提下注射。

　　　　　2. 新城疫在产蛋期每隔 2～2.5 个月对鸡群进行抗体检测前提下进行一次Ⅳ系弱毒苗点眼或喷雾免疫。

　　　　　3. 本免疫程序仅供参考，各地区要根据当地疫情状况向当地兽医咨询后作适当调整。

知识链接

　　1. DB12/T 451—2012 畜禽运载工具消毒技术规范

　　2. DB13/T 1004.5—2008 动物卫生监督管理综合标准　第 5 部分：动物防疫消毒操作规程

　　3. DB62/T 4400-2021 动物诊疗机构消毒技术规范

　　4. NY/T 1952—2010 动物免疫接种技术规范

项目三
动物疫病的处理

学习目标

- 了解预防动物疫病发生的措施、重大疫情报告制度和形式；
- 掌握重大疫情报告的程序和填写要求；
- 熟悉重大动物疫情应急预案报告责任人。

学习内容

▶▶ 任务九 动物疫病的预防、控制和扑灭 ◀◀

一、预防动物疫病发生的措施

（一）坚持动物疫病知识和动物防疫法规的宣传、教育

对动物疫病本质的认知程度、动物防疫的法律意识、文化科技素养、疫病预防技术的普及和提高、动物生产环境卫生以及人们处理与动物关系的态度、生活习性等社会因素，对动物疫病的发生、流行具有重大影响。因此，坚持不懈地进行全民动物疫病知识、疫病预防技术、防疫法律法规、动物环境卫生和福利等方面的宣传、教育、普及和提高，培养良好的生产、生活习惯和防病意识，是动物防疫工作的实际需要，也是动物防疫工作的经常性内容。

（二）强化兽医专业人员、养殖业及相关产业从业人员的职业教育和岗位培训

从事动物疫病管理、监测、检测、检验检疫、研究、诊疗和动物饲养、屠宰、经营、隔离、运输等活动的专业从业人员，是动物疫病防疫工作的主体。经常性地进行专业人员的继续教育培训，不断提高专业技术水平和岗位技能，培育职业道德和防疫法律意识，明确工作职责和权限，对于防止动物疫病发生流行、保障生产安全、降低疫病危害、提高动物产品质量都具有非常重要的意义。

（三）积极推广动物防疫、动物生产方面的新技术、新成果和新经验

在长期与动物疫病的斗争中，人们越来越认识到动物防疫的重要性，积累了丰富的经验，取得了丰硕的防疫成果，不断改善有利于防疫的动物生产模式，摸索出了"养、防、检、治"并举的综合性防疫措施。虽然我们国家的动物防疫工作取得了前所未有的进展和成绩，但与世界

先进水平还有一定的差距。因此,大力推广普及动物防疫、动物生产的新技术、新成果和新经验,借鉴他人成功经验,对我国动物防疫工作将产生不可估量的深远影响。

(四)加强动物饲养管理,提高动物抗病能力

加强饲养管理工作,强化动物福利意识,搞好动物环境卫生,规范养殖生产过程,消除各种应激因素,提高动物抗病力,是防疫工作的坚实基础。"养、防、检、治"的综合性防疫措施将饲养放在首位,正是饲养环节在整个动物防疫工作中重要性的具体体现。

(五)制订防疫计划,搞好免疫接种,提高动物群整体免疫水平

疫苗接种是模拟自然感染,使动物获取特异性免疫力的重要方法。目前许多动物疫病有可供利用的有效疫苗。制订切实可行的防疫计划,拟定行之有效的免疫程序,严格执行计划免疫接种,适时进行紧急免疫接种,实行重大动物疫病强制免疫接种,提高动物群体免疫水平,无疑是动物疫病防疫工作不可或缺的重要举措。

(六)消灭病原体,消除媒介物,净化环境,切断传播途径

切实做好消毒工作,协调实施预防性消毒和疫源地消毒(随时消毒与终末消毒),去除环境中的病原体。严格执行染疫动物尸体、污染动物产品、分泌物、排泄物、残余饲料、垫草、器具等的无害化处理。坚持做好杀虫驱虫、灭鼠防鼠工作。努力达到净化环境,切断传播途径这一环节的防疫目标。

(七)做好检疫工作,保障动物、动物产品流通畅通

认真贯彻执行动物防疫检疫的法律法规,协调做好产地检疫、运输检疫和口岸检疫工作,及时发现并消灭传染源,消灭染疫动物、污染产品中的病原体,阻断动物疫病的发生流行以及从一个地区向另一个地区的蔓延传播。

(八)加强动物疫情通报工作,建立疫情预警预报机制

各级政府应制订本辖区动物疫情监测计划,建立健全动物疫情监测网络,加强动物疫情监测工作。动物防疫部门应调查研究当地疫情,掌握疫情分布情况和流行趋势,实行动物疫情报告制度,建立疫情预警预报和疫情通报联防协作机制,及时阻止疫病蔓延,力争将动物疫情控制在最小范围。疫病蔓延,有时速度往往很快,控制不力会带来巨大灾难,造成巨额经济损失。为了在发生重大疫情时能够及时、迅速、高效、有序地控制和扑灭疫情,降低和减轻疫情带来的损失,应预先制定综合性动物防疫应急处理方案,从指挥组织系统、技术力量配备、人员物资储备、药品器械补给等方面做好充分准备。一旦发生疫情,即可按照既定方案,迅速动员社会力量,全面部署,统一指挥,协调行动,配合作战,以最小的费用、最短的时间、最快的速度、有效的措施控制、扑灭疫情,最大限度地保障公共卫生安全和人体健康,减少经济损失。

二、发生动物疫病时的控制和扑灭措施

(一)发生一类动物疫病时,应当采取下列控制和扑灭措施

(1)所在地县级以上地方人民政府农业农村主管部门应当立即派人到现场,划定疫点、疫区、受威胁区,调查疫源,及时报请本级人民政府对疫区实行封锁。疫区范围涉及两个以上行政区域的,由有关行政区域共同的上一级人民政府对疫区实行封锁,或者由各有关行政区域的上一级人民政府共同对疫区实行封锁。必要时,上级人民政府可以责成下级人民政府对疫区实行封锁。

(2)县级以上地方人民政府应当立即组织有关部门和单位采取封锁、隔离、扑杀、销毁、消

毒、无害化处理、紧急免疫接种等强制性措施。

（3）在封锁期间，禁止染疫、疑似染疫和易感染的动物、动物产品流出疫区，禁止非疫区的易感染动物进入疫区，并根据扑灭动物疫病的需要对出入疫区的人员、运输工具及有关物品采取消毒和其他限制性措施。

①疫区立即采取封锁、隔离、扑杀、销毁、消毒、无害化处理等强制性措施，以期迅速扑灭疫病。

②疫区和受威胁区内未经感染的易感动物立即进行紧急免疫接种，建立免疫带，阻止疫情蔓延。

③在封锁期间，禁止染疫、疑似染疫和易感染的动物、动物产品流出疫区，禁止非疫区的易感染动物进入疫区，对出入疫区的人员、运输工具及有关物品采取消毒和其他限制性措施。

④动物卫生监督机构应当派人在当地依法设立的检疫消毒站执行监督检查任务；必要时，报请政府批准，设立临时性的动物卫生监督检查站，执行监督检查任务。

（二）发生二类动物疫病时，应当采取下列控制和扑灭措施

（1）所在地县级以上地方人民政府农业农村主管部门应当划定疫点、疫区、受威胁区。

（2）县级以上地方人民政府根据需要组织有关部门和单位采取隔离、扑杀、销毁、消毒、无害化处理、紧急免疫接种、限制易感染的动物和动物产品及有关物品出入等措施。

（三）发生三类动物疫病时，应当采取下列控制和扑灭措施

当发生三类动物疫病时，所在地县级、乡级人民政府应当按照国务院农业农村主管部门的规定组织防治。

《动物防疫法》第四十二条规定，二、三类动物疫病呈暴发性流行时，按照一类动物疫病处理。

三、动物防疫监督

县级以上地方人民政府农业农村主管部门依法对动物饲养、屠宰、经营、隔离、运输以及动物产品生产、经营、加工、贮藏、运输等活动中的动物防疫实施监督管理，这也是动物防疫工作中把关、防范的重要措施之一。动物防疫监督主要通过动物检疫、发生疫情时对防疫措施实施的监督监管以及动物疫病普查等形式开展工作。为控制动物疫病，县级人民政府农业农村主管部门应当派人在所在地依法设立的现有检查站执行监督检查任务；必要时，经省、自治区、直辖市人民政府批准，可以设立临时性的动物防疫检查站，执行监督检查任务。

县级以上地方人民政府农业农村主管部门执行监督检查任务，可以采取下列措施，有关单位和个人不得拒绝或者阻碍：

（1）对动物、动物产品按照规定采样、留验、抽检。对染疫或者疑似染疫的动物、动物产品及相关物品进行隔离、查封、扣押和处理。

（2）对依法应当检疫而未经检疫的动物、动物产品，具备检疫条件的实施补检，不具备补检条件的依法予以收缴销毁。

（3）查验检疫证明、检疫标志和畜禽标识；进入有关场所调查取证，查阅、复制与动物防疫有关的资料。

（4）县级以上地方人民政府农业农村主管部门根据动物疫病预防、控制需要，经所在地县级以上地方人民政府批准，可以在车站、港口、机场等相关场所派驻官方兽医或者工作人员，开展动物防疫监督工作。

（5）对屠宰、经营或者运输的动物、动物产品进行检疫，检疫合格的，出具检疫证明、加施检疫标志。对用于科研、展示、演出和比赛等非食用性利用的动物进行检疫，检疫合格的，出具检疫证明，加施检疫标志。

（6）对经铁路、道路、水路、航空运输的动物和动物产品进行检疫，检疫合格的，出具检疫证明，加施检疫标志。托运人托运时应当提供检疫证明。没有检疫证明的，承运人不得承运。运载动物、动物产品的工具在装载前和卸载后应当及时清洗、消毒。

（7）输入无规定动物疫病区的动物、动物产品，货主应当按照国务院农业农村主管部门的规定向无规定动物疫病区所在地动物卫生监督机构申报检疫，经检疫合格的，方可进入。

（8）跨省、自治区、直辖市引进种用、乳用动物到达输入地后，货主应当按照国务院农业农村主管部门的规定对引进的种用、乳用动物进行隔离观察。

（9）人工捕获的野生动物，应当按照国家有关规定报捕获地动物卫生监督机构检疫，经检疫合格的，方可饲养、经营和运输。

（10）经检疫不合格的动物、动物产品，货主应当在农业农村主管部门的监督下按照国家有关规定处理，处理费用由货主承担。

▶▶ 任务十　重大动物疫情应急管理 ◀◀

一、重大动物疫情概念

重大动物疫情是指一、二、三类动物疫病突然发生，迅速传播，给养殖业生产安全造成严重威胁、危害，以及可能对公众身体健康与生命安全造成危害的情形，包括特别重大动物疫情。

二、重大动物疫情应急预案

为了及时有效地预防、控制和扑灭突发重大动物疫情，最大限度减轻突发重大动物疫情对畜牧业及公众健康造成的危害，依据《中华人民共和国动物防疫法》《中华人民共和国进出境动植物检疫法》和《国家突发公共事件总体应急预案》，县级以上人民政府应制定重大动物疫情应急预案。

（一）重大动物疫情应急预案的内容

应急指挥部的职责、组成及分工；重大动物疫情的监测、信息收集、报告和通报；动物疫病的确认、重大动物疫情的分级和相应的应急处理工作方案；重大动物疫情疫源的追踪和流行病学调查分析；预防、控制和扑灭重大动物疫情所需资金的来源，物资和技术的储备和调度；重大动物疫情应急处理设备和专业队伍建设。

（二）突发重大动物疫情分级

依据突发重大动物疫情的性质、危害程度、涉及范围，将突发重大动物疫情分为特别重大（Ⅰ级）、重大（Ⅱ级）、较大（Ⅲ级）和一般（Ⅳ级）4级。

（三）应急指挥机构

省、自治区、直辖市人民政府农业农村主管部门在国务院统一领导下，负责组织、协调全国突发重大动物疫情应急处理工作。县级以上地方人民政府农业农村主管部门在本级人民政府领导下,负责组织、协调本行政区域内突发重大动物疫情应急处理工作。根据国务院和县级以上地方人民政府农业农村主管部门的建议和实际工作需要,决定是否成立全国和地方应急指挥部。

(四)日常管理机构

国务院农业农村主管部门根据动物疫病的性质、特点和可能造成的社会危害,制订国家重大动物疫情应急预案报国务院批准,并按照不同动物疫病病种、流行特点和危害程度,分别制订实施方案。

县级以上地方人民政府根据上级重大动物疫情应急预案和本地区的实际情况,制订本行政区域的重大动物疫情应急预案,报上一级人民政府农业农村主管部门备案,并抄送上一级人民政府应急管理部门。县级以上地方人民政府农业农村主管部门按照不同动物疫病病种、流行特点和危害程度,分别制订实施方案。

重大动物疫情应急预案和实施方案根据疫情状况及时调整。

发生重大动物疫情时,国务院农业农村主管部门负责划定动物疫病风险区,禁止或者限制特定动物、动物产品由高风险区向低风险区调运。

发生重大动物疫情时,依照法律和国务院的规定以及应急预案采取应急处置措施。

▶▶ 任务十一　疫情报告 ◀◀

一、疫情报告制度

动物疫情是指动物疫病发生和发展的情况。任何从事动物疫病监测、检测、检验检疫、研究、诊疗以及动物饲养、经营、屠宰、隔离、运输等活动的单位和个人,发现动物疫病或者疑似染疫的,应当立即向所在地农业农村主管部门或者动物疫病预防控制机构报告,并迅速采取隔离等控制措施,防止动物疫情扩散。其他单位和个人发现动物染疫或者疑似染疫的,应当及时报告。特别是可疑为口蹄疫、炭疽、狂犬病、猪瘟、鸡新城疫、禽流感等,要迅速向上级部门报告,并通知邻近有关单位注意预防工作。上级部门接到报告后,除及时派人到现场协助诊断和紧急处理外,还应根据情况逐级上报。任何单位和个人不得以任何理由瞒报、谎报、阻碍他人报告疫情。如有引起疫情扩散和造成损失的,依法追究当事人的责任,触犯刑律的交由司法部门处理。

各级动物防疫监督机构实施辖区内动物疫情报告工作,县级以上地方人民政府农业农村主管部门主管本行政区内的动物疫情报告工作,国务院农业农村主管部门主管全国动物疫情报告工作。国务院农业农村主管部门统一公布动物疫情。未经授权,其他任何单位和个人不得以任何方式公布动物疫情。

动物疫情实行逐级报告制度。建立县、地、省级人民政府农业农村主管部门、国务院农业农村主管部门四级疫情报告系统。国务院农业农村主管部门在全国布设的动物疫情测报点(简称"国家测报点")直接向国务院农业农村主管部门报告。若为紧急疫情,应以最迅速的方式上报有关部门。

二、疫情报告责任人

动物疫情报告责任人,主要指以下的单位和个人。

(一)从事动物疫情监测的单位和个人

指从事动物疫情监测的各级动物疫病预防控制机构及其工作人员,接受农业农村主管部门及动物疫病预防控制机构委托从事动物疫情监测的单位及其工作人员,对特定出口动物单位进行动物疫情监测的进出境动物检疫部门及其工作人员。

(二)从事检验检疫的单位和个人

指动物卫生监督机构及其检疫人员,也包括从事进出境动物检疫的单位及其工作人员。

(三)从事动物疫病研究的单位和个人

指从事动物疫病研究的科研单位和大专院校等及相关研究人员。

(四)从事动物诊疗的单位和个人

主要是指动物诊所、动物医院以及执业兽医等。

(五)从事动物饲养的单位和个人

包括养殖场、养殖小区、农村散养户以及饲养实验动物等各种动物的饲养单位和个人。

(六)从事动物屠宰的单位和个人

指各种动物的屠宰厂及其工作人员。

(七)从事动物经营的单位和个人

指在集贸市场等从事动物经营的单位和个人。

(八)从事动物隔离的单位和个人

指开办出入境动物隔离场的经营人员。有的地方建有专门的外引动物隔离场,提供场地、设施、饲养等服务。

(九)从事动物运输的单位和个人

包括道路、铁路、水路、航空等从事动物运输的单位和个人。

(十)责任报告人以外的其他单位和个人

发现动物染疫或者疑似染疫的,也有报告动物疫情的义务,但该义务与责任报告人的义务不同,性质上属于举报,他们不承担不报告动物疫情的法律责任。

三、疫情报告程序

(一)动物疫情责任报告人的报告时机

报告时机是指发现动物染疫或者疑似染疫时间。染疫是指动物患传染性疾病;疑似染疫是指尚未确诊,但有症状或征候表明动物可能染疫。动物疫情的报告时机,是十分必要的,是控制动物疫情"早"字方针的体现。动物疫情责任报告人发现传播快、死亡率高、生产性能下降明显、常规治疗和防控措施无效等异常情况时,必须立即报告。

(二)疫情报告程序

动物疫情责任报告人发现动物染疫或者疑似染疫时,必须履行动物疫情报告义务,可以向当地农业农村主管部门或动物疫病预防控制机构报告,其他单位和个人发现动物染疫或者疑似染疫的,应当及时报告。

动物疫情责任报告人在报告动物疫情的同时,应立即采取隔离、消毒等防控措施,不得转移、出售、抛弃该疫点动物,防止疫情传播蔓延。

当地农业农村主管部门或者动物疫病预防控制机构中的任何单位,接到动物疫情报告后,应立即派技术人员以及动物卫生监督执法人员赶赴现场,采取必要的行政和技术控制处理措施,防止疫情传播蔓延,还要按照农业农村部《动物疫情报告管理办法》规定的程序和内容上报。

四、疫情报告时限

动物疫情实行逐级上报制度。根据农业农村部制定的《动物疫情报告管理办法》,动物疫情报告实行快报、月报和年报制度。

(一)快报

快报是指以最快的速度将出现的重大动物疫情或疑似重大动物疫情上报至有关部门,以便及时采取有效控制或消灭疫病的措施,最大限度地减少疫病造成的经济损失,保障人畜健康。

有下列情形之一,应进行快报:①发生口蹄疫、高致病性禽流感、小反刍兽疫等重大动物疫情;②发生新发动物疫病或新传入动物疫病;③无规定动物疫病区、无规定动物疫病小区发生规定动物疫病;④二、三类动物疫病呈暴发流行;⑤动物疫病的寄主范围、致病性以及病原学特征等发生重大变化;⑥动物发生不明原因急性发病、大量死亡;⑦农业农村部规定需要快报的其他情形。

符合快报规定情形,县级动物疫病预防控制机构应当在2h内将情况逐级报至省级动物疫病预防控制机构,并同时报所在地人民政府农业农村主管部门。省级动物疫病预防控制机构应当在接到报告后1h内,报本级人民政府农业农村主管部门确认后报至中国动物疫病预防控制中心。中国动物疫病预防控制中心应当在接到报告后1h内报至农业农村部畜牧兽医局。

快报应当包括基础信息、疫情概况、疫点情况、疫区及受威胁区情况、流行病学信息、控制措施、诊断方法及结果、疫点位置及经纬度、疫情处置进展以及其他需要说明的信息等内容。

进行快报后,县级动物疫病预防控制机构应当每周进行后续报告;疫情被排除或解除封锁、撤销疫区,应当进行最终报告。后续报告和最终报告按快报程序上报。

(二)月报

县级以上地方动物疫病预防控制机构应当每月对本行政区域内动物疫情进行汇总,经同级人民政府农业农村主管部门审核后,在次月5日前通过动物疫情信息管理系统将上月汇总的动物疫情逐级上报至中国动物疫病预防控制中心。中国动物疫病预防控制中心应当在每月15日前将上月汇总分析结果报农业农村部畜牧兽医局。

(三)年报

县级动物疫病预防控制机构每年应在1月10日前将辖区内上一年的动物疫情报告地(市)级动物疫病预防控制机构,省级动物疫病预防控制机构应当在1月30日前报中国动物疫病预防控制中心,中国动物疫病预防控制中心应当于2月15日前将上年度汇总分析结果报农业农村部畜牧兽医局。

月报、年报包括动物种类、疫病名称、疫情县数、疫点数、疫区内易感动物存栏数、发病数、病死数、扑杀与无害化处理数、急宰数、紧急免疫数、治疗数等内容。

五、疫情报告形式

动物防疫网络化建设是我国动物防疫工作实现从传统走向现代的一个重要标志,是新形势下加强动物防疫管理的一项重要举措。利用计算机网络和动物防疫网络化系统软件逐级上报动物疫情是当前疫情报告的主要形式。各省、自治区、直辖市应结合当地情况,按照动物防疫工作的要求,制定《动物防疫网络化管理办法》。

(一)总体要求

1. 州(地、市)级要求

州(地、市)级动物疫情管理人员每天从网上下载本州(地、市)所辖县上传的动物疫情,并认真检查,如有错误和不实的录入,电话通知录入单位,责其改正后,再上传,对本单位监测的动物疫情,按《动物防疫网络化管理办法》规定录入并传输,同时填写动物疫情报表,存档。

2. 县(市)级要求

动物防疫网络化管理系统以县(市)级为录入基点,县(市)级网络化管理操作人员要认真收集、汇总乡(镇)、村兽医机构动物疫情报告人员报告的动物疫情,按《动物防疫网络化管理办法》的规定及时录入并进行传输,同时填写动物疫情报表;并存档。

3. 重大疫情报告要求

口蹄疫、高致病性禽流感疫情不通过网络传输,而是用手工送报的方式,逐级快报至上级重大动物疫病指挥部。

(二)录入规范

1. 疫情快报表填写及录入要求

(1)基本资料　包括填表单位、填表人、负责人、联系人、联系电话、填表日期,按实际情况填写。

(2)文字材料的填写　该次疫情的发生情况,现存栏的易感动物的种类、数量等有关内容,将文字材料录入计算机时,不能超过50字。

(3)病名　应填写该病的正规名称,不得填写俗语,在下拉菜单中选择病名。若是临床诊断,要有详细的诊断报告,诊断报告要有负责人签字,并存档,以便查阅。

(4)畜种　即发生疫情的动物种类,一页填写一种,若两种动物同时发生该病则填写两种,依此类推。

(5)疫点　填写具体的发病疫点,应具体到一页填写一个疫点,若两个村同时发生该病则填写两页,依此类推。

(6)养殖方式　根据实际情况填写,达到以下标准的养殖为规模养殖场(户),禽年饲养量10 000只以上,猪年饲养量500头以上,羊年饲养量1 000只以上,牛年饲养量100头以上,达不到标准即为散养。

(7)诊断方法　根据实际情况填写,可直接单击录入框右侧的下拉菜单进行选择,若下拉菜单中无所选择的诊断方法,可直接手工录入。

(8)诊断单位　对疫病进行诊断并出具诊断报告的单位名称。

(9)诊断液提供单位　提供诊断液的单位名称。

(10)控制措施　选择代码进行填写。

(11)存栏数　发生疫情时的规模场或散养户饲养的易感动物数。

(12)发病数　发生疫病的动物数。

(13)死亡数　该种动物因染疫导致的死亡数。

(14)扑杀数　根据实际扑杀情况填写,不包括因病死亡数。

(15)疫病发现时间　发现疫病的时间。

(16)确诊时间　该病被确诊的时间。

(17)备注　对需要说明的进行补充说明。

2.疫情月报填写及录入要求

(1)基本资料　包括填表单位、填表人、负责人、填表日期,根据实际情况填写。

(2)病名　应填写该病的正式名称,不得填写俗语,在下拉菜单中选择病名,若是有详细的诊断报告,诊断报告要有负责人签字,并存档,以便日后查阅。

(3)疫点　以村为单位,一页填写一个疫点,若两种动物同时发病则填写两页,依此类推。

(4)畜种　发生疫情的动物种类,一页填写一种,若两种动物发生该病则填写两类,依此类推。

(5)养殖方式　与快报相同。

(6)疫病状况　选择代码填写。

(7)存栏数　该次疫情发生时,易感动物的存栏数。

(8)发病数　该种动物该次疫病发病数。

(9)死亡数　该种动物因该疫病导致的死亡数。

(10)扑杀数　根据实际扑杀情况填写,不包括因病死亡数。

(11)扑杀无害化　选择代码填写。

(12)疫苗　该次疫病采取紧急免疫措施时,所使用的疫苗名称。

(13)应免疫数　应进行紧急免疫接种的动物数。

(14)免疫数　已进行紧急免疫接种的动物数量。

(15)药品　控制该疫情时,除疫苗外的治疗和消毒药品名称。

(16)治疗数　控制该疫病时,进行治疗的动物数。

(17)药品数量　控制该疫病时,治疗及消毒使用的药品数量。

(18)消毒面积　控制该疫情对圈舍、场所、环境实施消毒的面积总和。

(19)疫病发现时间　发现疫病的时间。

(20)封锁发布日　封锁实施的发布日期。

(21)封锁解除日　封锁实施解除日期。

(22)控制措施　选择代码填写。

(23)经费补助　控制该疫病财政补助经费。

(24)补助发放时间　控制该疫病财政补助经费发放时间。

(25)备注　对需要补充的事项进行说明。

(三)无疫情月报表录入要求

(1)基本资料　包括填表时间、填表人、负责人,根据实际情况填写。

(2)无疫病状况表　疫病状况:选择代码填写,录入时,可直接点击下拉菜单进行选择。应免疫数:填写应免疫的动物总数,包括规模场免疫数和散养免疫数。如目前无疫苗免疫的疫病则可不填免疫数。

（3）患病状况表　疫病名称：录入人员输入时间限制后，可直接点击右键选取。应免疫数：填写发病时，针对发病动物进行紧急免疫的数字，包括规模场免疫数和散养免疫数。如目前无疫苗免疫的疫病则可不填免疫数。

考核评价

2006 年 6 月，在宁夏中卫市沙坡头区免疫鸡群中发生大面积 H5N1 亚型禽流感疫情，疫情的发生发展与控制历时 6 个月，先后共有 5 镇发生禽流感，扑杀鸡群涉及 7 镇 65 村，共扑杀4 000 余批 500 余万只鸡。请结合重大动物疫情应急管理相关知识，分析控制和扑灭本次疫情所采取的具体措施、方案。

案例分析

案例一：牛群中病牛体温 41 ℃以上，沉郁，拒食，呼吸困难，呼气常有臭味，有多量黏脓性鼻液，鼻黏膜高度充血，有浅溃疡，鼻窦及鼻镜充血发红。病牛可见带血腹泻，乳牛产乳量减少。发病后最好的防控措施是什么？

案例二：某猪场大小猪突然发病，传播迅速，病猪表现为精神不振，体温升高，厌食，有的猪跛行明显，表现为蹄壳变形或脱落，病猪卧地不起，不能站立。部分病猪在鼻镜、吻突、乳房、蹄部等处皮肤上出现豌豆至蚕豆大小水疱，水疱内充满浆液性液体，水疱很快破溃，露出边缘整齐的红色糜烂面，形成烂斑。部分发病仔猪出现死亡，剖检死亡仔猪，发现心包膜有弥散性出血点，心肌切面有灰白色或淡黄色斑点或条纹，心肌松软似煮肉样。该群病猪采取的措施是什么？

知识拓展

牛口蹄疫的综合防治措施

1. 牛口蹄疫防治的必要性

口蹄疫是因感染病毒而导致偶蹄类动物普遍患上急热性传染病。口蹄疫病毒属于口腔病毒属，病毒种类多样，多达 7 个不同的血清型和 60 余种亚型。口蹄疫病毒不仅种类繁杂，而且病毒生命力强，存活时期长，例如在正常自然条件下，病毒在牛毛上最多存活可长达半个月，在动物血液、粪便上存活时间更长，这致使病毒感染具有潜在性。同时加上口蹄疫病毒时常发生变异，从各种因素看，口蹄疫的预防并非易事。而牛感染口蹄疫属自然感染，因牛这一种群特别是犊牛对这一病毒敏感，最易被感染，因而导致感染动物中犊牛的死亡率最高。

感染的病牛会长期携带病毒，其分泌物、排泄物、掉落的动物毛发等都会使病毒传播，而被病毒沾染的牧草、水源等也会进而使更多偶蹄类动物感染，多种牲畜混合养殖会发生交叉感染，促使病毒变异。如此恶性循环，甚至会影响牛肉产品、牛皮制品等相关行业安全。全国科学技术名词审定委员会审定公布的名词定义中对口蹄疫危害性的定义为："世界动物卫生组织（OIE）法定报告的动物疫病，传染性强，流行迅速，一般不感染人。"

2. 牛口蹄疫的预防

对于口蹄疫的预防，首先要从检疫人员的重视上入手，动物防疫检疫工作人员应始终把本地牛口蹄疫的防疫当作动物防疫工作的重中之重来抓，在做好各类动物防疫工作的同时，对易发的口蹄疫情进行定期和不定期的巡检和排查工作。同时注重工作上的经验交流和讨论，不断在知识经验上加强对动物高危疫病的技术认知。

正因为牛对口蹄疫的敏感性强，所以对牛的饲养更不能松懈，因口蹄疫病毒可能潜伏在牲畜的生活、活动区域内，所以要做好牛圈及其相邻的动物、植物的防疫工作。首先是牛的饲料要干净，对牛圈按时消毒，对牛的粪便也要及时清扫。同时科学管理，合理规划养殖程序、养殖规模，不盲目扩养、散养、混合养殖，不从口蹄疫疫病区引进牛等。同时应该从提高牛的免疫力入手，按时为牛接种口蹄疫疫苗，提高牛对口蹄疫病毒的免疫能力。

由检疫防疫部门牵手，定期进行口蹄疫疾病监测，尤其对于一些曾经有口蹄疫发生史的地区，要定期采取监测样本，根据国家相关的监测条例，严格进行监测。同时也要实现各地区疫情联网系统，对突发疫情及时发布，由防疫部门第一时间制订防疫对策发往各养殖点及检疫口，做到及时发现，及时预报，及时控制的预防机制，可有效防止疫情蔓延，对可疑疫病也可起到预警作用。

正规养殖场的防疫意识基本合格，能自觉遵守防疫检疫程序，避免口蹄疫的扩散。但是个体农户散养的牛、羊等牲畜，一没有接种口蹄疫疫苗，二没有按时检疫，三无法正确判断口蹄疫症状，四无法控制疫情蔓延，此四方面安全隐患极易引发大规模口蹄疫。所以对个体养殖者进行防疫知识普及，督导农户自觉参与防疫部门的检疫工作，这是预防疫病的盲区，防疫工作人员更应加强重视。

3. 牛口蹄疫发生后的防治

对发生疫病区域及时上报上级管理部门和封锁，对已感染动物进行隔离，病畜已死亡的，要进行深埋并深度消毒。疫区解除封锁至少要在最后一只感染的牛死亡或处理后 14 d，再进行大规模消毒才可以。

知识链接

1.《中华人民共和国动物防疫法》
2.《中华人民共和国进出境动植物检疫法》
3.《国家突发公共事件总体应急预案》
4.《动物疫情报告管理办法》

模块二　动物检疫

项目四
动物检疫基本知识

学习目标

- 熟悉动物检疫的概念、方法和处理；
- 掌握动物检疫的分类、对象、范围；
- 了解动物检疫的程序、作用和特点。

学习内容

》》 任务十二　动物检疫概述 《《

一、动物检疫的概念

动物检疫是指为了预防、控制和扑灭动物疫病，保障动物及动物产品安全，由法定的机构和法定的人员，依照法定的检疫项目、对象、标准和方法，对动物及动物产品进行检查和处理的一项带有强制性的技术行政措施。

动物检疫不同于一般的兽医诊断，虽然都是采用兽医诊断技术对动物进行疫病诊断，但二者在目的、对象、范围和处理等方面有很大的不同。一般的兽医诊断是兽医技术人员采取各种诊断技术，对患病动物进行确诊，为有效地治疗提供依据，它属于兽医技术业务工作，是一种职业行为。而动物检疫是一种兽医卫生管理手段，带有强制性的行政行为，由动物检疫机构的检疫人员，按照法定的检疫项目和规定的检疫方法，对法定的检疫对象进行检查，以确定动物或动物产品是否患有法定检疫的疫病或携带有该病的病原体，并按照有关规定对受检疫的动物或动物产品进行处理，从而防止疫病的传播。

二、动物检疫的类型

动物检疫是遵照国家法律，运用强制性手段和科学技术方法对动物、动物产品、运载工具等进行疫病方面的检查，并采取相应措施预防或阻断动物疫病的发生、流行以及从一个地区向另一个地区的传播。

根据动物、动物产品的流向和运输形式，动物检疫分为国内动物检疫和出入境动物检疫两类。在国内和出入境动物检疫过程中都涉及隔离检疫。

(一)国内动物检疫

国内动物检疫是指为了防止动物疫病的传播,动物卫生监督机构对进入、输出或路过本地区以及原产地的动物、动物产品进行的检疫,简称内检。包括产地检疫、运输检疫监督、屠宰检疫和市场检疫监督。

1. 产地检疫

产地检疫是对畜禽等动物、动物产品出售或调运离开饲养生产地前实施的检疫。

2. 运输检疫监督

运输检疫监督是对各种交通工具运输(航空、铁路、道路、水路)的动物、动物产品实施的检疫监督。

3. 屠宰检疫

屠宰检疫是指在屠宰厂(场)对即将屠宰的畜禽等动物进行的宰前检验、宰后检验及屠宰过程中的兽医卫生监督。

4. 市场检疫监督

由动物卫生监督机构对进入集贸市场进行交易的动物、动物产品所实施的监督检查,并监督指导对病死动物、病害动物产品进行无害化处理。

(二)出入境检疫

出入境检疫又称进出境检疫或口岸检疫,是由国家检疫机构对进出国境的动物、动物产品进行的检疫。为了维护国家主权和信誉,保障动物生产安全,促进对外经济贸易活动,出入境检疫要求既要杜绝动物疫病由境外传入,又要防止国内动物疫病传至境外。为此,所有用于贸易、馈赠、交换和科学研究等用途的动物、动物种质材料和生物资源以及动物产品,包括旅客携带的动物、动物产品,涉及动物和动物产品的国际邮包等在进出国境时,均要依据输入、输出两国检疫法规和双边签订的检疫条款,进行严格的检疫检查,并查验相应检疫证明书及其他证明材料。根据检疫结果,对动物、动物产品及其他生物资源依法进行检疫处理。出入境动物检疫一般包括进境检疫、出境检疫和过境检疫3种形式。

1. 进境检疫

进境检疫包括进境动物检疫和进境动物产品检疫。进境动物检疫是指对境外引入国内的动物以及动物胚胎、受精卵、精液等遗传物质和生物资源等实施的检疫。依据国家检疫法规,引进动物、动物遗传物质和其他生物资源时,必须接受进境检疫。进境动物产品检疫是指对进入国境的来源于动物未经加工或虽经加工但仍有可能传播疫病的动物产品实施的检疫。

2. 出境检疫

出境检疫包括出境动物检疫和出境动物产品检疫。出境动物检疫是指对输出到其他国家和地区的种用、肉用或演艺用等饲养或野生的活动物出境前实施的检疫。出境动物产品检疫是指对输出到其他国家和地区的、来源于动物未经加工或虽经加工但仍有可能传播疫病的动物产品实施的检疫。

3. 过境检疫

过境检疫是指由输出国运输至输入国的动物、动物产品等检疫物途经第三国时,第三国口岸检疫机构对运输动物、动物产品和运载工具等实施的动物检疫。过境动物检疫主要包括过境动物检疫许可管理工作、报检以及过境期间的检疫监督管理工作。

（三）隔离检疫

隔离检疫是指将输入或输出的动物在检疫机关指定的隔离场所内,于隔离条件下进行饲养,并在一定的观察期内进行疫病检查、检测和处理的检疫措施。

三、动物检疫的作用

（一）监督作用

动物检疫人员通过索要证件,发现和纠正违反动物防疫法的行为,保证动物及动物产品生产经营者合法经营,维护消费者的合法权益。动物检疫员通过监督检查可以促使动物饲养者自觉开展预防接种等防疫工作,提高免疫率,从而达到以检促防的目的;同时可促进动物及其产品经营者主动接受检疫,合法经营;另外还可促进产地检疫顺利进行,把不合格的动物、动物产品处理在流通环节之前。

（二）保护畜牧业生产

通过动物检疫,可以及时掌握动物疫情,采取扑杀病畜、无害化处理等手段,防止动物疫病传播扩散,从而保障畜牧业生产健康发展。

（三）保护人类健康

动物及动物产品与人类生活紧密相关,许多疫病可以通过动物或动物产品传染给人。通过动物检疫,以检出患病动物或带菌（毒）动物,以及带菌（毒）动物产品,并通过相应措施进行合理处理和消毒,达到防止人兽共患病的传播扩散,保证进入流通领域的动物及其产品的卫生质量,保护消费者的健康。

（四）维护经济贸易的信誉

随着经济的快速发展,我国的双边、多边贸易量越来越大,动物检疫的合作与交流也越来越频繁。通过对进出口动物及动物产品的检疫,可保证畜产品质量,维护我国对外贸易信誉,同时减少贸易损失,对畜牧业发展和国民经济发展具有重要而深远的意义。

四、动物检疫的特点

（一）强制性

动物检疫是政府的强制性行政行为,受法律保护,由国家行政力量支持,以国家强制力为后盾。动物检疫机构依法对动物、动物产品实施检疫,任何单位和个人都必须服从并协助做好检疫工作。凡不按照规定或拒绝、阻挠、抗拒动物检疫的,都属于违法行为,将受到法律制裁。

（二）法定的机构和人员

法定的检疫机构是指动物防疫法规定,在规定的区域或范围内行使动物检疫职权的单位,即动物检疫主体。国家动物检疫机构是我国动物检疫工作的主要执行机构,其中包括县级以上人民政府设立的动物卫生监督机构和出入境检验检疫机关。动物检疫必须由法律规定、国家授权的法定机构实施,才具有法律效力。

法定的检疫人员是指通过国务院人力资源和社会保障部门或省级人力资源和社会保障部门组织的公务员招考录用的,在规定范围内具体从事动物检疫的人员。检疫工作是一项技术性很强的工作,只有符合相关条件,取得资格证书的检疫人员,才有权实施检疫行为,其签发的检疫证明（书）才具有法律效力。

(三)法定的检疫项目和检疫对象

动物检疫员在实施检疫行为时,针对动物从饲养到运输、屠宰、加工、贮藏乃至形成产品运输到市场出售的各个环节所进行的索验证件等方面的检查事项,称为动物检疫项目;根据动物检疫各环节的不同特点和我国防疫工作的具体情况,以及为防止重复检疫,我国防疫法律、法规对各环节的检疫工作项目,分别作了不同规定。动物检疫机构和检疫人员必须按规定的项目实施检疫,否则所出具的检疫证明(书)失去法律效力。

检疫对象是指动物疫病,而法定检疫对象是指由国家或地方根据不同动物疫病的流行情况、分布区域及危害大小,以法律的形式规定的某些重要动物疫病。动物检疫时主要针对法定检疫对象进行检疫。

(四)法定的检疫标准和方法

法定的检疫方法称为动物检疫规程。在若干检疫方法中进行选择,将最先进的方法作为法定的检疫方法。动物检疫必须采用动物防疫法律、法规统一规定的检疫方法和判定标准。这样检疫的结果才具有法律效力。

(五)法定的处理方法

动物检疫人员必须按照规定方法对动物及其产品实施检疫,对检疫后的处理,必须执行统一的标准。根据检疫结果,即合格与不合格两种情况,分别作出相应的处理。

五、动物检疫的基本属性

动物检疫是动物疫病预防控制的重要组成部分,它同一般的动物疾病防治是相互关联、相辅相成的。动物检疫又不完全等同于一般的动物疾病防治,这主要体现在动物检疫的基本属性方面。动物检疫的基本属性有法制性、预防性、国际性和综合性等。

(一)法制性

动物检疫是依法开展工作的,法制性是其与生俱来的属性之一。动物检疫是动物疫病预防控制的法制措施,是在一定的法律前提下,由代表国家或政府的检疫机构和检疫人员执行法律所赋予的各种检疫权力。国际相关组织和世界各国将制定动物检疫的相应协议和法律法规作为重要立法工作,并陆续组建专门的动物检疫机构和检疫队伍,使动物检疫工作逐步法制化、科学化和规范化。

(二)预防性

动物检疫的目的是防止检疫性疫病和有害生物的传入和扩散,防患于未然是动物检疫的属性之一。动物疫病的发生、分布有其自身的生物学规律和特点,具有复杂性、隐蔽性和突发性的特征。因此,为了使疫病入侵的风险和损失降低至最小,动物检疫需要有动物疫情预警机制,而这一预警机制的建立正是动物检疫预防性的特点所决定的。

(三)国际性

动物检疫的一个重要任务是促进国际经济贸易活动,国际合作与交流对动物检疫来说具有重要的意义,国际性成为动物检疫的属性之一,特别是进出境动物检疫。从农业生态系统角度来看,只有在一个较大范围的生物地理区域预防、控制或扑灭某些疫病和有害生物,才能使这一区域内的所有国家或地区的农牧业生产得到有效的保护。人类逐步认识到动物检疫工作中区域性合作的必要性和紧迫性,进而制定、实施了一些相关的动物检疫国际公约、标准等,指导并协调各签约国的动物检疫工作。

（四）综合性

动物检疫是一项集疫病流行、法律法规、科学技术和管理手段于一体的系统工程，综合性是动物检疫的基本属性之一。既表现在其检疫内容、管理对象的错综复杂，又表现在其法律法规和管理手段的有机综合。动物检疫的内容主要包括法定的检疫性疫病、管制的非检疫性动物疫病及其各种载体（如动物、动物产品、运输工具、包装物等）。动物检疫的管理对象主要包括受检疫法规约束的公民、法人以及从事动物检疫工作的机构和人员。动物检疫的法律法规主要包括国际的协定、协议，国家及地方政府的检疫法规以及贸易双方签订的动物检疫相关协议等。管理手段则包括法律强制手段、行政干预手段和技术措施手段，这些手段实施于动物及动物产品检疫的全过程。

▶ 任务十三　动物检疫的范围与对象 ◀

一、动物检疫的范围

动物检疫的范围是指动物检疫的责任界限。按照我国动物防疫检疫的有关规定，凡在国内生产流通或进出境的贸易性、非贸易性的动物、动物产品及其运载工具等，均属于动物检疫的范围。

（一）动物检疫的实物范围

1. 国内动物检疫的范围

《中华人民共和国动物防疫法》所称的动物，是指家畜、家禽、人工饲养和合法捕获的其他动物。《中华人民共和国动物防疫法》所称的动物产品，是指动物的肉、生皮、原毛、精液、胚胎、卵、脂肪、脏器、血液、绒、骨、角、头、蹄以及可能传播动物疫病的奶、蛋等。

2. 进出境动物检疫的范围

《中华人民共和国进出境动植物检疫法》规定进出境动物检疫的范围包括动物、动物产品和其他检疫物，还有装载动物、动物产品和其他检疫物的装载容器、包装物以及来自动物疫区的运输工具。动物是指饲养、野生的活动物。动物产品是指来源于动物未经加工或虽经加工但仍有可能传播疫病的产品，如生皮张、毛类、肉类、脏器、油脂、动物水产品、奶制品、蛋类、血液、精液、胚胎、骨、蹄、角等。其他检疫物是指动物疫苗、血清、诊断液、动物性废弃物等。

3. 运载饲养动物及其产品的工具

动物和动物产品的装载容器、饲养物、包装物、运输工具、铺垫材料、饲养工具等，也在检疫范围之列。

（二）动物检疫的性质范围

（1）生产性检疫　包括农场、牧场、部队、集体和个人饲养的动物。

（2）贸易性检疫　包括进出境、市场贸易、运输、屠宰的动物及其产品。

（3）非贸易性检疫　包括邮包、展品、援助、交换、赠送、旅客携带的动物及其产品。

（4）观赏性检疫　包括动物园的观赏动物，艺术团的演艺动物。

（5）过境性检疫　包括通过国境的列车、汽车、飞机等运载的动物及其产品。

二、动物检疫的对象

动物检疫对象是指动物检疫中政府规定的动物疫病。动物疫病的种类很多,动物检疫并不是把所有的疫病都作为检疫对象,而是由农业农村部根据国内外动物疫情、疫病的传播特性、保护畜牧业生产及人体健康等需要而确定的。在不同情况下,动物检疫对象是不完全相同的。在我国,全国动物检疫对象由农业农村部规定和公布,但各级农牧部门可以从本地区实际需要出发,在国家规定的检疫对象的基础上适当增删,作为本地区检疫对象。进出境检疫对象由国家市场监督管理总局规定和公布,贸易双方国家签订的有关协定或贸易合同也可以规定某些动物疫病为检疫对象。

(一)我国动物的检疫对象

中华人民共和国农业农村部于 2022 年 6 月 23 日发布第 573 号公告,公布了新版的《一、二、三类动物疫病病种名录》(详见知识拓展)。

(二)不同用途动物的检疫对象

1. 种用动物检疫对象

(1)种马、驴　鼻疽、马传染性贫血、马鼻腔肺炎。

(2)种牛　口蹄疫、布鲁氏菌病、蓝舌病、结核病、牛地方性白血病、副结核病、牛传染性胸膜肺炎(牛肺疫)、牛传染性鼻气管炎、牛病毒性腹泻/黏膜病。

(3)种羊　口蹄疫、布鲁氏菌病、蓝舌病、山羊关节炎脑炎、梅迪-维斯纳病、羊痘、螨病。

(4)种猪　口蹄疫、猪水疱病、猪瘟、猪支原体肺炎、猪密螺旋体痢疾。

(5)种兔　兔病毒性出血症、兔产气荚膜梭菌病、兔螺旋体病、兔球虫病。

(6)种禽　新城疫、雏白痢、禽白血病、禽支原体病、鸭瘟、小鹅瘟。

2. 乳用动物检疫对象

奶牛检疫对象同种牛检疫对象。奶羊检疫对象同种羊检疫对象。对即将屠宰的动物还应检查 10 种恶性传染病,即炭疽、鼻疽、牛瘟、恶性水肿、气肿疽、狂犬病、羊快疫、羊肠毒血症、马流行性淋巴管炎、马传染性贫血。

(三)进境动物检疫对象

为防范境外动物传染病、寄生虫病传入我国,保护我国畜牧业及渔业生产安全、动物源性食品安全和公共卫生安全,根据《中华人民共和国动物防疫法》《中华人民共和国进出境动植物检疫法》等法律法规,农业农村部会同海关总署组织修订了《中华人民共和国进境动物检疫疫病名录(中华人民共和国农业农村部　中华人民共和国海关总署第 256 号)》(以下简称《名录》)(详见知识拓展),于 2020 年 7 月 3 日起实施。农业农村部和海关总署将在风险评估的基础上对《名录》实施动态调整。

《名录》将动物疫病根据危害程度分为 3 类,共计 211 种疫病。其中一类动物传染病、寄生虫病 16 种,具有危害严重、传播迅速、难以扑灭和根除,可造成严重的经济社会或公共卫生后果的特点。二类动物传染病、寄生虫病有 154 种。其他传染病、寄生虫病有 41 种。211 种疫病按照易感动物种类细分为共患病、牛病、马病、猪病、禽病、羊病、水生动物病、蜂病以及其他动物病。

▶▶ 任务十四　动物检疫的程序 ◀◀

动物检疫程序一般包括检疫许可、检疫申报、检疫实施、检疫结果判定以及检疫处理 5 个环节。

一、检疫许可

检疫许可称检疫审批，是在引进动物、动物产品、动物种质材料等检疫物时，引进单位或个人应向检疫机关提前提出申请，检疫机关审查并决定是否批准引进的检疫程序。

（一）检疫许可的意义

检疫许可是动物检疫的重要程序之一，是控制某些动物、动物产品、种质材料等检疫物携带动物疫病病原体，防止动物疫病传播的重要环节。其主要作用表现在以下 3 方面。

1. 避免盲目引进，减少经济损失

作为货主，其对输出地动物疫情的了解较为局限，同时对国家相关法规的掌握也不一定很全面。因此，有可能出现直接输入或引进某些检疫物的情况。一旦这些检疫物抵达口岸，则会因违反动物检疫法规而被退回或销毁，造成不必要的经济损失。经过检疫许可，能够明确输入或引进的检疫物是否可以进境，可避免输入或引进的盲目性。

2. 提出检疫要求，预防疫病传入

办理检疫许可时，动物检疫机关依据有关法规和输出地的疫情来决定是否批准输入。如果允许输入，则会进一步提出相应的检疫要求，如要求该批检疫物不能携带某些病原体等。因此，检疫许可能够有效地预防动物疫病的传入。

3. 签订贸易合同，依法进行索赔

动物检疫机关在办理检疫许可时，提出相应的检疫要求并通知货主，货主即可依据检疫要求与输出方签订相关贸易合同或协议。当检疫物到达并检疫不合格时，可依据贸易合同中的检疫要求条款向输出方提出索赔。

（二）检疫许可的类型

依据检疫许可物的范围，检疫许可通常分为两种基本类型，即一般许可（一般审批）和特殊许可（特许审批）。针对一般动物、动物产品、动物种质材料等检疫物的许可为一般许可。针对禁止输入的检疫物的许可为特殊许可。

（1）在一般许可中，检疫许可物主要包括以下 2 类：一类是通过贸易、科技合作、赠送、援助等方式引进或输入的动物、动物产品及动物种质材料等；另一类是运输过境的动物、动物产品及动物种质材料等。

（2）在特殊许可中，检疫许可物主要包括动物病原体（包括虫种、菌种和毒种等）、害虫及其他有害生物，某种动物疫病流行的国家或地区的相关动物、动物产品、动物种质材料等检疫物，动物尸体、动物标本，土壤等。

（三）检疫许可的基本手续

1. 领取单证

引进单位提供有关证明和说明材料后，到当地动物检疫机关领取许可证申请表等。

2. 报请批准

引进单位填写申请表后报相关动物检疫机关审批。

3. 批准发证

相关动物检疫机关根据申请内容和待批物进境后的特殊需要和使用方式,认为合格时,签发许可证。检疫许可证应标明批准引入的品名、数量、检疫要求、进境口岸、许可证有效期等内容。

办理检疫许可证后,遇有下列情况,货主或代理人应当重新申请办理检疫许可手续:①变更输入物的品种或者数量的。②变更输出国家或者地区的。③变更进境口岸的。④超过检疫许可审批有效期的。

二、检疫申报

检疫申报简称报检,是检疫物输入或输出时由货主或代理人向检疫机关及时声明并申请检疫的检疫程序。报检机关在接到货主或代理人递交的报检申请后,核对相关单证,为实施检疫做好必要准备。

进出境动物检疫中下述 4 类检疫物需进行检疫申报:①输入、输出的动物、动物产品及其他检疫物。②承运动物、动物产品及其他检疫物的装载容器、包装物。③来自某种疫病疫区的运输工具。④过境的动物、动物产品及其他检疫物。

货主在输入、输出动物、动物产品和其他检疫物时,应向相关进境口岸动物检疫机关和各地区动物卫生监督机构报检。运输动物、动物产品和其他检疫物过境时,应向相关进境口岸动物检疫机关报检。

检疫申报一般由报检员向检疫机关办理手续。报检员首先填写报检单,然后将报检单、输出国家或地区的官方检疫机关出具的检疫证书、产地证书、贸易合同、信用证、发票等单证一并交检疫机关审验。如果属于应办理检疫许可手续的检疫物,则在报检时还需提交进境许可证。

下列情况时,货主或代理人应及时向口岸检疫机关申请办理报检变更:①在货物运抵口岸后或实施检疫前,从提货单中发现原报检内容与实际货物不相符。②出境货物已报检,但原申报的输出货物品种、数量或输出国家需做改动。③出境货物已报检,并经检疫或出具了检疫证书,货主又需做改动。

某些检疫物需要提前进行检疫申报。种用大动物及其精液、胚胎需提前 30 d 报检,小动物等需提前 15 d 报检。

三、检疫实施

检疫实施是检验机构在受理货主或代理人提交的检疫申报单后,对货物实施检疫的措施,包括现场检疫和实验室检验。

(一)现场检疫

1. 现场检疫的定义

现场检疫是检疫人员在现场环境中对输入或输出的检疫物进行查验、检查和抽样,并初步确认是否符合相关检疫要求的检疫程序。

2. 现场检疫的内容

现场查验、检查和抽样是现场检疫的基本任务,主要针对货物及存放场所、携带物及邮寄物、运输及装载工具等检疫物进行实地检查,并对经现场检疫认为需要采集样品进一步进行实验室检验的检疫物抽取样品。

在现场查验货物时,检疫人员首先要核对相关单证,如许可证、报检单、输出地官方出具的检疫证明书等,查验货物与报检单内容是否相符。然后在车站、码头、机场和指定隔离场所等现场对检疫物进行详细的检查和采样。针对动物,重点检查有无死亡、有无外伤和是否处于病征状态。针对动物产品,重点查验外包装是否完整、有无散包和开裂、产品是否裸露、变质、腐败等。

在检查旅客携带物时,采用 X 线机和检疫犬来检查行李中的携带物。根据检查情况,检验人员可要求旅客打开包裹进行进一步的检查。

在检查运输及装载工具时,检疫人员登机、上车、登船执行检疫检查,着重查看装载货物的船舱或车厢内外上下四壁、缝隙边角以及包装物、铺垫材料、残留物等地方。如检查到可疑检疫物,则采集装入样品袋或瓶中带回实验室进行检验。

经现场检疫,某些检疫物或查验出可疑的动物疫病病原体等有害生物需要进一步送实验室进行检验,以确定动物疫病及其病原体的种类。

(二)实验室检验

1. 实验室检验的定义

实验室检验是指借助实验室仪器设备和检验试剂等,对现场抽取的检疫物样品进行动物疫病病原体等有害生物检查、鉴定的检疫程序。这一环节不仅需要实验室具备先进的检测设备、仪器,而且要有敏感、特异、快速、简洁的检测方法,同时对检疫人员的业务技能有一定的要求。

2. 实验室检验的内容

在动物检疫中,实验室检验的主要内容是确定动物是否感染检疫性疫病,动物性样品是否污染或携带动物疫病病原体等。我国在进境动物检疫中,实验室重点检验《动物防疫法》规定的一、二类动物疫病。

动物疫病病原体的分离鉴定是实验室检验的重要内容,主要采用病毒学、细菌学、寄生虫学以及免疫学技术和方法进行。病理学检验是确诊动物疫病的重要方法之一,罹患各种动物疫病的动物或死亡动物,大多表现有特征性的病理变化。通过对感染、患病或死亡动物的病理解剖学和病理组织学检查,发现并分析动物各器官组织的形态学变化,可为动物疫病的综合诊断提供科学依据。

现场检疫和实验室检验是查验检疫物、收集样品和鉴定病原体等有害生物的重要检疫程序,二者相辅相成。现场检疫直观、简洁、方便、经济,检疫人员亲临现场,对动物和动物产品等检疫物直接检查或查验,获得检疫的第一手资料和感性认识。同时,为实验室检验提供线索和检验样品,是实验室检验的必经程序。实验室检验方法敏感、特异、准确、可靠,为现场检疫提供确实的检验凭据或检验资料,是现场检疫的重要补充和最终确认。

四、检疫结果判定

检疫人员对检疫物进行上述方法和内容的检疫后,根据法定的标准,对检疫结果进行判定。检疫的结果分合格和不合格两种。

1. 合格动物、动物产品

经检疫确定为无检疫对象的动物、动物产品属于合格的动物、动物产品。

2. 不合格动物、动物产品

经检疫确定患有检疫对象的动物、疑似患病动物及染疫的动物产品属于不合格动物、动物产品。

五、检疫处理

检疫处理是检疫的最后一道程序。只有做好检疫后的处理，才算真正完成动物检疫。

任务十五　动物检疫的方式和方法

动物检疫具有工作量大、时间短的特点。如托运动物时，一般要求全部检疫过程要在 6 h 内完成，这就要求检疫员必须具备较高的业务素质和熟练的操作技术，尽量在短时间内得出正确的判断。检疫方式主要有现场检疫和隔离检疫等。

一、动物检疫的方式

(一)现场检疫

现场检疫是指在动物、动物产品等集中的现场进行的检疫。这是内检、外检中常用的检疫方式。如产地检疫、进境动物在口岸的检疫，常采用现场检疫的方式。现场检疫的主要内容包括查证验物和三观一察。

1. 查证验物

查证是指查看有无检疫证明等以及这些证明是否合法，如检疫证明、免疫是否在有效期内。进出境检疫中还应当查验贸易单据、贸易合同等。验物是指核对被检动物、动物产品的种类、品种、数量及产地是否与证单相符，即核对物证是否相符。

2. 三观一察

三观是指临诊检查中对动物群体的静态、动态和饮食状态的观察，一察是指个体检疫。通过三观从群体中发现可疑病畜禽，再对可疑病畜禽进行详细的个体检查，进而得出临床诊断结果。

在某些特殊情况下，现场检疫还包括流行病学调查、病理剖检、采样送检等。

(二)隔离检疫

隔离检疫是指在指定的动物隔离场进行的检疫，主要用于进出境动物、种畜禽调运前后以及有可疑检疫对象发生时或建立健康畜群时的检疫。如调运种畜群一般在启运前 15～30 d 在原种畜禽场或隔离场进行检疫，到场后可根据需要隔离 15～30 d。

隔离检疫的内容有临诊检查和实验室检验。在指定的隔离场内，正常的饲养条件下，对动物进行经常性的临诊检查（群体检疫和个体检疫）；隔离期间按检疫规定进行规定项目的实验室检验。

二、动物检疫的方法

动物疫病有数百种，它们的发病既有共同的规律性，也有其各自的特点。为了正确检疫动物疫病,必须掌握检查动物疫病的各种方法,常用的检疫方法有流行病学调查法、临诊检疫法、病理学检查法、病原学检查法和免疫学检查法。

在动物检疫工作中应用各方面的有关理论和操作技术,根据动物检疫的特点,应用一种或几种检查方法对动物疫病做出迅速、准确的检疫。这些方法归为两大类,即临场检疫和实验室检疫。

(一)临场检疫

临场检疫是通过问诊、视诊、触诊、叩诊、嗅诊和听诊等方法,对动物进行的一般检查,分辨出健康家畜和病畜,这是产地检疫和基层检疫工作中常用的方法。

(二)实验室检疫

实验室检疫是指利用实验手段对现场采集的病料进行检测,并可确定结果的检疫方法。实验室检疫的项目主要有病原学检查、免疫学检查、病理组织学检查等。主要用于患病动物临床症状及病变不典型,现场检疫不能确诊或某些法定传染病必须通过实验室检查时采用。

▶▶ 任务十六　动物检疫处理 ◀◀

检疫处理是检疫机关依据检疫法规和检疫要求,根据现场检疫和实验室检疫的结果,对检疫物实施退回、销毁或无害化处理的检疫程序。检疫物经过现场检疫和实验室检疫后,若发现携带动物疫病病原体等有害生物,或不符合检疫要求,则需根据实际情况,进行不同方式的检疫处理。对需要进行检疫处理的动物、动物产品和其他检疫物由动物检疫机关签发《检疫处理通知单》,通知货主或其代理人,在动物检疫机关的监督下进行检疫处理,或由动物检疫机关指定的或认可的单位进行检疫处理。

动物检疫处理是动物检疫工作中的重要内容,严格执行相关规定和要求,保证检疫后处理的法定性和一致性。只有合理地进行动物检疫处理,才能起到检疫的真正作用。

一、检疫处理的类型

(一)国内检疫处理

1. 合格动物、动物产品的处理

经检疫合格的动物、动物产品,由动物卫生监督机构出具检疫证明,动物产品同时加盖验讫印章或检疫标志。

(1)合格动物　省境内进行交易的动物,出具《动物检疫合格证明(动物 B)》;运出省境的动物,出具《动物检疫合格证明(动物 A)》。

(2)合格动物产品　省境内进行交易的动物产品,出具《动物检疫合格证明(产品 B)》;运出省境的动物产品,出具《动物检疫合格证明(产品 A)》。剥皮肉类,在其胴体或分割体上加盖方形针码检疫印章;带皮肉,在其胴体上加盖检疫滚筒印章;白条鸡、鸭、鹅和剥皮兔等,在后腿上部加盖圆形针码检疫印章。包装产品,在其外包装上加贴检疫标志。

2. 不合格动物、动物产品的处理

经检疫不合格的动物、动物产品,由动物卫生监督机构出具《检疫处理通知单》,在动物卫生监督机构的监督下货主做好防疫消毒和其他无害化处理,无法进行无害化处理的,予以销毁。

若发现动物、动物产品未按规定进行检疫;无检疫证明;检疫证明过期失效的;证物不符,应进行补免、补检或重检。

(1)补免　对未按规定预防接种或已接种但超过免疫有效期的动物进行的预防接种称补免或补注。

(2)补检　对未经检疫进入流通领域的动物及其产品进行的检疫称补检。

(3)重检　动物及其产品的检疫证明过期或虽在有效期内,但发现有异常情况以及物证不符的所做的重新检疫。

不合格的动物产品应加盖销毁、化制或高温标志进行生物安全处理。

3. 各类动物疫病的检疫处理

(1)一类动物疫病的处理　当发现一类动物疫病时,所在地县级以上地方人民政府农业农村主管部门应当立即派人到现场,划定疫点、疫区、受威胁区,调查疫源,及时报请本级人民政府对疫区实行封锁,同时将疫情等情况于24 h内逐级上报国务院农业农村主管部门。

县级以上地方人民政府应当立即组织有关部门和单位采取封锁、隔离、扑杀、销毁、消毒、无害化处理、紧急免疫接种等强制性措施,并通报相邻地区联防,迅速扑灭疫病。

在封锁期间,禁止染疫、疑似染疫和易感染的动物、动物产品流出疫区,禁止非疫区的易感染动物进入疫区,并根据扑灭动物疫病的需要对出入疫区的人员、运输工具及有关物品采取消毒和其他限制性措施。

当疫点、疫区内的染病、疑似染病动物扑杀或死亡后,经过该疫病最长潜伏期后检测,再无新病例发生时,经县级以上地方人民政府农业农村主管部门确认合格后,组织并监督疫区进行终末消毒,然后报请由原发布封锁令的人民政府发布解除封锁令解除封锁。

(2)二类动物疫病的处理　所在地县级以上地方人民政府农业农村主管部门应当划定疫点、疫区、受威胁区,县级以上地方人民政府根据需要组织有关部门和单位采取隔离、扑杀、销毁、消毒、无害化处理、紧急免疫接种、限制易感染的动物和动物产品及有关物品出入等措施。

(3)三类动物疫病的处理　所在地县级、乡级人民政府应当按照国务院农业农村主管部门的规定组织防治。

(4)二、三类动物疫病呈暴发性流行时的处理　按照一类动物疫病处理。

(5)人兽共患病的处理　卫生主管部门应当组织对疫区易感染的人群进行监测,并采取相应的预防、控制措施。

(二)进境检疫后的处理

1. 合格动物、动物产品的处理

输入动物、动物产品和其他检疫物,经检疫合格的,准予进境;海关凭口岸动植物检疫机关签发的检疫单证或者在报关单上加盖的印章验放。需调离海关监管区检疫的,海关凭口岸动植物检疫机关签发的《检疫调离通知单》验放。

2. 不合格动物、动物产品的处理

(1)输入动物,经检疫不合格　由口岸动植物检疫机关签发《检疫处理通知单》,通知货主或者其代理人做如下处理:

①检出一类传染病、寄生虫病的动物,连同其同群动物全群退回或者全群扑杀并销毁尸体。

②检出二类传染病、寄生虫病的动物,退回或者扑杀,同群其他动物在隔离场或者其他指

定地点隔离观察。

（2）输入动物产品和其他检疫物经检疫不合格　由口岸动植物检疫机关签发《检疫处理通知单》，通知货主或者其代理人作除害、退回或者销毁处理。经除害处理合格的，准予进境。

3．禁止进境的物品

①动物病原体（包括菌种、毒种等）、害虫及其他有害生物。

②动物疫情流行的国家和地区的有关动物、动物产品和其他检疫物。

③动物尸体。

口岸动植物检疫机关发现有禁止进境的物品，做退回或者销毁处理。

二、检疫处理的方式

1．退回

退回是指将检出携带病原体的动物、动物产品等检疫物退回输出地的检疫措施。

2．封存

封存是指将污染或可疑污染有病原体的货物存放在指定地点并采取阻断性措施（如隔离、密封等），以防止动物疫病传播的措施。

3．扑杀

扑杀是指将被某种动物疫病感染的动物或可疑感染的动物杀死并进行无害化处理，以彻底消灭传染来源，防止疫情扩散的措施。

4．销毁

销毁是指将感染动物的尸体和污染病原体的动物产品等检疫物进行焚烧、化制等无害化处理的措施。

5．无害化处理

无害化处理简称除害处理，是指用物理学、化学和生物学等方法处理携带或疑似携带病原体的动物尸体、动物产品等检疫物，以达到消灭传染来源、切断传染途径、破坏毒素和消除有害物质的检疫措施。

6．不准入境

不准入境是指输入境内的动物、动物产品和其他检疫物经检疫不合格或达不到输入国的要求，且不能做无害化处理时，检疫机关所做的不准进境的检疫处理。

7．不准出境

不准出境是指输出到境外的动物、动物产品和其他检疫物经检疫不合格或达不到输入国的要求，且不能做无害化处理时，检疫机关所做的不准离境的检疫处理。

8．不准过境

不准过境是指过境动物、动物产品等检疫物携带一、二类疫病或检疫要求的疫病病原体时，检疫机关所做的不准过境运输的检疫处理。

三、动物检疫无害化处理技术

无害化处理是动物检疫处理的重要方式之一。除常规消毒措施外，动物检疫实践中常用的无害化处理方法包括熏蒸处理、辐射处理等。

1. 熏蒸处理

熏蒸处理是指利用化学药剂对检疫性有害生物、不符合要求的检疫物进行熏蒸除害的措施。熏蒸处理是目前国内外口岸检验中应用最广的无害化处理方法之一。常用的化学熏蒸药剂有溴甲烷、磷化氢、磷化铝、环氧乙烷、硫酰氟等。

熏蒸处理的形式可分为常压熏蒸和减压熏蒸(真空熏蒸)两类。常压熏蒸是指在常压状态下导入一定量熏蒸剂进行熏蒸处理的形式,常用于帐幕、仓库、车厢、集装箱、筒仓等可密闭的容器或土壤覆盖塑料形成密闭空间的熏蒸。减压熏蒸是在一定的气密容器内低于 1.013×10^5 Pa(1 个标准大气压)的状态下进行熏蒸处理的形式。实际应用中,减压熏蒸是在一定的容器内或专门的熏蒸设备中抽出空气以达到所需的真空度,再导入定量的熏蒸剂进行熏蒸。为了提高熏蒸效果,在常压或减压条件下,可通过加温、降温或保持恒温等措施进行控温熏蒸或增加循环设备进行循环熏蒸。采用何种熏蒸形式,取决于熏蒸剂、检疫物、有害生物及其发育状态(阶段)、熏蒸容器的结构等。

2. 辐射处理

辐射处理是指用 γ 射线等辐射能照射检疫物,以达到灭虫、杀菌等作用的一种检疫处理方法。辐射处理是一种具有广阔前景的无害化处理技术,在动植物检疫工作中越来越被接受并应用。常用的辐射能包括 X 射线、钴-60、铯-137、放射线、γ 射线等。辐射处理较之化学、生物以及发酵处理法有许多优点:

①设备简单,操作方便。用泵或其他传送工具将检疫物送进辐射处理设备,经放射线照射后即可达到除害目的。

②放射线穿透力强,灭虫、杀菌较为彻底。

③辐射照射不会增温,使用剂量较低,不影响检疫物的品质或质量,也不影响某些农产品的后熟。

④辐射处理无残留,不污染环境。

考核评价

2013 年 12 月,河南省郑州、新乡、焦作三地联合,从南非引进 6 只长颈鹿,用以满足河南省居民对文化生活和科普教育的需求,这也是河南省首次从国外引进长颈鹿。其中的两只小长颈鹿于 11 日在郑州动物园与游客见面。按照国境检疫的要求,在从国外引进动物时需要办理哪些检疫手续?

案例分析

分析以下案例,请根据临床检查、剖检变化做出初步诊断,提出相关实验室诊断方法及正确的处理措施。

病例一:鸡群中部分鸡精神沉郁,食欲不振,行走无力,喜饮,两翅下垂,鸡冠逐渐变苍白。个别雏鸡突然死亡,死前口流鲜血,排水样的白色或绿色稀粪,产蛋率下降,且产畸形蛋和软壳蛋。剖检血液凝固不良,全身皮下、肌肉广泛出血,并可见灰白色小结节,小结节涂片染色可见裂殖体。

病例二:一群成年番鸭突然发病,病死率在 60% 以上,临诊表现主要为体温升高、两腿麻痹、排绿色稀粪。剖检见食管黏膜出血、水肿和坏死,并有灰黄色伪膜覆盖或溃疡;泄殖腔黏膜出血;肝有坏死点。

病例三：某猪场猪突然发病，传播迅速，病猪跛行明显，表现蹄壳变形或脱落，卧地不能站立。部分猪在鼻镜、吻突、乳房等处皮肤出现大小不一的水疱，水疱很快破溃，露出边缘整齐的暗红色糜烂面，形成烂斑，死率较低，剖检死亡猪，见心包膜有弥散性出血点，心肌切面有灰白色或淡黄色斑点或条纹。

知识拓展

拓展一 中华人民共和国一、二、三类动物疫病病种名录

2022 年 6 月 23 日

一类动物疫病(11 种)

口蹄疫、猪水疱病、非洲猪瘟、尼帕病毒性脑炎、非洲马瘟、牛海绵状脑病、牛瘟、牛传染性胸膜肺炎、痒病、小反刍兽疫、高致病性禽流感。

二类动物疫病(37 种)

多种动物共患病(7 种)：狂犬病、布鲁氏菌病、炭疽、蓝舌病、日本脑炎、棘球蚴病、日本血吸虫病。

牛病(3 种)：牛结节性皮肤病、牛传染性鼻气管炎(传染性脓疱外阴阴道炎)、牛结核病。

绵羊和山羊病(2 种)：绵羊痘和山羊痘、山羊传染性胸膜肺炎。

马病(2 种)：马传染性贫血、马鼻疽。

猪病(3 种)：猪瘟、猪繁殖与呼吸综合征、猪流行性腹泻。

禽病(3 种)：新城疫、鸭瘟、小鹅瘟。

兔病(1 种)：兔出血症。

蜜蜂病(2 种)：美洲蜜蜂幼虫腐臭病、欧洲蜜蜂幼虫腐臭病。

鱼类病(11 种)：鲤春病毒血症、草鱼出血病、传染性脾肾坏死病、锦鲤疱疹病毒病、刺激隐核虫病、淡水鱼细菌性败血症、病毒性神经坏死病、传染性造血器官坏死病、流行性溃疡综合征、鲫造血器官坏死病、鲤浮肿病。

甲壳类病(3 种)：白斑综合征、十足目虹彩病毒病、虾肝肠胞虫病。

三类动物疫病(126 种)

多种动物共患病(25 种)：伪狂犬病、轮状病毒感染、产气荚膜梭菌病、大肠杆菌病、巴氏杆菌病、沙门菌病、李氏杆菌病、链球菌病、溶血性曼氏杆菌病、副结核病、类鼻疽、支原体病、衣原体病、附红细胞体病、Q 热、钩端螺旋体病、东毕吸虫病、华支睾吸虫病、囊尾蚴病、片形吸虫病、旋毛虫病、血矛线虫病、弓形虫病、伊氏锥虫病、隐孢子虫病。

牛病(10 种)：牛病毒性腹泻、牛恶性卡他热、地方流行性牛白血病、牛流行热、牛冠状病毒感染、牛赤羽病、牛生殖道弯曲杆菌病、毛滴虫病、牛梨形虫病、牛无浆体病。

绵羊和山羊病(7 种)：山羊关节炎/脑炎、梅迪-维斯纳病、绵羊肺腺瘤病、羊传染性脓疱皮炎、干酪性淋巴结炎、羊梨形虫病、羊无浆体病。

马病(8 种)：马流行性淋巴管炎、马流感、马腺疫、马鼻肺炎、马病毒性动脉炎、马传染性子宫炎、马媾疫、马梨形虫病。

猪病(13 种)：猪细小病毒感染、猪丹毒、猪传染性胸膜肺炎、猪波氏菌病、猪圆环病毒病、格拉瑟病、猪传染性胃肠炎、猪流感、猪丁型冠状病毒感染、猪塞内卡病毒感染、仔猪红痢、猪痢疾、猪增生性肠病。

禽病(21种)：禽传染性喉气管炎、禽传染性支气管炎、禽白血病、传染性法氏囊病、马立克病、禽痘、鸭病毒性肝炎、鸭浆膜炎、鸡球虫病、低致病性禽流感、禽网状内皮组织增殖病、鸡病毒性关节炎、禽传染性脑脊髓炎、鸡传染性鼻炎、禽坦布苏病毒感染、禽腺病毒感染、鸡传染性贫血、禽偏肺病毒感染、鸡红螨病、鸡坏死性肠炎、鸭呼肠孤病毒感染。

兔病(2种)：兔波氏菌病、兔球虫病。

蚕、蜂病(8种)：蚕多角体病、蚕白僵病、蚕微粒子病、蜂螨病、瓦螨病、亮热厉螨病、蜜蜂孢子虫病、白垩病。

犬猫等动物病(10种)：水貂阿留申病、水貂病毒性肠炎、犬瘟热、犬细小病毒病、犬传染性肝炎、猫泛白细胞减少症、猫嵌杯病毒感染、猫传染性腹膜炎、犬巴贝斯虫病、利什曼原虫病。

鱼类病(11种)：真鲷虹彩病毒病、传染性胰脏坏死病、牙鲆弹状病毒病、鱼爱德华氏菌病、链球菌病、细菌性肾病、杀鲑气单胞菌病、小瓜虫病、粘孢子虫病、三代虫病、指环虫病。

甲壳类病(5种)：黄头病、桃拉综合征、传染性皮下和造血组织坏死病、急性肝胰腺坏死病、河蟹螺原体病。

贝类病(3种)：鲍疱疹病毒病、奥尔森派琴虫病、牡蛎疱疹病毒病。

两栖与爬行类病(3种)：两栖类蛙虹彩病毒病、鳖腮腺炎病、蛙脑膜炎败血症。

拓展二　中华人民共和国进境动物检疫疫病名录
2020年7月3日

一类动物传染病、寄生虫病(16种)

口蹄疫、猪水疱病、猪瘟、非洲猪瘟、尼帕病、非洲马瘟、牛传染性胸膜肺炎、牛海绵状脑病、牛结节性皮肤病、痒病、蓝舌病、小反刍兽疫、绵羊痘和山羊痘、高致病性禽流感、新城疫、埃博拉出血热。

二类动物传染病、寄生虫病(154种)

共患病(29种)：狂犬病、布鲁氏菌病、炭疽、伪狂犬病、魏氏梭菌感染、副结核病、弓形虫病、棘球蚴病、钩端螺旋体病、施马伦贝格病、梨形虫病、日本脑炎、旋毛虫病、土拉杆菌病、水疱性口炎、西尼罗热、裂谷热、结核病、新大陆螺旋蝇蛆病(嗜人锥蝇)、旧大陆螺旋蝇蛆病(倍赞氏金蝇)、Q热、克里米亚刚果出血热、伊氏锥虫感染(包括苏拉病)、利什曼原虫病、巴氏杆菌病、心水病、类鼻疽、流行性出血病感染、小肠结肠炎耶尔森菌病。

牛病(11种)：牛传染性鼻气管炎/传染性脓疱性阴户阴道炎、牛恶性卡他热、牛白血病、牛无浆体病、牛生殖道弯曲杆菌病、牛病毒性腹泻/黏膜病、赤羽病、牛皮蝇蛆病、牛巴贝斯虫病、出血性败血症、泰勒虫病。

马病(11种)：马传染性贫血、马流行性淋巴管炎、马鼻疽、马传染病毒性动脉炎、委内瑞拉马脑脊髓炎、马脑脊髓炎(东部和西部)、马传染性子宫炎、亨德拉病、马腺疫、溃疡性淋巴管炎、马疱疹病毒-1型感染。

猪病(16种)：猪繁殖与呼吸综合征、猪细小病毒感染、猪丹毒、猪链球菌病、猪萎缩性鼻炎、猪支原体肺炎、猪圆环病毒感染、革拉泽氏病(副猪嗜血杆菌)、猪流行性感冒、猪传染性胃肠炎、猪铁士古病毒性脑脊髓炎(原称猪肠病毒脑脊髓炎、捷申或塔尔凡病)、猪密螺旋体痢疾、猪传染性胸膜肺炎、猪带绦虫感染/猪囊虫病、塞内卡病毒病、猪δ冠状病毒(德尔塔冠状病毒)。

禽病(21种)：鸭病毒性肠炎(鸭瘟)、鸡传染性喉气管炎、鸡传染性支气管炎、传染性法氏囊病、马立克病、鸡产蛋下降综合征、禽白血病、禽痘、鸭病毒性肝炎、鹅细小病毒感染(小鹅瘟)、鸡白痢、禽伤寒、禽支原体病(鸡败血支原体、滑液囊支原体)、低致病性禽流感、禽网状内皮组织增殖症、禽衣原体病(鹦鹉热)、鸡病毒性关节炎、禽螺旋体病、住白细胞原虫病(急性白冠病)、禽副伤寒、火鸡鼻气管炎(禽偏肺病毒感染)。

羊病(4种):山羊关节炎/脑炎、梅迪-维斯纳病、边界病、羊传染性脓疱皮炎。

水生动物病(43种):鲤春病毒血症、流行性造血器官坏死病、传染性造血器官坏死病、病毒性出血性败血症、流行性溃疡综合征、鲑鱼三代虫感染、真鲷虹彩病毒病、锦鲤疱疹病毒病、鲑传染性贫血、病毒性神经坏死病、斑点叉尾鮰病毒病、鲍疱疹样病毒感染、牡蛎包拉米虫感染、杀蛎包拉米虫感染、折光马尔太虫感染、奥尔森派琴虫感染、海水派琴虫感染、加州立克次氏体感染、白斑综合征、传染性皮下和造血器官坏死病、传染性肌肉坏死病、桃拉综合征、罗氏沼虾白尾病、黄头病、鳌虾瘟、箭毒蛙壶菌感染、蛙病毒感染、异尖线虫病、坏死性肝胰腺炎、传染性脾肾坏死病、刺激隐核虫病、淡水鱼细菌性败血症、鮰类肠败血症、迟缓爱德华氏菌病、鱼链球菌病、蛙脑膜炎败血金黄杆菌病、鲑鱼甲病毒感染、蝾螈壶菌感染、鲤浮肿病毒病、罗非鱼湖病毒病、细菌性肾病、急性肝胰腺坏死、十足目虹彩病毒1感染。

蜂病(6种):蜜蜂盾螨病、美洲蜂幼虫腐臭病、欧洲蜂幼虫腐臭病、蜜蜂瓦螨病、蜂房小甲虫病(蜂窝甲虫)、蜜蜂亮热厉螨病。

其他动物病(13种):鹿慢性消耗性疾病、兔黏液瘤病、兔病毒性出血症、猴痘、猴疱疹病毒Ⅰ型(B病毒)感染症、猴病毒性免疫缺陷综合征、马尔堡出血热、犬瘟热、犬传染性肝炎、犬细小病毒感染、水貂阿留申病、水貂病毒性肠炎、猫泛白细胞减少症(猫传染性肠炎)。

其他传染病、寄生虫病(41种)

共患病(9种):大肠杆菌病、李斯特菌病、放线菌病、肝片吸虫病、丝虫病、附红细胞体病、葡萄球菌病、血吸虫病、疥癣。

牛病(5种):牛流行热、毛滴虫病、中山病、茨城病、嗜皮菌病。

马病(3种):马流行性感冒、马媾疫、马副伤寒(马流产沙门菌)。

猪病(2种):猪副伤寒、猪流行性腹泻。

禽病(5种):禽传染性脑脊髓炎、传染性鼻炎、禽肾炎、鸡球虫病、鸭疫里默氏杆菌感染(鸭浆膜炎)。

绵羊和山羊病(7种):羊肺腺瘤病、干酪性淋巴结炎、绵羊地方性流产(绵羊衣原体病)、传染性无乳症、山羊传染性胸膜肺炎、羊沙门菌病、(流产沙门菌)内罗毕羊病。

蜂病(2种):蜜蜂孢子虫病、蜜蜂白垩病。

其他动物病(8种):兔球虫病、骆驼痘、家蚕微粒子病、蚕白僵病、淋巴细胞性脉络丛脑膜炎、鼠痘、鼠仙台病毒感染症、小鼠肝炎。

知识链接

1. SN/T 1755—2006 出入境口岸人感染口蹄疫监测规程

2. SN/T 1255—2014 出入境动物检验检疫技术标准编写的基本规定

3. SN/T 1670—2005 进境大中家畜隔离检疫及监管规程

4. SN/T 1696—2006 进出境种猪检验检疫操作规程

5. SN/T 1691—2006 进出境种牛检验检疫操作规程

6. 动物检疫管理办法

项目五
动物检疫基本技术

学习目标

  • 掌握动物疫病流行病学调查与分析、不同种类动物的临诊检疫技术、病理学检查技术、病原学检查技术、免疫学及分子生物学检查技术和检疫材料的采集与处理技术；

  • 了解分子生物学检查技术的进展情况,具备运用现代检疫技术进行动物疫病检疫检验工作的能力。

学习内容

动物检疫技术就是兽医学科中诊断疾病的技术。检疫技术包括流行病学调查、临诊检疫技术、病理学检查技术、病原学检查技术、免疫学及分子生物学检查技术和检疫材料的采集与处理技术。它们从不同的角度阐述疫病的诊断方法,各有特点。在实际检疫工作中,应根据检疫对象的性质、检疫条件和检疫要求,灵活运用,以建立正确诊断。对许多疫病的检疫(如猪瘟、牛结核病、布鲁氏菌病)有国家标准、农业行业标准、动物检疫操作规程,检疫中应按照标准或规程操作。

▶▶ 任务十七　流行病学调查技术 ◀◀

流行病学调查是应用兽医流行病学的研究方法,对动物群体中出现的疫病现象进行实际调查。了解疫病流行全过程以及与流行有关的某些因素,获取与疫病有关的第一手材料,并对材料进行归纳整理、综合分析,得出动物疫病流行的规律,分析是什么疫病,可能的感染途径,传播途径及可能的病因,从而科学制定防控对策。

流行病学调查是一种诊断性调查和病因调查。

一、流行病学调查的方法与步骤

(一)流行病学调查的方法

1. 现场询问

询问是一切调查研究最简单、最基本、最主要的方法。调查者以询问的方式,听取畜主、饲养管理人员、防疫检疫人员、当地居民关于畜禽发病情况和经过的介绍。询问要抓住重点,采用启发式,边聊边问,边问边检查,语言通俗易懂,争取对方的主动配合。通过询问座谈等方式,力求查明传染源、传播媒介、自然情况、动物群体资料、发病和死亡情况等,并将调查收集到的资料分别记入流行病学调查表格中。另外,通过询问调查,了解当地居民的生活习惯和饮食习惯等。

2. 现场观察

调查者通过对检疫现场实地考察,要有重点地进行全面仔细的观察,记录亲眼所见的相关事实。调查过程中可根据不同种类的动物疫病进行重点项目的调查。例如:发生肠道性动物疫病时,应特别注意饲料的来源、质量,水源的卫生状况,圈舍环境卫生,粪便和尸体的处理等相关情况,发生吸血昆虫传播的动物疫病时,应注意调查当地吸血昆虫的种类、分布、生态习性和感染情况等。另外,对调查当地的一般兽医卫生情况、地理分布、地形特点和气候条件等也要调查。观察获取的资料往往客观、准确,可以揭示引起疫病的直接因素或间接因素。但现场要在完全自然状态下,无任何人为改变。

3. 查验资料

调查者向有关人员索验动物养殖档案、动物防疫档案等与检疫有关的一切资料,主要包括动物的数量、标识、来源,饲料和兽药的来源、使用情况,免疫接种记录、驱虫记录、检疫记录、实验室诊断记录、病历记录等,了解平常的防疫情况。另外,到相关单位查阅本地区地理、气候等自然情况的资料,查阅近几年动物疫病的发生、流行以及采取防控措施的情况。

4. 动物剖检

根据调查目的不同,选择有代表性动物或利用病死动物进行剖检,获得有关动物健康与疾病的信息。动物剖检是畜禽寄生虫区系调查最常用的方法,通过全身剖检,收集动物体各部位、各器官的寄生虫,了解寄生虫的区系分布和畜禽感染强度,为寄生虫病的防治提供技术支持。

5. 实验室检查

为了确诊动物疫病,还需要现场采样,进行实验室诊断,应用病原学、血清学、变态反应、尸体剖检和病理组织学等各种诊断方法进行检查。另外可对有污染嫌疑的各种物体(水、饲料、土壤、畜产品)和传播媒介(节肢动物或野生动物)进行微生物学和理化检查,以确定可能的传播媒介或传染源。

6. 通信调查

利用便捷的通信手段(如电话、传真、E-mail 等)进行交流调查。在通信调查中,调查者根据调查目的和计划,设计调查表,交被调查者自己填写后收集起来,常用于平时的现况调查。

7. 生物统计学方法

应用生物统计学的方法,对调查中获得的各种数据(如畜禽受检数、感染数、发病数、死亡数等)加以统计分析,获得重要的流行病学资料,并明确动物疫病流行态势和严重程度。

(二)流行病学调查的步骤

1. 制订调查计划

明确调查的目的、要求和欲获得的指标;根据人力、物力、财力条件,确定调查的范围、对象、数量、采取的方式方法;设计调查表中的调查项目,比如养殖场或养殖户的名称、养殖基本情况、发病情况、发病后采取的措施、免疫情况、种畜禽的来源、饲料和饮水情况等。

2. 实施调查

准备好调查所需物品,做好调查人员的培训和安排,实施调查,调查过程中要注意工作的方式方法,做到实事求是,如实记录,及时取得完整、翔实、准确的资料。

3. 整理分析

对调查所获得的资料,经去粗取精,去伪存真,按不同的性质进行分组比较,如按动物所在的地区、动物的种类、年龄、性别等进行分组、比较,加工整理,计算发病率、死亡率、病死率等,进行综合性分析,得出流行过程的客观规律,并对有效措施作出正确的评价。

4. 得出结论

根据流行病学调查分析,得出动物疫情的发病情况、传播来源和传播途径等,并提出预防控制动物疫病的具体措施和建议,并组织实施。

5. 结论报告

根据全部调查资料和防制措施的结果,对动物疫情的发生情况、经验教训等作出结论,写出书面报告。

二、流行病学调查的种类与内容

(一)流行病学调查的种类

根据调查对象和目的的不同,一般分为个案调查、暴发(或流行)调查、现况调查、专项调查和紧急流行病学调查。

1. 个案调查

个案调查是指单个动物疫病发生以后,对每个疫源地所进行的现场调查,又称为个案疫源地调查。目的是查出传染源、传播途径、传播因素和疫源地的情况,以便及时采取措施,预防继发感染和防止疫病蔓延。个案调查包括核实诊断,确定疫源地范围,查出传染源,确定传播途径,调查防疫措施。

2. 暴发调查(或流行调查)

暴发调查是指对某养殖场(户)或一定地区在短期内突然集中发生或连续发生大量同一种传染病病畜时所进行的调查。这是一种重要的流行病学调查。经调查,对病因已知疫病的暴发,要确定引起该次暴发的具体原因。对病因未知疫病的暴发,则探究病因,但在病因未搞清楚之前,要快速制定防控对策,控制疫情。

暴发调查的最终目的是控制或消灭流行,并从中发现防疫工作的薄弱环节,总结经验教训,避免类似事件再次发生。暴发调查分 3 个阶段进行:初步调查、深入调查、追踪调查,通过这 3 个阶段的调查,明确本次动物疫病流行的基本信息、详细情况、查明传染源和传播途径、追踪传染源和传播媒介的扩散趋势,预测疫病风险,提出合理有效的防控措施。

3. 现况调查

平常所说的流行病学调查,多指现况调查。它是在畜群未暴发疫情时开展的调查工作。既调查畜群中存在的疫病,如绵羊寄生虫区系调查,也调查与疫病发生及畜群健康有关的其他事件,如鸡群程序化免疫调查,鸡新城疫抗体水平监测。因此现况调查多是专题性调查。

现况调查是年度防疫计划的重要内容,也是平常的预防性措施之一。包括全面调查(又称普查)和抽样调查(又称抽查)。

4. 专项调查

专项调查是一种统计调查，是为某一特定的目的，专门组织的一种收集特定资料进行的统计调查。如常见病多发病和自然疫源性疫病的调查、某病带菌率的调查、血清学调查等，均属于专题调查。专项调查主要通过问卷调查、走访调查、座谈等方式进行。

5. 紧急流行病学调查

紧急流行病学调查是指怀疑或确认发生下列情况时进行的流行病学调查：高致病性蓝耳病、高致病性禽流感、小反刍兽疫、非洲猪瘟、口蹄疫、炭疽、狂犬病、猪瘟、新城疫、布鲁氏菌病、结核病、蓝舌病等主要动物疫病的发病率或流行特征出现异常变化时；牛海绵状脑病、痒病等外来动物疫病；牛瘟、牛传染性胸膜肺炎、马鼻疽等已消灭或基本消灭动物疫病再次发生；较短时间内出现导致较大数量动物发病或死亡且蔓延较快的动物疫病或怀疑为新发病的。要及时开展紧急监测和流行病学调查工作，迅速组织实施疫源追溯和追踪调查，评估风险因素和扩散趋势、防控效果，提高早期预警预报和应急处置工作的科学性。

紧急流行病学调查可通过个案调查和暴发调查进行，其调查的目的任务是界定疫情发生情况，分析可能扩散范围，提出防控措施建议，提高突发动物疫情应急处理工作的针对性和有效性；探寻病因及风险因素，分析疫情发展规律，预测疫病暴发或流行趋势，评估控制措施效果，增强重大动物疫情防控工作的主动性和前瞻性。

(二) 流行病学调查的内容

流行病学调查的内容根据调查的目的和类型的不同而有所不同，一般有以下几个方面：

1. 本次流行情况调查

(1) 各种时间关系　包括最初发病的时间，患病动物最早死亡的时间，死亡出现高峰和高峰持续的时间，以及各种时间之间的关系等。

(2) 空间分布　最初发病的地点，随后蔓延的情况，目前疫情的分布及蔓延趋向等。

(3) 受害动物群体的背景及现状资料　疫区内各种动物的数量和分布，发病和受威胁动物的种类、品种、数量、年龄、性别等。

(4) 各种频率指标　感染率、发病率、死亡率、病死率等。

(5) 防制措施　采取了哪些防控措施及效果如何。

2. 疫情来源调查

(1) 既往病史　本地过去曾否发生过类似的动物疫病，流行的方式，是否经过确诊及结论，何时采取过哪些防制措施及效果，有无历史资料可查，附近地区曾否发生，这次发病前曾否由外地引进动物及其产品或饲料，输出地有无类似疫病存在等。

(2) 致病因子　可能存在的生物、物理和化学等各种致病因子，死亡动物尸体如何处理，粪便如何处理等。

3. 传播途径和方式调查

(1) 饲养管理　本地各类有关动物的饲养管理方法，使役和放牧情况，动物流动、牧场情况，防疫卫生情况等。

(2) 检疫　交通检疫、市场检疫和屠宰检疫的情况，病死动物的处理，有哪些助长动物疫病传播蔓延的因素和控制扑灭动物疫病的经验等。

(3) 自然环境　疫区的地理、地形、河流、交通、气候、植被等。

(4) 传播媒介　野生动物、节肢动物和鼠类等传播媒介的分布和活动情况，它们与疫病的发生及蔓延传播关系如何等。

4. 相关资料调查

该地区的政治、经济基本情况,人们生产和生活活动以及流动的基本情况和特点,动物防疫检疫机构的工作情况,当地有关人员对疫情的看法等。

调查者可根据以上调查内容设计出简明、直观、便于统计分析的表格及提纲,调查中做好调查记录。

三、流行病学调查的分析统计

(一)数、率、比的概念

1. 数

数指绝对数。如某畜禽群因某病发病畜禽数,死亡畜禽数。

2. 率

率即两个相关的数在一定条件下的比值。通常用百分率、千分率表示,说明总体与局部的关系。

3. 比

比指构成比。如畜禽群中患病动物与未患病动物之比为 1∶20 或 1/20。比的分子不包含在分母中。

(二)常用的频率指标

1. 发病率

发病率是指一定时期内某动物群体中发生某病新病例的频率。发病率能较全面地反映出动物疫病的流行情况,但还不能说明整个流行过程,因为常有许多动物呈隐性感染,而同时又是传染源。

$$发病率 = \frac{一定时期内某动物群体中某病的新病例数}{同期内该群动物平均数} \times 100\%$$

2. 感染率

感染率是指一定时期内用临诊诊断法和各种检验法(微生物学、血清学、变态反应等)检查出来的所有感染某病的动物总数(包括隐性感染动物)占被检动物总数的百分比。感染不一定发病,患病不一定暴发流行,但可揭示畜群传染源的存在。统计感染率能比较深入地反映出流行过程的情况,特别是在发生某些慢性动物疫病时具有重要的实践意义。

$$感染率 = \frac{一定时期内感染动物总数}{被检查的动物总数} \times 100\%$$

3. 患病率(流行率、病例率)

患病率是指在一定时间内动物群体中存在某病的病例数的比率,病例数包括该时间内新老病例,但不包括此时间前已死亡和痊愈者。

$$患病率 = \frac{在一定时间内动物群体中存在的病例数}{在同一指定时间该群体动物总数} \times 100\%$$

4. 死亡率

死亡率是指在一定时间内因某病死亡的动物数占该群体动物总数的百分比。它能表示该病在动物群体中造成死亡的频率,而不能说明动物疫病发展的特性,仅在死亡率高的急性疫病时才能反映出流行状态。但对于不易致死或发病率高而死亡率低的疫病来说,则不能表示出流行范围广泛的特征。因此,在动物疫病发展期还要统计发病率。

$$死亡率 = \frac{某动物群体在一定时间内因某病死亡动物数}{同时期该群体动物总数} \times 100\%$$

5．病死率(致死率)

病死率是指因某病死亡的动物总数占该病患病动物总数的百分比。病死率更能表明疫病的严重性和危害性。

$$病死率 = \frac{某时期内因某病死亡动物总数}{同时期患该病动物总数} \times 100\%$$

▶ 任务十八　动物临诊检疫技术 ◀

一、概述

临诊检疫是应用兽医临床诊断学的方法对被检动物进行群体和个体检疫,以分辨病健,并得出是否为某种检疫对象的结论和印象,为后续诊断奠定基础。有些疾病根据其示病症状可直接建立正确诊断。

临诊检疫的基本方法包括问诊、视诊、触诊、嗅诊、听诊和叩诊。这些方法简单、方便、易行,对任何动物在任何场所均可实施。因此,生产中常和流行病学调查、病理剖解紧密结合,用于动物产地、屠宰、运输、市场及进出境各个流通环节的现场检疫检验。动物临诊检疫是动物检疫工作中(特别是基层动物检疫工作)最常用的方法。

(一)群体检疫

1．群体检疫的目的

群体检疫是指对待检动物群体进行的现场检疫。通过检查,从大群动物中挑拣出有病态的动物,隔离后做进一步诊断处理。一方面及时发现患病动物,防止动物疫病在群体中蔓延;另一方面,根据整群动物的表现,评价动物群体的健康状况。产地检疫是规模化、现代化养殖业的一项动物保健工作,对动物群应定期进行群体检疫。

2．群体检疫的组织

(1)群体划分　群体检疫以群为单位。根据检疫场所的不同,将同场、同圈(舍)动物划为一群;或将同一产地来源的动物划为一群;或把同车、同船、同机运输的动物划为一群。畜群过大时,要适当分群,以便于检查。

(2)检疫顺序　群体检疫时先大群,后小群;先幼年畜群,后成年畜群;先种用畜群,后其他用途的畜群;先健康畜群,后染病畜群。

(3)检疫时间　群体检疫的时间,应依据动物的饲养管理方式、动物种类和检疫要求灵活安排。对于放牧的畜群,多在放牧中跟群检疫或收牧后进行;舍饲动物常在饲喂过程中进行。反刍动物在饲喂后安静状态下观察其反刍;奶牛则常在挤乳过程中观察乳汁性状。在产地和口岸隔离检疫时,则需按规定在一定时间内完成必检项目。

3.群体检疫的方法和内容

群体检疫的方法以视诊为主,即用肉眼对动物进行整体状态(体格大小、发育程度、营养状况、精神状况、姿势与体态、行为与运动)的观察。必要时群体动物测体温,如进境动物在进入隔离场的第一周内及隔离期满前一周内,每日逐个测温。

群体检疫的内容,一般是先静态检查,再动态检查,后饮食状态检查。

(1)静态检查　检疫人员深入圈舍、牧场、车、船、仓库等地方,在动物安静的情况下,观察其精神状态、外貌、营养、立卧姿势、呼吸、反刍状态、羽、冠、髯等,注意有无咳嗽、气喘、呻吟、嗜睡、流涎、孤立一隅等反常现象,从中发现可疑病态动物。

(2)动态检查　静态检查后,先观察动物自然活动,后看驱赶活动。观察其起立姿势、行动姿势、精神状态和排泄姿势。注意有无行动困难、肢体麻痹、步态蹒跚跛行、屈背弓腰、离群掉队以及运动后咳嗽或呼吸异常现象,并注意排泄物的性质、颜色、混合物、气味等。

(3)饮食状态检查　目的在于检查动物的食欲和口腔疾病。检查饮食、咀嚼、吞咽时的反应状态。注意有无食欲减退、食欲废绝,贪饮、异常采食以及吞咽困难、呕吐、流涎、异常鸣叫等现象。

以上各项检查中,有异常表现或症状的动物需标上记号,单独隔离,进一步做个体检疫。

(二)个体检疫

个体检疫是指对群体检疫中检出的可疑病态动物或抽样检查的个体动物进行系统的个体临诊检查。通过个体检疫可初步鉴定动物是否患病、是否为检疫对象。个体检疫除对动物进行整体状态观察外,还应按动物体的自然部位,由头到尾对称性地进行头颈部、胸腹部及胸腹腔器官、脊柱、肢蹄等外部检查。必要时可进行特殊项目的检测,如腹腔穿刺、肺胸疾病的 X 线透视。

一般群体检疫无异常的也要抽检 5％～20％做个体检疫,若个体检疫发现患病动物,应再抽检 10％,必要时可全群复检。个体检疫的方法内容,一般有视诊、触诊、听诊、检查"三数"等(即看、摸、听、检等)。

1.视诊

利用肉眼观察动物,要求检疫员有敏锐的观察能力和系统的检查经验。

(1)精神状态的检查　观察动物有无过度兴奋与过度抑制的病理现象。健康动物两眼有神,反应敏捷,动作灵活,行为正常。若有过度兴奋的动物,表现惊恐不安,狂躁不驯,甚至攻击人畜,多见于侵害中枢神经系统的疫病,如狂躁型狂犬病、李氏杆菌病等。精神抑制的动物,轻则沉郁,呆立不动,反应迟钝;重则昏睡,只对强烈刺激才产生反应;严重时昏迷,倒地躺卧,意识丧失,对强烈刺激也无反应。精神抑制见于各种热性病或侵害神经系统的疾病等,如沉郁型狂犬病、急性新城疫等。

二维码 2-5-1　猪李氏杆菌病引起的神经症状(视频)

(2)营养状况的检查　畜体营养状况从肌肉的丰满度、皮下脂肪的蓄积量、被毛状况 3 个方面观察。猪侧重检查皮下脂肪,牛、羊看肌肉丰满度和被毛,牛重点看鬐甲部和垂肉,大尾羊看其尾巴大小。"尖鬐甲"是牛体营养不良、肌肉不发达所致。禽类侧重看羽毛并结合触诊胸肌。

营养良好的动物,肌肉丰满,皮下脂肪丰富,轮廓丰圆,骨骼棱角不显露,被毛有光泽,皮肤富有弹性。营养不良的动物,则表现为消瘦,骨骼棱角显露,被毛粗乱无光泽,皮肤缺乏弹性。多见于慢性消耗性疫病,如结核病、牛羊的消化道线虫病、慢性肝片吸虫病等。

(3)姿势与步态的检查　健康动物姿势自然,动作灵活而协调,步态稳健。患病状态下,有的动物异常站立,姿势异常多指站立和躺卧异常,运动异常包含不随意运动(痉挛、震颤)、盲目运动(转圈)、共济失调(走起路来跌跌撞撞,似醉酒状)、跛行、麻痹,如破伤风患畜形似“木马状”、神经型马立克病病鸡两腿呈“劈叉”姿势(彩图2-5-1);有的动物强迫性躺卧,不能站立,如猪传染性脑脊髓炎;有的动物站立不稳,如鸡新城疫,病鸡头颈扭转,站立不稳甚至伏地旋转,脑包虫患畜出现“转圈运动”,站立或运动失衡等;跛行则由神经系统受损或四肢病痛所致,如口蹄疫等。

(4)被毛和皮肤的检查　健康动物的被毛整齐柔软而有光泽,皮肤颜色正常,无肿胀、溃烂、出血等。患病动物的被毛和皮肤常发生不同的变化而提示某些疫病。若动物被毛粗乱无光泽,脆而易断、脱毛等,可见于慢性消耗性疫病,如结核病、螨病等;猪瘟病猪的耳后、四肢内侧、腹下等处皮肤有指压不褪色的出血点或出血斑,亚急性猪丹毒病猪的耳、颈、背、胸等处皮肤出现指压褪色的方形、菱形疹块;猪耳、颈、腹及四肢皮肤发绀提示猪弓形虫病、急性链球菌病和急性副伤寒。

正常鸡的冠、髯红润。若苍白则为贫血的表现,如鸡传染性贫血、鸡住白细胞虫病;呈蓝紫色则为败血症的表现,如鸡新城疫、禽流感等。

二维码2-5-2　患病猪呈腹式呼吸(视频)

(5)呼吸和反刍的检查　主要检查呼吸运动(呼吸频率、节律、强度和呼吸方式),看有无呼吸困难和异常呼吸式(如胸式呼吸、腹式呼吸等),同时检查反刍情况(有无反刍、反刍次数)等,如患猪气喘病、猪巴氏杆菌病等时,病猪表现为呼吸困难,呈腹式呼吸。

(6)可视黏膜的检查　主要检查眼结膜、口腔黏膜和鼻黏膜,同时检查天然孔及分泌物等。一般情况,马的黏膜呈淡红色;牛的黏膜呈淡粉红色(水牛的较深);猪、羊的黏膜呈粉红色;犬的黏膜呈淡红色(彩图2-5-2)。

黏膜的病理变化可反映全身的病变情况。黏膜苍白见于各型贫血和慢性消耗性疫病,如马传染性贫血;黏膜潮红,表示毛细血管充血,除局部炎症外,多为全身性血液循环障碍的表现;弥漫性潮红见于各种热性病和广泛性炎症;树枝状充血见于心功能不全的疫病等;黏膜发绀见于呼吸系统和循环系统障碍;黄染是血液中胆红素含量增高所致,见于肝病、胆道阻塞及溶血性疾病,如肝片吸虫病、伊氏锥虫病等;黏膜出血,见于有出血性素质的疫病,如马传染性贫血、梨形虫病等。

另外,口腔黏膜有水疱或烂斑,可提示口蹄疫或猪传染性水疱病等;鼻盘干燥或干裂,需注意有无热性疫病;口鼻黏膜糜烂,如小反刍兽疫、牛病毒性腹泻、蓝舌病等;马鼻黏膜的冰花样斑痕则是马鼻疽的特征病变。

(7)排泄动作及排泄物的检查　注意排泄动作有无异常及排泄困难。注意粪便颜色、硬度、气味、性状及尿的颜色、数量、清浊度等。便秘见于各种热性疫病(如猪瘟)、胃肠卡他等;腹泻见于侵害胃肠道的疫病(如仔猪副伤寒),里急后重是胃肠炎的特征。粪尿的颜色性状也能提示某些疫病,如仔猪白痢排白色糊状稀粪,仔猪红痢排红色黏性稀便,牛、羊的巴贝斯虫病排血红蛋白尿。

2. 触诊

触诊是指用一手或两手的手指、手掌或拳头捏、摸、按压动物体表各部位,感知皮肤、皮下组织、肌肉甚至内脏器官病变。

(1)耳根、角根、鼻端、四肢末端的触诊　检查皮肤的温度和湿度。皮温增高是体温升高的表现,全身性皮温增高见于一些热性病;局部皮温增高见于局部炎症。皮温降低是体温低的标志,见于营养不良,衰竭。

(2)体表皮肤的触诊　检查皮肤、皮下组织有无水肿、气肿、脓肿、疹块、结节等病变。健康动物皮肤柔软,富有弹性。弹性降低,见于营养不良或脱水性疾病。牛、羊慢性肝片吸虫病时,颌下、颈下、胸下、腹下等处水肿,触之较软;牛皮蝇蛆病的第三期幼虫在牛背部皮下组织形成瘤状物,触之硬实;病鸡冠髯苍白,肿胀变硬,可疑慢性禽霍乱。

(3)胸廓、腹部敏感性的检查　有时患胸廓或腹部疾病时,动物表现躲闪、反抗、不安等特征。比如急性肝片吸虫病、棘球蚴病时,触诊肝区有疼痛感;患急性型猪巴氏杆菌病时,触诊胸部敏感。

(4)体表淋巴结的触诊　触诊检查其大小、形状、硬度、活动性、敏感性等,必要时可穿刺检查。比如马腺疫,颌下淋巴结肿大达拳头大小,坚硬热痛,后化脓变软,有波动感;牛梨形虫病,则呈现肩前淋巴结急性肿胀的特征;牛患白血病,体表淋巴结肿大,触摸无痛感,多见于颌下淋巴结、肩前淋结巴、股前淋巴结;猪链球菌病,颌下淋巴结一侧或两侧性脓肿,较软。

(5)禽嗉囊的检查　检查鸡是否有软嗉、硬嗉、空嗉。注意其内容物性状及有无积食、气体、液体。鸡软嗉时触之柔软并有波动,说明嗉囊内容物是液状或半液状,比如鸡新城疫时,倒提鸡腿可从口、鼻流出大量酸臭气味的液体食糜;雏鸡大肠杆菌病、雏鸡白痢等时,出现"软嗉"症状。硬嗉以嗉囊膨胀坚硬为特征,是饲料长期不能消化或异物阻塞所致。空嗉表明嗉囊空虚,是重病期食欲废绝和某些慢性疾病的象征,也与饲料适口性不好有关。

3. 听诊

听诊是用耳直接听取或借助听诊器听取动物体内发出的各种声音。

(1)听叫声　判别动物异常声音,如呻吟、嘶鸣、喘息。比如牛呻吟见于疼痛或病重期,鸡新城疫时发出"咯咯"声。

(2)咳嗽声　判别动物呼吸器官病变。干咳见于上呼吸道炎症,如咽喉炎、慢性支气管炎;湿咳见于支气管和肺部炎症,如牛肺疫、牛肺结核、猪肺疫、猪肺丝虫病等。借助听诊器听心、肺、胃肠音有无异常等。

4. 检查"三数"

"三数"即体温、脉搏、呼吸数,是动物生命活动的重要生理常数,其变化可提示许多疫病(表2-5-1)。

(1)体温测定　测体温时应考虑动物的年龄、性别、品种、营养、外界气候、使役、妊娠等情况,这些都可能引起一定程度的体温波动,但波动范围一般为 0.5 ℃,最多不超过 1 ℃。体温测定的方法是采用直肠测温,禽可测翅下温度。

动物检疫中常根据体温变化情况,推测动物疫病的严重性和可疑疫病范围。

表 2-5-1　各种动物的体温、脉搏和呼吸数一览表

动物种类	体温/℃	呼吸数/(次/min)	脉搏/(次/min)
猪	38.0～39.5	10～30	60～80
乳牛	37.5～39.5	10～30	60～80
黄牛	37.5～39.5	10～25	40～80
水牛	36.5～38.5	10～50	30～50
牦牛	37.6～38.5	10～24	33～55
绵羊	38.5～40.0	12～30	60～80
山羊	38.5～40.5	12～30	60～80
马	37.5～38.5	8～16	30～45
骆驼	36.0～38.5	6～15	30～60
鹿	38.0～39.0	15～25	36～78
兔	38.0～39.5	50～60	120～140
犬	37.5～39.0	10～30	70～120
猫	38.5～39.5	10～30	110～130
鸡	40.5～42.0	15～30	140～200
鸭	41.0～43.0	16～30	120～200
鹅	40.0～41.0	12～20	120～200

　　体温升高的程度分为微热、中热、高热和极高热。微热是指体温升高 0.5～1 ℃,见于轻症疫病及局部炎症,如胃肠卡他、口炎等。中热是指体温升高 1～2 ℃,见于亚急性或慢性传染病、布鲁氏菌病、胃肠炎、支气管炎等。高热是指体温升高 2～3 ℃,见于急性传染病或广泛性炎症,如猪瘟、猪肺疫、马腺疫、胸膜炎、大叶性肺炎等。极高热是指体温升高 3 ℃以上,见于严重的急性传染病,如传染性胸膜肺炎、炭疽、猪丹毒、脓毒败血症和日射病等。体温升高者,需重复测温,以排除应激因素(如运动、曝晒、拥挤)引起的体温升高。

　　体温过低则见于大失血、严重脑病、中毒病或热病濒死期。

　　(2)脉搏测定　在动物充分休息后测定。脉搏加快见于多数发热病、心脏病及伴有心功能不全的其他疾病等;脉搏减弱见于颅内压增高的脑病、氮质血症及有机磷中毒等。

　　(3)呼吸数测定　宜在安静状态下测定。呼吸数增加多见于肺部疾病、高热性疾病、疼痛性疾病等,呼吸数减少见于颅内压显著增高的疾病(如脑炎)、代谢病等。

　　5. 叩诊

　　必要时叩诊心、肺、胃、肠、肝区的音响、位置和界线以及胸腹部敏感程度。例如猪肺疫、牛巴氏杆菌病、肝片吸虫病、棘球蚴病等,叩诊肺区、肝区。

　　6. 实验室检查

　　有时还要进行血、粪、尿常规实验室检查。例如:炭疽、巴氏杆菌病时,采血涂片,染色镜检;马传染性贫血时,血沉加快,红细胞、白细胞数减少,有吞铁细胞出现;牛羊巴贝斯虫病时,血沉加快,血红蛋白减少等。

二、猪的临诊检疫

（一）群体检疫

1. 静态检查

猪群在车船内或圈舍内休息时可进行静态观察。若车船狭窄，猪群拥挤不易观察时，可于卸下休息时进行观察。动物检疫员应悄悄地接近猪群，站立在全览的位置，观察猪在安静状态下，站立和睡卧的姿势，呼吸及体表的状态。

（1）健康猪　站立平稳，不断走动和拱食，并发出"吭吭"声，被毛整齐有光泽。呼吸均匀、深长，反应敏捷，见人接近时警惕凝视。睡卧常取侧卧，四肢伸展、头侧着地，爬卧时后腿屈于腹下（彩图 2-5-3）。

（2）病猪　精神萎靡，离群独立（彩图 2-5-4），全身颤抖或蜷卧，被毛粗乱无光泽，呻吟，呼吸促迫或喘息，肷窝凹陷，眼有分泌物，鼻盘干燥，颈部肿胀，尾部和肛门有粪污。

2. 动态观察

常在车船装卸、驱赶、放出或饲喂过程中观察。

（1）健康猪　起立敏捷，行动灵活，步态平稳，两眼前视，走跑时摇头摆尾或上卷尾。若驱赶，随群前进，偶发洪亮叫声，粪软尿清，排便姿势正常。

（2）病猪　精神沉郁或兴奋，不愿起立，站立不稳。驱赶时行动迟缓或跛行，步态踉跄，弓背夹尾，肷窝下陷，咳嗽、气喘、叫声嘶哑，粪便干燥或泻痢，尿黄而短。

3. 饮食观察

在猪群按时喂食饮水时，或有意给少量饮水、饲料饲喂时观察。

（1）健康猪　饥饿时叫唤，饮喂时抢食，大口吞咽有响声且响声清脆，全身鬃毛随吞食而颤动，尾巴自由甩动，时间不长即腹满而去。

（2）病猪　食欲下降，懒于上槽，或只吃几口就退槽，饲喂后肷窝仍凹陷。有的猪闻而不吃，形成"游槽"，甚至躺在稀食槽中形成"睡槽"现象；有的猪饮稀或稀中吃稠，甚至停食，食后腹部仍下陷。

二维码 2-5-3　健康猪的动态观察（视频）　　二维码 2-5-4　患病猪咳嗽（视频）　　二维码 2-5-5　健康猪的饮食状态观察（视频）　　二维码 2-5-6　健康猪的饮食状态观察（视频）

（二）个体检疫

根据我国各地区猪的疫病发生情况，一般以猪瘟、猪繁殖与呼吸综合征、猪口蹄疫、猪传染性水疱病、猪肺疫、猪丹毒、猪副伤寒、猪支原体肺炎、猪流行性感冒、猪密螺旋体痢疾、猪囊尾蚴病、猪旋毛虫病等为重点检疫对象。

三、牛的临诊检疫

(一)群体检疫

1. 静态观察

牛群在车、船、牛栏、牧场上休息时,可以进行静态观察。主要观察站立和睡卧姿态、皮肤和被毛状况以及肛门有无污秽。

(1)健康牛　站立平稳,神态安静,以舌频舔鼻镜。睡卧时常呈膝卧姿势,四肢弯曲。鼻镜湿润,眼无分泌物,嘴角周围干净,全身被毛平整有光泽,皮肤柔软,肛门紧凑,周围干净,反刍有力,正常嗳气,呼吸平稳,无异常声音,粪不干不稀呈层叠状,尿清。

(2)病牛　睡卧时四肢伸开,横卧,久卧不起或起立困难,站立不稳,头颈低伸,拱背弯腰或有异常体态,恶寒战栗,眼流泪、有黏性分泌物,鼻镜干燥、龟裂,嘴角周围湿秽流涎,被毛粗乱,皮肤局部可有肿胀,反刍迟缓或停止,不嗳气,呼吸增数、困难,呻吟,咳嗽,粪便或稀或干,有的混有血液、黏液,血尿,肛门周围和臀部沾有粪便。乳用牛泌乳量减少或乳汁性状异常。

二维码 2-5-7　健康牛站立时
静态观察(视频)

二维码 2-5-8　健康牛睡卧时
静态观察(视频)

二维码 2-5-9　患病牛的静态
观察(视频)

二维码 2-5-10　健康牛的
动态观察(视频)

2. 动态观察

在装卸车船、赶运、放牧或有意驱赶时对牛群进行动态观察。主要观察牛的精神外貌、姿态步样。

(1)健康牛　运动时精力充沛,眼亮有神,步态平稳,腰背灵活,四肢有力,摇耳甩尾,在行进牛群中不掉队。

(2)病牛　精神沉郁或兴奋,久卧不起或起立困难。两眼无神,曲背弓腰,四肢无力,跛行掉队或不愿行走,走路摇晃,耳、尾不动。

3. 饮食观察

在采食、饮水时观察牛群。

(1)健康牛　争抢饲料,咀嚼有力,采食时间长,采食量大。敢在大群中抢水喝,运动后饮水不咳嗽。

二维码 2-5-11　健康牛的
饮食观察(视频)

(2)病牛　表现厌食或不食,采食缓慢,咀嚼无力,采食时间短,不愿到大群中饮水,运动后饮水咳嗽。

(二)个体检疫

牛的检疫主要以口蹄疫、炭疽、蓝舌病、牛肺疫、布鲁氏菌病、结核病、牛黏膜病、副结核病、地方性白血病、牛传染性鼻气管炎、锥虫病、泰勒虫病为检疫对象。牛的个体检疫除精神外貌、姿态步样、被毛皮肤等与群体检疫基本相同外,还需检查可视黏膜、分泌物、体温和脉搏的变化。

牛的体温检查是牛检疫的重要项目,常需全部逐头检测,并注意脉搏检查。牛的体温升高,常发生于牛的急性传染病。当在牛群中发现传染病时,更应逐头测温,并根据传染病的性质,对同群牛隔离观察一定时期。

四、羊的临诊检疫

(一)群体检疫

1. 静态观察

羊群在车、船、舍内或放牧休息时,进行静态观察。观察的主要内容是姿态。

(1)健康羊　饱食后常合群卧地休息,反刍、呼吸平稳,无异常声音,站立平稳,乖顺,被毛整洁,口及肛门周围干净,人接近时立即起立走开(彩图 2-5-5)。

(2)病羊　精神萎靡不振,常独卧一隅或表现异常姿势,反刍迟缓或不反刍,鼻镜干燥,呼吸急促,咳嗽、喷嚏、磨牙、流泪,口及肛门周围污秽,人接近时不起不走。同时应注意有无被毛脱落、痘疹、痂皮等。

2. 动态观察

在装卸、赶运及其他运动过程中对羊群进行动态观察。主要观察羊的步态。

(1)健康羊　精神活泼,走路平稳,合群不掉队。

(2)病羊　精神沉郁或兴奋不安,喜卧懒动,步态不稳,行走摇摆、跛行,前肢跪地,后肢麻痹,离群掉队。

3. 饮食观察

在羊群按时喂食饮水时,或有意给少量水、饲料饲喂时观察。

(1)健康羊　饲喂、饮水时互相争食,食后肷部鼓起,放牧时动作轻快,边走边吃草,有水时迅速抢水喝。

(2)病羊　食欲不振或停食,放牧时掉队,吃吃停停,或不食呆立,不饮水,食后肷部仍下陷。

二维码 2-5-12　健康羊的动态观察(视频)　　二维码 2-5-13　健康羊的动态观察(视频)　　二维码 2-5-14　健康羊的采食观察(视频)　　二维码 2-5-15　放牧羊(健康)的采食观察(视频)

(二)个体检疫

羊的检疫主要以口蹄疫、小反刍兽疫、羊痘、蓝舌病、炭疽、布鲁氏菌病、山羊关节炎脑炎、绵羊梅迪-维斯那病、羊疥癣为对象。羊的个体检疫除姿态步样外,要对可视黏膜、体表淋巴结、分泌物和排泄物性状、皮肤和被毛、体温等进行检查。羊群中发现羊痘和疥癣,同群羊应逐只进行个体检查。患传染病的羊常伴有体温升高现象。

五、禽的临诊检疫

(一)群体检疫

1. 静态观察

禽群在舍内或在运输途中休息时,于笼内进行静态观察。主要观察站卧姿态、呼吸、羽毛、冠、髯、天然孔等。

（1）健康禽　神态活泼,反应敏锐。站立时伸颈昂首翘尾,且常高收一肢。卧时头叠于翅内。羽毛丰满光滑,排列整齐,冠、髯红润,两眼圆睁,头高举,常侧视,口鼻洁净,呼吸、叫声正常。

（2）病禽　精神沉郁,缩颈垂翅,闭目似睡,反应迟钝或无反应,呼吸急促或呼吸困难或间歇张口,发出"咯咯"声,冠髯发绀或苍白,喙、蹼色泽变暗。羽毛蓬乱,嗉囊虚软膨大,泄殖腔周围及腹部羽毛常潮湿污秽,下痢。有时翅肢麻痹,或呈劈叉姿势,或呈其他异常姿态。

二维码 2-5-16　健康鸡的
静态观察（视频）

二维码 2-5-17　患病鸡的
静态观察（视频）

二维码 2-5-18　患病鸡静态
观察时呈异常姿态（视频）

二维码 2-5-19　健康鸡的
动态检查（视频）

2. 动态观察

可在家禽散放时观察。

（1）健康禽　行动敏捷,步态稳健;鸭、鹅水中游牧自如,放牧时不掉队。

（2）病禽　行动迟缓,离群掉队,跛行或有肢翅麻痹等神经症状。

3. 饮食观察

可在喂食时观察。若已喂过食,可触摸鸡嗉囊或鸭、鹅的食道膨大部。

（1）健康禽　食欲旺盛,啄食连续,食量大,嗉囊饱满。

（2）病禽　食欲减退或废绝,嗉囊空虚或充满液体、气体,鸣叫失声,挣扎无力。

二维码 2-5-20　健康鸡
采食状态观察（视频）

（二）个体检疫

禽的个体检疫以鸡新城疫、禽流感、鸡传染性法氏囊病、鸡白痢、鸡伤寒、禽痘、鸡传染性喉气管炎、禽白血病、鸡马立克病、鸭瘟、禽霍乱等为主要检疫对象。禽类个体检疫的重点是精神外貌、行走姿态、冠髯颜色、鼻孔、眼、喙、嗉囊或食管膨大部、颈、翅腿、皮肤、泄殖腔、粪便、呼吸、食欲等状况。一般不做体温检查。

六、马的临诊检疫

（一）群体检疫

1. 静态观察

常在圈内或马场内进行检查。

（1）健康马　神态自如,昂头站立,机警敏捷,外界稍有音响便竖耳静听,两眼凝神而视。多站少卧,站时两后肢交替负重,卧时屈肢,平静似睡。被毛整洁光亮,皮肤无肿胀,眼、鼻干净,无分泌物。呼吸正常（彩图 2-5-6）。

（2）病马　低头垂耳、精神委顿，两眼无神，对外界反应迟钝或无反应，睡卧不安。站时不稳，姿态僵硬，卧时闭眼多横卧。有时表现起卧困难和后肢麻痹。消瘦，被毛粗乱无光，眼、鼻流出黏性或脓性分泌物，肛门周围污秽不清。呼吸困难，发生嗳气。

2. 动态观察

在马群活动或放牧过程中检查。

（1）健康马　步态平稳有力，运动后呼吸变化不大或很快恢复正常。

（2）病马　行动迟缓，步态无力，有时踉跄，常离群掉队。运动后呼吸变化大，气喘、咳嗽。

二维码 2-5-21　健康马的动态观察（视频）

3. 饮食观察

（1）健康马　食欲旺盛，放牧时争向牧场，舍饲给料时两眼凝视饲养员，有时发出"咳咳"叫声，咀嚼音响，饮水有力（彩图 2-5-7）。粪便球形，中度湿润。

（2）病马　食欲不振，对牧草或饲料均不理睬，对饲养员无反应，有的不吃不喝，有的吃几口就停食，有的咀嚼、吞咽困难，饮水后咳嗽。粪便干硬或拉稀，或混有恶臭、血液等。

（二）个体检疫

以炭疽、马鼻疽、类鼻疽、马传染性贫血、马流行性淋巴管炎、梨形虫病、马鼻腔肺炎等为主要检疫对象。实施检疫时，以体温、姿态步样、可视黏膜、被毛、体表淋巴结、分泌物及排泄物性状、呼吸状态以及饮食等为主要内容。

七、兔的临诊检疫

群体检疫和个体检疫结合进行，以感官检查（尤其是视检）为主，抽检体温为辅。重点检疫对象为兔病毒性败血症、产气荚膜梭菌病、螺旋体病、疥癣、球虫病等。实施检疫时，以精神状态、营养、可视黏膜、被毛、呼吸、食欲、四肢、耳、眼、鼻、肛门、粪便等为主要检疫内容。

（一）健康兔

精神饱满，性情温顺，活泼好动，在笼中常呈匍匐状，头位正常，躯体呈圆筒形。营养良好，被毛浓密光亮、匀整。当发现有异常声音时，行动敏捷，愣头竖耳，鼻子不断抽动嗅闻。两耳直立呈粉红色，耳壳无污垢。眼睛明亮有神，眼球微突，眼睑湿润，眼角干净清洁。鼻孔周围清洁湿润、无黏液，口唇干净。肛门周围及四爪干净，无粪便污染。呼吸正常。食欲旺盛，抢草抢水，食草时频频发出"沙沙"声，咀嚼动作迅速。排粪畅通，粪球光滑圆形，如豌豆大小，不相连，表面黑而亮，有弹性。

二维码 2-5-22　健康兔饮食状态观察（视频）

（二）病兔

精神委顿，行动迟缓，不喜活动。反应迟钝，头偏一侧。腹部下垂，体弱消瘦，被毛粗乱或脱落，皮肤特别是趾间、耳朵、鼻端等处有疹块。两耳下垂，树枝状充血或苍白、发绀，耳壳有污垢。眼无神，有分泌物。可视黏膜充血、贫血或黄染。鼻流涕，鼻孔周围污秽不洁，口流涎。后肢及肛门四周有粪污。呼吸异常。食欲不振或厌食、少食、停食，或想吃而咽下困难。有的兴奋不安、急躁乱跳；有的四肢麻痹，伏卧不起，行走踉跄，喜卧或离群独居。粪球不成形，稀便或干硬无弹性。

八、鱼的临诊检疫

以视诊为主,先观察鱼的群体状况,再捞出可疑病态鱼 3～5 条,检查其体表、眼睛、鳃、鳞片、肛门等部位状态,必要时剖检内脏状态。

(一)健康鱼

群居群游性好,反应灵敏,浮沉自如。食欲正常,发育匀称。体表具有该种鱼特有的色泽与光泽。体表黏液少而分布均匀,无色透明。肌肉坚实富有弹性。眼球饱满,稍突出眼眶,角膜光亮透明,眼色正常。鳃盖清洁紧闭,质地坚硬,鳃丝鲜红并附有少量黏液,不粘连,无异味。鳞片有光泽,纹理清晰,紧贴体表,不易剥落。肛门圆形、凹陷,白色或淡红色。腹部正常。

(二)病鱼

离群独游,反应迟钝,或急躁不安、跳出水面、打转,浮沉困难,或颠倒浮游。食欲不振,发育异常,失去健康鱼的正常体表特征,体色发黑或出血变红。眼球突出。鳃盖张开,鳃丝发绀或苍白,或有出血点、末端肿大或腐烂,黏液增多不洁。有的鳍基充血或出血、鳍条裂开。鳞片易剥落。肛门红肿,肚腹膨胀,有的排管状黏液或肛门拖带粪便。有时可在体表或其他部位发现寄生虫。

九、蜜蜂的临诊检疫

群体检疫和个体检疫结合进行。蜜蜂群数量很多,多采用抽样检查方法,抽样率一般不少于 5%。检疫一般以视检为主,观察其动作、形态、色泽和尸体状态等,并嗅气味,常结合流行病学调查和实验室检查。检查最好在 16～30 ℃进行。为了细致视检,可采用振动或触动的刺激方法。检疫人员应穿浅色衣服,动作要稳、轻、快、慢相结合,顺着蜜蜂习性而行。若振动蜂盖时见有蜜蜂骚动,尾部上翘放臭,则需稍等片刻,待安静后检查。

(一)健康蜂

健康蜂群分工严密,各司其职。工蜂颜色鲜艳,出巢飞行敏捷矫健,归来飞行沉稳,浊声明显。工蜂早去晚归,进出巢门直来直去、不绕圈子;傍晚休息时,在巢门附近和上方聚集成片而不呈团状。

(二)病蜂

1. 行动异常

患败血症、副伤寒等传染病时表现麻痹,行动呆滞,反应迟钝,不蜇人;患麻痹病时有两翅震颤现象;患寄生虫病或农药中毒时表现为激动或不安,秩序混乱,爱蜇人,后期表现肌肉抽搐、痉挛。

2. 形态异常

工蜂腹部膨大,可能患痢疾、副伤寒、甘露蜜中毒、饲料中毒等;若两翅错位,形成"K"字形,可疑为壁虱病;巢门口有翅足残缺的幼蜂爬行或有死蛹被工蜂拖去,可能有蜂螨病。

3. 色泽异常

蜂体腹部末端呈暗黑色,第一和第二腹节背板呈棕黄色,可能是孢子虫病。幼虫由苍白色变成灰色至黑色,可能是白垩病;变成黄色或褐色,可能是美洲幼虫腐臭病;变为黄色乃至棕色,可能是欧洲幼虫腐臭病。

4. 气味异常

一些疾病有特殊气味,如美洲幼虫腐臭病有腥臭味,欧洲幼虫腐臭病有酸味。

5. 死亡后的变化

当蜜蜂患病死亡后,尸体常表现某种病害固有的特征。白垩病幼虫尸体呈现干枯、质地疏松的白垩状物;囊状幼虫病幼虫尸体干枯后扭曲上翘,呈"龙船"样;美洲幼虫腐臭病尸体尾尖粘在巢房底;欧洲幼虫腐臭病尸体蜷缩在巢房底。

任务十九　动物病理学检查技术

动物病理学检查技术包括病理解剖学检查技术、病理组织学检查技术,是依据动物体各系统、器官、组织或细胞的病理变化诊断疫病,并据此解释临床症状,检验活体诊断是否正确。临诊检疫在于认识疫病现象,而病理学检查则在于发现疫病本质。病理学检查是在临诊检疫的基础上进行的,是临诊检疫的继续和补充。

一、病理解剖学检查技术

病理解剖学检查通常选择病死动物尸体或有典型临床症状的患病动物进行解剖和检查。用肉眼或借助放大镜、量尺等器械,直接观察和检测器官、组织中的病变部位、病变大小、形态、颜色、质地、分布及切面性状,结合疫病特征性的病理变化,作出检疫结论。

(一)对动物尸体剖检的要求

1. 剖检前检查

对病死动物尸体,剖检前仔细检查尸体体表特征(卧位、尸僵情况、腹围大小)及天然孔有无异常,以排除炭疽等恶性传染病。患炭疽等十大恶性传染病的动物及其尸体,禁止解剖。若怀疑动物死于炭疽,先采取耳尖血液涂片镜检,排除炭疽后方可解剖。

2. 剖检时间

剖检时间包含两层意思。一是针对动物尸体,剖检进行得越早越好,最好在动物死后立即进行,因为尸体久放,容易腐败分解,失去诊断价值。所以,夏季在动物死后不超过2 h,冬季不超过20 h。二是对术者来讲,最好在白天进行剖检,夜间进行剖检,在灯光下,病变的颜色会受到干扰,容易引起误诊。

3. 剖检地点

剖检最好在病理解剖室进行。如果没有实验条件,在野外或其他检疫现场剖检时,应选择地势高燥并远离居民区、畜舍及交通要道的地方进行。剖检前挖一深2 m以上的坑,或利用枯井,废旧土坑。坑底撒上生石灰,坑旁铺垫席或其他不易渗透的物品后,在其上进行操作。剖检完成后,将动物尸体连同铺垫物及周围污染的土层,一起投入坑内,撒上生石灰或其他消毒液掩埋,并对周围环境进行消毒。

4. 剖检数量

在畜群发生群体死亡时,要剖检一定数量的病死动物。家禽应至少剖检5只,大中动物至少剖检3头。只有找到共同的特征性病变,才有诊断意义。

５．剖检术式

动物尸体的剖检，从卧位、剥皮到体内各器官的检查，按一定的术式和程序进行。牛采取左侧卧位；马采取右侧卧位；猪、羊等中小动物和家禽取背卧位。

６．安全防护

一要做好有关工作人员的安全防护工作，避免感染；二是防止环境污染。因此，在剖检前工作人员必须穿工作服、戴工作帽、戴口罩、穿胶鞋、手臂消毒等，有条件时穿胶皮衣、戴胶手套等；在整个剖检过程中，工作人员要防止割伤、碰伤自身的手指等，若不慎受伤，应依情况停止剖检，并对伤口进行严格消毒后，进行包扎处理，由其他工作人员接替；剖检结束后，工作人员应对手臂、器械、防护服等进行严格消毒后，清洗干净，对动物尸体、污染物等严格消毒后进行合理的处理。

７．做好剖检记录

剖检记录是尸体病理剖检报告的主要依据，也是进行综合分析诊断的原始材料。记录应在检查过程中完成，而不是事后补记。记录的内容力求完整详细，除基本情况外，应包括外部检查和内部检查及各系统器官的变化，因为机体各系统是相互联系和相互影响的。但是，大多数疫病，病变常集中在某一系统或某些器官，对病变严重的器官，更要详细准确地记录其病理变化。

记录时，对病变的描述要客观，力求用词准确。一般来说，病变的大小尽可能用数字表述，也可用实物比喻，如针尖大、米粒大。病变部的形态多用几何图形或实物表示，如圆形、椭圆形、菱形、菜花状。病变部位的颜色用鲜红、暗红、苍白、灰色等表示。对混合色，要分清主色和次色，一般次色在前，主色在后，如黄白色、紫红色。颜色也用实物形容，特别对色泽混杂的病变。例如：口蹄疫时心脏切面有灰白色或淡黄色斑点或条纹，故称为"虎斑心"；猪瘟时淋巴结切面周边出血，呈红白相间的"大理石样"；急性猪肺疫时肺有紫红色或灰黄色的肝变区；马传染性贫血时肝切面上有槟榔样花纹，故称"槟榔肝"（彩图2-5-8）。器官的质地和结构用坚硬、柔软、脆弱、干酪样、颗粒状、结节状等表达。例如：羊肠毒血症时肾软化如泥，稍加触压即碎烂；慢性心内膜炎猪瘟时，心内膜上有灰白色"菜花样赘生物"。切面性状则常用切面微突、组织结构不清、血样物流出来表示。

（二）外部检查

对病死动物尸体，在剥皮之前要详细检查尸体外部状态，一是决定是否进行剖检，二要记录外部病变，大致鉴别是普通病还是疫病。重点检查以下几个方面：

１．检查尸体变化

动物死亡后受霉菌、细菌和外界环境因素的影响，会出现尸僵、尸斑、死后凝血、尸腐等变化。死后凝血在内部检查时注意。通过检查，正确辨认尸体变化，避免把某些死后变化误认为是生前的病理变化。

（1）尸僵　动物死后尸体发生僵硬的状态，称为尸僵。尸僵是否发生可据下颌骨的可动性和四肢能否屈伸来判断。一般死于败血症和中毒性疾病的动物，尸僵不明显，如因炭疽死亡的动物尸僵不全。

（2）尸斑　即尸体倒卧侧皮肤的坠积性淤血现象，局部皮肤呈青紫色。家畜皮肤厚，且有色素和被毛遮盖，不易发现尸斑，要结合内部检查，如黑皮猪外部检查时，就需要结合内部检查。

（3）尸腐　由消化道内致腐微生物繁殖引起尸体腐败分解，产生气体。表现为尸体腹部膨胀;体表的部分皮肤,内脏,特别是与肠管接触的器官呈不洁的灰蓝色或绿色;血液带有泡沫;尸腐后放出恶臭气味。

2. 检查皮肤

注意有无外伤、骨折;有无溃疡、水肿、出血、丘疹、坏死及皮肤寄生虫。检查被毛及营养状况,有利于动物疫病的诊断,如痘病、破伤风、葡萄球菌病、螨病等常有较明显的皮肤变化。

3. 检查天然孔

检查天然孔的开闭状态,有无分泌物及分泌物性状。同时检查可视黏膜。败血症尸体的口、鼻、肛门等处常流出血样液体,如因炭疽死亡的动物尸体天然孔出血,凝血不良等。

(三)内部检查

1. 皮下检查

检查皮下脂肪的量和性状;浅表淋巴结的性状;肌肉发育状态和病变。炭疽时皮下呈出血性胶样浸润;败血性传染病,淋巴结、肌肉多有出血斑或出血点;猪囊尾蚴病、旋毛虫病时肌肉中有寄生虫包囊或结节;恶性水肿,皮下有淡红色、黄色或红褐色液体浸润,有腐败气味;气肿疽,肌肉内有气体,肌肉呈暗褐色。

2. 内脏器官的检查

先检查腹腔和腹腔器官,再检查胸腔和胸腔器官。各内脏器官多从尸体上采出后检查,也可不采出进行检查。禽、兔等小动物和仔猪、羔羊等幼龄动物内脏器官常连带在尸体上进行检查。

(1)全面检查　切开腹腔和胸腔之后,首先观察暴露的腹腔、胸腔器官在动物体内自然位置是否正常,其表面有无充血、出血、粘连、肿瘤、寄生虫。然后由暴露部分开始,由表及里,由后向前逐一检查器官外表性状,检查胸、腹腔液体的量和性状,胸、腹壁浆膜性状。从中发现有病变、病变集中和病变严重的器官。比如典型性猪瘟时,脾边缘有出血性梗死,胃肠黏膜出血,肾出血,喉头出血等。

(2)重点检查　对有病变和病变严重的器官要重点检查,分辨病理变化特点,判定病变性质。病变器官检查的方法有视诊、触诊和剖检,依次进行。

先观察脏器的形态、颜色、大小、表面性状(表面光滑或粗糙、凹或凸、有干酪样物或粉末状物)。再用手触摸、按压检查脏器质地(软硬度、弹性、脆性、颗粒状)。最后,切开脏器检查切面性状,看切面组织结构是否清晰、有无寄生虫、有无结节、有无出血及其他病变。如果有特殊病灶,则对病灶进行细致检查。比如怀疑是肝片吸虫病时,重点检查肝病变,然后切开检查有无虫体;怀疑是鸡传染性法氏囊病时,重点检查法氏囊病变,然后切开检查有无出血、干酪样物质等。

3. 口腔、鼻腔和颈部器官的检查

首先检查口腔、舌、扁桃体、咽喉和鼻腔,注意有无创伤、出血、溃疡、水疱、水肿、寄生虫等变化。剪开食管和气管,食管主要检查食管黏膜、管壁厚度、有无寄生虫等,气管则检查分泌物的性质(浆液性、黏液性、出血性)和黏膜病变。口腔、鼻腔和颈部器官的检查,对以口腔、食道和上呼吸道变化为主要表现形式的疫病,如鸡传染性喉气管炎、鸡传染性支气管炎(呼吸型)、禽痘(黏膜型)、兔瘟、鸭瘟等有诊断价值。检查口腔黏膜有无水疱、溃烂等,对口蹄疫、猪传染性水疱病、牛恶性卡他热、蓝舌病、小反刍兽疫等疫病有诊断价值。

除对上述器官的检查外,必要时对脑、脊髓、骨髓、关节、肌肉、腱、生殖器官进行检查。

二、病理组织检查技术

病理组织学检查是将采集的病变组织制成切片,利用显微镜观察组织和细胞病变。它弥补了肉眼检查的不足,进一步明确病变性质,常使疫病得到确诊,尤其对肿瘤的定性、脑组织病变检查有极高的价值。病理组织学检查中常用的是石蜡切片,苏木素-伊红(HE)染色法;快速冰冻切片也越来越多地应用在动物疫病诊断中,如猪瘟、牛海绵状脑病的检测。

(一)石蜡切片

从病料的采取到制成染色标本,要经过取材、固定、脱水、透明、浸蜡、包埋、切片和展片、熔蜡、染色和封片等步骤。通常,检疫材料在 10% 福尔马林溶液(即 4% 甲醛溶液)中固定 48 h,经 70%、80%、95%、100% 系列酒精脱水,二甲苯透明,石蜡浸蜡,石蜡包埋,切片及附贴,作苏木素-伊红染色(染色前组织片要经二甲苯脱蜡、脱二甲苯、系列酒精和水漂洗),中性树胶封片后镜检。HE 染色法,细胞核染成蓝色,细胞质染成红色。

(二)冰冻切片

1. 组织块处理

新鲜组织块有 3 种处理方法:不经任何固定处理直接进行冰冻切片;经 10% 福尔马林(即 4% 甲醛)固定 24~48 h,水洗,冰冻切片;经甲醛固定,水洗,明胶包埋,冰冻切片(用于易碎裂的组织块)。

2. 冰冻切片机切片

有一般冰冻切片机、半导体制冷切片机、恒冷箱式切片机,可用任何一种冰冻切片机进行切片。

3. 贴片

采取蛋白甘油贴片法(先将载玻片上涂一层蛋白甘油)或明胶贴片法(先将载玻片涂一薄层明胶)。

4. 染色

冰冻切片可以不贴片进行染色,也可以贴片后染色,最好当天染色。染色方法据制片目的选择,如猪瘟检疫时,扁桃体和肾冰冻切片进行荧光抗体染色。

5. 脱水、透明、封片或染色

脱水、透明、封片或染色后直接镜检。

▶▶ 任务二十　检疫材料的采集技术 ◀◀

检疫材料又称病料或样品,它是病原学、血清学、病理组织学检查的基础。采集检疫材料是动物检疫的一个重要环节,也是一项技术性很强的工作。病料采集、处理、保存、运送是否合理,直接影响到实验室检验结果的准确性。所以,采集样品要符合规定要求。

一、采集原则

(一)适时采样

适时采样即尽可能采集到新鲜样品。供检疫用的材料因检测目的和项目不同,有一定的时间要求。从动物活体采样,若是分离病原体,需在动物病初发热期或出现典型临床症状时采集;若需制备血清,在动物空腹时采血。从动物尸体采样,无论什么检测项目,都应在动物死后立即采集。若无条件,动物死后采样,夏季最好不超过 2 h,冬季不超过 20 h。

(二)典型采样

典型采样要求样品具有代表性。

从动物活体采样:一是选择典型动物,即未经药物治疗、症状典型的动物,这对细菌性传染病的检查尤为重要。二是选择典型材料,通常采集病原体含量最高的材料。不同疫病的病原体在动物体内及其分泌物、排泄物中的分布、含量不同;即使同一种疫病,在疾病的不同时期和不同病型中,病原体在体内分布也不同。在采取病料前,对动物可能患某种疫病作出初步诊断,侧重采集该病原体常侵害的部位。例如,呼吸道疫病采集咽喉分泌物,消化道疫病采集粪便,发热性疫病采集血液、咽喉分泌物、粪便,水疱性疫病采集水疱液和水疱皮。

从动物尸体采样,通常采集病变的组织、器官或病变最明显、最典型的部位。供病理组织切片的样品,应连带部分健康组织。淋巴结、心、肝、脾、肺、肾,不论有无病变,一般均应采取。

(三)合理采样

合理采样是指取样动物的数量和样品的数量多少要合理。动物群体发病,至少采取 5 头(只)份动物的病料。样品的数量应根据动物的种类、品种、大小等不同情况、样品的种类和具体的检测要求而定,但每一种样品应有足够的数量,除确保本次实验用量外,以备必要的复检用。对于畜产品,按规定采取足量样品。皮张炭疽检疫时,在每张皮的腿部或腋下边缘部位取样,初检取 1 g,复检时在同部位取 2 g。

(四)无菌采样

无菌采样的目的是避免样品污染。因此,样品采集全过程都应无菌操作,尤其是供微生物学检查和血清学检查的样品。采样部位一般需消毒处理,用具、盛放样品的容器均需灭菌处理。采血针头和注射器严禁交叉使用。但有些样品,如皮肤上的水疱,采集部位用清水清洗即可,忌用消毒剂消毒。

(五)安全采样

采样过程应完全符合我国相关生物安全管理法律法规和规章的要求和规定,采样人员要注意安全,加强自身防护,防止自身感染;同时防止病原扩散和人兽共患病的发生。

二、病原学检查材料的采集与处理

(一)液体材料

液体材料多从活体采集。

1. 血液样品采集

(1)采血部位 大、中动物从颈静脉采血,需要血液量少时,可从尾静脉或耳静脉采血;猪从前腔静脉采血,需要血液量少时可从耳静脉采血;家禽一般从翅静脉采血,也可从心脏采血。死亡动物从右心房采血。采血前用 75% 的酒精棉球对采血部位消毒后,方可采血。

二维码 2-5-23 牛的颈 二维码 2-5-24 鸡的翅 二维码 2-5-25 鸡的心
静脉采血(视频) 静脉采血(视频) 脏采血(视频)

（2）采血量　大、中动物每头每次 10 mL；小动物和家禽每只每次 3～5 mL。

全血必须加抗凝剂以防凝固。抗凝剂可选用乙二胺四乙酸二钠、枸橼酸钠或肝素。枸橼酸钠不宜用于病毒血样。采血前，按 10 mL 血液加入 3％～5％（3.8％常用）枸橼酸钠溶液 1 mL 或 0.1％肝素 1 mL 或乙二胺四乙酸二钠 15～20 mg 的比例，把抗凝剂直接加入真空采血管或试管中，让采集的血液立即与抗凝剂混合，密封后外贴标签（内容应全面反映样品的全部信息，比如样品品名、来源、数量、采集地点、采样人、采样日期等），然后送检或冷藏。但冷藏时间不宜太久，以免溶血。

病毒样品，在 1 mL 血样中可加入青霉素和链霉素各 500～1 000 IU，以抑制血源性或在采血过程中污染的细菌。供细菌学检查的血样不可加抗生素。

2. 分泌物和渗出液样品采集

（1）口腔、鼻腔、喉、气管、泄殖腔及阴道分泌物　用灭菌的棉球蘸取，通常是将棉棒插入天然孔反复旋转以蘸上分泌物，然后将样品端剪下。

（2）咽食道分泌物　采集前被检动物禁食 12 h。大、中动物用食道探子从已扩张的口腔伸入咽喉部、食道，反复刮取。

（3）乳汁　采集乳汁前，应先清洗乳房并消毒，弃去最初挤出的几把乳汁，然后收集 10～20 mL 作检查材料。

（4）尿液　尿液可在动物排尿时采集，也可利用导尿管采取。取样量据检验目的而定，通常取 30～50 mL。

（5）水疱液、水肿液、关节囊液、胸腹腔渗出液　用注射器抽取，至少采取 1 mL。

（6）脓汁　已破口的脓疱，用棉球蘸取；未破口的用注射器吸取。过于浓稠不好抽取时，可切开脓疱，用棉球蘸取。

以上分泌物和渗出液采集后，立即放入已灭菌的玻璃容器，密封，外贴标签。作细菌学检查的，尽快冷藏。作病毒学检查的，尽快冷冻或加入病毒保护液。常用的病毒保护液：含抗生素的 pH 7.2～7.4 磷酸盐缓冲液、50％甘油磷酸盐缓冲液、50％甘油生理盐水，也可用灭菌生理盐水。在野外采集样品时，多不具备冷冻条件，病毒性检查材料应尽快冷藏，争取在最短时间内送达实验室。

（二）固体材料

多从扑杀的动物尸体采集或进行病理剖检时采取，也有采自活体。

1. 淋巴结、内脏器官、肌肉样品采集

淋巴结连带周围脂肪整体采集；内脏器官和肌肉，通常取病变最明显的部位，取样大小可酌情而定，脏器一般采集 1～4 cm³。采集的淋巴结、内脏器官、肌肉分别置于灭菌容器。

2. 水疱皮样品采集

病变部用清水清洗，剪取新鲜水疱皮 3～5 g，放入灭菌小瓶。

3. 肠管样品采集

选取要采集的肠管至少 6 cm，两端结扎，从结扎线外端稍远处剪断。置于灭菌玻璃容器或塑料袋中，冷藏。

4. 长骨及肋骨样品采集

整根采集，不要损伤其两端，用 5％石炭酸水溶液浸透的纱布或麻袋片包裹；也可在骨头上撒食盐，再用麻袋片包裹。

5. 流产胎儿、家禽及其他小动物尸体、头颅等样品采集

可疑狂犬病或海绵状脑病时,应取动物完整的头颅作为样品,用不透水塑料袋包紧。

6. 粪便样品采集

粪便样品的采集同寄生虫检查材料的采集。

以上固体材料采集后,立即放入已灭菌的玻璃容器或其他相应容器,密封,外贴标签,然后送检,若不能立即检查,细菌性材料应冷藏;病毒性材料应冷冻或加入保护液。

(三)镜检材料

采集液体材料和固体材料时均需制作涂片,供显微镜检查。液体材料如血液、胆汁、分泌物等直接用灭菌接种环取一滴,于载玻片中央均匀涂布成适当大小的薄层;血液也可把血滴于载玻片一端,用另一洁净载玻片推成薄层(压滴标本例外)。组织器官则以无菌方法剪取新鲜切面,在玻片上做压印(触片)或涂抹成一薄层。

涂片自然干燥后,使其涂面彼此相对,两端加以火柴杆或厚纸片,用线缠紧,用纸包好,放小盒内送检。每份病料不少于3张涂片。

(四)患病小动物

在距离实验室较近,又有较好的隔离运输条件下,可将发病小动物直接送实验室检查。

三、寄生虫检查材料的采集与处理

(一)液体材料

1. 血液样品采集

从耳静脉或颈静脉采集,但多从耳静脉采集,立即制成涂片标本送检,或血液加抗凝剂送检。

2. 阴道分泌物样品采集

用蘸有生理盐水的棉球在阴道内反复旋转擦拭,再将棉球的液体挤压在载玻片上,制成涂片。当分泌物较少时,可用35 ℃左右的生理盐水冲洗阴道、子宫,收集冲洗液,离心,取沉渣涂片镜检。

(二)固体材料

1. 粪便样品采集

粪便样本可从动物直肠采集或采集新排出的未污染粪便。采集小动物的粪便,可将食指套上指套,伸入直肠直接采集。根据检查项目和检查方法的不同,一般采取10~30 g。采集后置于洁净的玻璃容器或塑料袋,冷藏待检。

2. 皮肤刮下物样品采集

(1)螨病病料　在病变皮肤和健康皮肤交界处采集。病变部剪毛,用锐匙或凸刃小刀,与皮肤垂直刮取皮屑,刮到皮肤微出血为宜。把刮取物置于洁净小瓶,加塞。若在野外采集样品,可在刀刃上蘸些水、甘油溶液或煤油,以防刮风吹跑病料。

(2)蛲虫病料　用常水浸湿棉球,在马匹肛门周围及会阴部皮肤上反复擦拭,用擦拭后的棉球涂片,也可将棉球放入洁净试管内。

3. 被寄生虫寄生的组织、器官样品采集

被寄生虫寄生的组织、器官常连带寄生虫一并采集,放入5%~10%福尔马林(2%~4%甲醛)溶液中。

4. 寄生虫虫体采集

(1)体表寄生虫　用手或镊子捏取或抓取;附有虫体的羽毛可剪下。放入70%乙醇、甘油乙醇或5%福尔马林2%甲醛溶液中。

(2)体内寄生虫　在胃肠道等组织器官洗液中发现蠕虫时,小型线虫用毛笔将虫体挑出,经生理盐水洗净后,移入70%乙醇、甘油乙醇或巴氏液固定。大型蠕虫像蛔虫、吸虫、棘头虫、绦虫用5%~10%福尔马林(2%~4%甲醛)溶液固定。

四、血清学检查材料的采集与处理

(一)血清样品采集

1. 采血

用于制备血清的血液采出后不加抗凝剂,不进行脱纤处理。一次采血量,大中动物每头不少于10 mL,家禽不少于3 mL,雏鸡适量。需要检测双份血清比较抗体效价变化时,第一份血液采于病初,制成血清后冻结保存。然后间隔3~4周采集制备第二份血清,两份血清同时送实验室检测。

2. 制备血清

采血时使血液直接流入试管或真空管,试管需加塞,立即摆成斜面,待血液凝固后竖起试管,使血清自然析出。析出的血清用注射器或吸管移至另一试管或青霉素空瓶中,加塞送检。血液也可经离心分离血清。作血清学检测的血液,在采集、运送、制备血清过程中,均应避免震动和冻结,防止出现溶血,影响检测结果。

3. 血清保存

制备的血清若能在一周内检测,4 ℃冷藏即可;若需保存较长时间,-30 ℃冻结。

(二)抗原样品采集

抗原材料的采集、处理方法同微生物学检查材料的采集和处理。

五、病理组织检查材料的采集与处理

(一)选材

病理组织学检查材料是供切片镜检用的,为了在显微镜下正确辨别组织和细胞病变,一个视野中应包含病理组织和健康组织。因此,应选择病变部位与健康部位交界处的组织作为检查材料。而且健康组织应包括各个组织的主要构造,例如肾组织应包括皮质、髓质、肾盂,肝、脾等应连有被膜。

较重要的病变要多取几块,以展示病变的发展过程,若同一器官有不同的病变,分别采取。

(二)采集

切取组织块要用锋利的刀具。切割时必须迅速而正确,忌用拉锯式来回切割。供切片时用的组织块大小为1.5 cm×1.5 cm×0.5 cm,但采集的新鲜组织块要大一些和厚一些,以便固定后重新修整组织块,并留有备用。组织块固定前切忌触摸、挤压,以防改变组织原有的结构和性状。

(三)固定

1. 供石蜡切片用的组织块

组织块切好后,用清水轻轻冲洗血污,立即浸入固定液中,但胃、肠、胆囊、膀胱等组织不要

用水冲洗。

2. 常用的固定液

10％福尔马林(4％甲醛)溶液、95％乙醇、波恩氏液(Bouin 氏液)等。固定液的量应是病料体积的 5～10 倍。固定时间通常为 12～24 h。组织块若需长期保存,经 12～24 h 后更换一次固定液。

3. 容器底部垫脱脂棉

以防组织黏底而固定不良。若有几个病例的组织固定在同一容器时,应把每一病例的组织块用纱布包好,附上标签再投入固定液中。

4. 供快速冰冻切片组织

冰冻切片检查用的组织常不经固定,采样后尽快送检。如当天不能送出或检查,必须冻结保存,以免组织腐败和自溶。

六、检疫材料的包装与运送

(一)包装

1. 包装容器

直接包装检疫材料的容器可选择玻璃或塑料制品;运输时的外包装常用木箱、保温瓶、保温箱。所有容器必须完整无损,密封性能良好,清洁无污染。供病原学检查的容器,清洗后经干热灭菌或高压灭菌并烘干。塑料制品耐高压的高压灭菌,不耐高压的紫外线消毒或熏蒸消毒。

2. 包装

一种材料单独装入一个容器,不可将多种病料或多头家畜的病料混装在一起。一个容器装量不能过满,液体样品不能超过总容量的 70％,装入样品的容器必须加塞、加盖。塞子和盖子用胶布封固。液体病料在胶布外还需用融化石蜡加封。选用塑料袋作容器,需用两层包装,分别用线结扎袋口,防止液体流出或水进入袋中。

3. 贴标签

所有装入样品的容器均需贴附标签,标明样品名称、动物种类、采集时间、采集地点、样品编号等内容。

(二)运送

1. 及时运送

包装好的样品,及时送达实验室。

2. 运输环境

(1)供病毒学检查的样品　病毒学检验样品要在特定的温度下,置于保温容器(保温瓶或保温箱)中运输。血液样品要单独存放在保温瓶中,不能和其他样品混合。

对冷藏样品,若能在 4 h 内送到实验室,在保温瓶中加入冰块或冰袋,冷藏运输,否则,先将样品进行冷冻处理。对冻结的样品,必须在 24 h 内冷藏送到实验室,若在 24 h 内不能送到实验室,要冷冻运输,即在运输过程中样品的环境温度应保持在 －20 ℃ 以下。各种样品到达实验室后,若暂时未进行试验,则应在 －70 ℃ 及以下保存,不要反复冻融。

(2)供细菌学和寄生虫学检查的样品　经冷藏的材料,在 24 h 内能送到实验室,最好冷藏运输。

(3)血清样品　经冷藏处理的血清,在 24 h 内能送到实验室,冷藏运送;否则,先将血清冷冻,经冷冻处理的血清,在保温箱内加大量冰袋运送,需在48 h内到达实验室。

(4)玻片标本和病理组织学样品　常温运送。

(三)采样单、送检单、接样单

每一份样品或每一批样品均要有采样单。采样单(表2-5-2)一式三份,第一联采样单位保存;第二联跟随样品;第三联由被采样单位保存。病料送检时应附病料送检单,送检单(表2-5-3)一式三份,一份送检单位留为存根,两份送检验单位,待检查完毕后,其中一份检验单位保存,另一份返回送检单位。检验单位收到病料时还应填接样单(表2-5-4)。

表 2-5-2　动物病理材料采样单

动物种类		年龄		性别		健康状况	
样品名称				采自(活体或尸体)			
样品数量							
样品编号							
采样日期							
样品保存条件							
被采样单位				联系电话			
采样单位				联系电话			
备注							

注:表中备注一项应写明症状、病变、发病率、死亡率、免疫接种等对诊断有帮助的信息。

表 2-5-3　动物病理材料送检单

第　　号

送检单位		地址		检验单位		材料收到日期	年　月日　时
病畜种类		发病日期	年　月日　时	检验人	结果通知日期	年　月日　时	
死亡时间	年　月日　时	送检日期	年　月日　时	检验名称	微生物学检验	血清学检验	病理组织学检查
取材时间	年　月日　时	取材人					
疫病流行简况							
主要临床症状							
主要剖检变化				检验结果			
曾经何种治疗							
病料序号名称				病料处理方法			
送检目的				诊断和处理意见			

表 2-5-4　动物病理材料接样单

检样编号：

送样单位			送样日期	
地址及电话				
畜禽种类		日龄		现存栏	
样品名称、数量及包装				
采样（送检）目的				
临床表现：				
有关免疫情况：				

报告索取方式	自取□	请凭《检测业务委托协议》索取。			
	邮寄□	通信地址			
		收件人或单位		邮编	
	传真□	传真号码		收件人	

注意：请被检单位（送检人）检查以上记录情况是否属实，如无异议，请签字。

签字：

年　　月　　日

接收样品人签字	

▶▶ 任务二十一　病原学检查技术 ◀◀

一、细菌性传染病病原检查

(一)显微镜检查法

1. 病料处理

(1)涂片　涂片应薄而均匀，便于观察。

(2)干燥　室温下自然干燥。

(3)固定　细菌培养物涂片火焰固定，以微烫手背为宜；血液和组织涂片多用甲醇固定。

(4)染色　根据检查目的选择合适的染色方法。

常用的染色方法：革兰氏染色法、亚甲蓝染色法、瑞氏染色法和吉姆萨染色法，而有些细菌需采用特殊染色方法。例如：结核分枝杆菌和副结核分枝杆菌用姜-尼二氏抗酸性染色法；布鲁氏菌用柯氏鉴别染色法；钩端螺旋体用镀银染色法；有时为观察细菌特殊构造也需要特殊染色，如用荚膜染色法观察细菌的荚膜。

2. 显微镜检查

经染色水洗后的涂片标本,用吸水纸吸干(切勿涂擦),也可在酒精灯火焰的远端烘干,滴加香柏油,用油镜观察细菌的形态结构和染色特性。细菌的形态、结构和染色特性是鉴别细菌的依据之一。所以,实验室在进行病料分离培养前常制作涂片,进行革兰氏染色镜检,以了解细菌形态,区别革兰氏阳性菌和革兰氏阴性菌,大致估计被检材料中可能含有的病原菌和含菌量。

(二)培养检查法

各种细菌在固体、液体、半固体及鉴别培养基上培养生长时,表现出一定的感官特征,通过观察这些特征来鉴别细菌种属。

1. 固体培养基上菌落性状的检查

细菌在固体培养基上经过培养,长出肉眼可见的细菌集团即菌落。不同细菌形成的菌落,其形状、大小、色泽等都有所差异,因此菌落特征是鉴别细菌的重要依据。观察菌落应考虑以下几方面:

(1)形态　注意观察是圆形(彩图 2-5-9)、不整形还是其他形状(彩图 2-5-10)。

(2)大小　菌落的大小用毫米(mm)表示。看菌落是针尖大(大小不足 1 mm),小菌落(为 1~2 mm),中等大菌落(为 2~4 mm),还是大菌落(为 4~6 mm 或以上)。

(3)颜色　有无色、灰白色、金黄色、柠檬色、红色、橘红色等(彩图 2-5-11)。

(4)菌落表面性状和透明度　看菌落表面光滑或是粗糙,湿润或是干燥,起皱是隆起、扁平还是凹陷;菌落是透明、半透明还是不透明。

(5)边缘性状　看菌落边缘整齐还是不规则,不规则表现有锯齿状、卷发状、放射状等。另外,在选择培养基和鉴别培养基上注意观察细菌的一些特殊性状。致病性大肠杆菌普通琼脂培养基培养 24 h,形成凸起、光滑、湿润、乳白色、边缘整齐的中等大菌落(彩图 2-5-12);在麦康凯琼脂培养基上培养后,因其分解乳糖产生带金属光泽的红色菌落(彩图 2-5-13);在伊红亚甲蓝琼脂则产生紫黑色带金属光亮的菌落(彩图 2-5-14)。炭疽杆菌在普通琼脂培养基培养 24 h,形成扁平、粗糙、干燥、灰白色、边缘不整齐的大菌落,低倍镜下观察呈卷发状;在血液琼脂培养基上形成湿润、黏稠的菌落,不溶血或微溶血。

2. 液体培养基上液体性状的观察

细菌在液体培养基中生长可使液体出现浑浊、沉淀、液面形成菌膜或菌环以及液体变色、产气等现象。观察时注意判断液体浑浊度,是轻度浑浊还是强度浑浊,是均匀浑浊还是混有颗粒、絮片或丝状物;管底或瓶底有无沉淀物;液面有无菌膜形成(彩图 2-5-15),有无附着于管壁的菌环。培养基的颜色是否改变,是否有产气现象。在普通肉汤中,大肠杆菌生长旺盛使培养基均匀浑浊,培养基表面形成菌环,管底有黏液性沉淀,并常有特殊粪臭气味;巴氏杆菌则使肉汤轻度浑浊,管底有黏稠沉淀(彩图 2-5-16),形成菌环;绿脓杆菌生长旺盛,肉汤呈草绿色浑浊,液面形成很厚的菌膜;炭疽杆菌生长后,液体清亮,管底有白色絮状沉淀。

(三)生化试验

生化试验是利用生物化学的方法,检测细菌在人工培养繁殖过程中所产生的某种新陈代谢产物是否存在,是一种定性检测。不同的细菌,新陈代谢产物各异,表现出不同的生化性状,这些性状对细菌种属鉴别有重要价值。生化试验的项目很多,可据检疫目的适当选择。常用的生化反应有糖发酵试验、靛基质试验、V-P 试验、M-R 试验、硫化氢试验等。

(四)动物试验

通过动物试验可以分离并鉴定细菌。最常用的实验动物有鸡、小鼠、大鼠、豚鼠和家兔。实验动物在试验前应编号分组,以便对照。实验动物接种方法有皮下接种法、肌肉接种法、静脉注射法、腹腔接种法。动物接种以后应立即隔离饲养,每天从静态、动态和摄食饮水诸方面进行观察,做好记录。对发病和死亡的实验动物及时剖检,观察病理变化,并采取病料接种培养基,分离病原体。

二、病毒性传染病病原检查

(一)病毒分离培养

1. 样品处理

将检疫材料制成混悬液,并加入抗生素以去除污染的杂菌,而后离心取上清液供病毒分离培养。无菌的体液(如腹水、水疱液、脱纤血等)可以不做处理,直接进行病毒分离培养。

2. 病毒分离培养

病毒分离培养要求活的组织、细胞。常用的方法有鸡胚接种、动物组织培养和动物接种。

(1)鸡胚接种 鸡胚接种是病毒分离培养比较简单的方法,来自禽类的病毒均可在鸡胚中增殖,某些哺乳动物的病毒(如蓝舌病病毒)也可在鸡胚中繁殖。

鸡胚的选择:选择健康无病鸡群或无特定病原体(SPF)鸡群的新鲜受精蛋孵化。鸡胚日龄根据接种途径和接种材料而定。例如:痘病毒适合绒毛尿囊膜接种,用 9～12 日龄鸡胚;鸡新城疫病毒适合绒毛尿囊腔接种,用 9～11 日龄鸡胚;流行性乙型脑炎病毒适合卵黄囊内接种,用 6～8 日龄鸡胚。

绒毛尿囊腔接种程序:照蛋(用铅笔在蛋壳上画出气室线位置);打孔(距气室线下 1 cm 处或气室顶端);接种(针头沿小孔插入,深 1.5 cm);封孔(用融化石蜡封闭小孔)。接种完成后将鸡胚置孵育箱培养 48～72 h,其间检查鸡胚病变,收获病毒。绒毛尿囊腔接种部位,如图 2-5-1 所示。

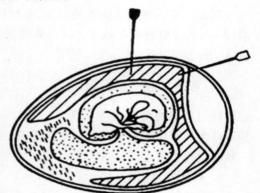

图 2-5-1 绒毛尿囊腔接种部位
(引自姚火春,2002)

(2)动物组织培养 动物组织包括活的器官、组织、细胞。在病毒分离培养中广泛采用的是细胞培养技术。细胞培养技术分单层细胞培养和悬浮细胞培养。单层细胞培养使细胞在器皿的表面生长出一层细胞,常用于病毒的分离繁殖。悬浮细胞培养是把细胞悬浮在营养液中进行培养,这种方法可连续进行,因而用于疫苗生产。

(3)动物接种 同细菌学检查。

(二)病毒检查方法

1. 包涵体检查

有些病毒(如狂犬病病毒、痘病毒、犬瘟热病毒)在细胞内增殖后,细胞内会出现一种异常的斑块,这就是包涵体。包涵体用塞勒氏染色法染色(也可用吉姆萨染色)后,在普通光学显微镜下即可看到。包涵体的形态、大小、位置等因病毒的种类不同而异,因此,有助于病毒的鉴定。狂犬病病毒的包涵体(即内基氏小体)位于神经细胞的细胞质内,用大脑的海马角、小脑或延脑触片,塞勒氏染色镜检,呈圆形、卵圆形,樱桃红色;而伪狂犬病病毒的包涵体位于细胞核内;也有个别病毒的包涵体可在细胞核和细胞质内同时存在,如犬瘟热病毒。

2. 病毒培养性状观察

病毒在活的细胞内培养增殖后,使易感动物、鸡胚、细胞发生病变或变化,能用肉眼或在普通光学显微镜下观察到,可供鉴别。例如,鸡新城疫病毒在鸡胚绒毛尿囊腔生长后,鸡胚全身皮肤有出血点,尤其是脑后;鸡胚绒毛尿囊膜接种鸡痘病毒产生痘斑病变。

细胞病变需在光学显微镜下观察,常见病变:细胞变形皱缩,细胞质内出现颗粒,核浓缩,核裂解或细胞裂解,出现空泡。根据培养性状,结合被检动物临床表现可作出预测性诊断。

3. 病毒形态学观察

病毒形态学观察有直接电镜观察和免疫电镜技术。直接电镜观察,是将被检材料经处理、浓缩和纯化,用2%～4%磷钨酸钠染色,在电子显微镜下直接观察散在的病毒颗粒,根据病毒形态作出诊断。

免疫电镜技术是把抗原抗体反应的特异性与电镜的高分辨率相结合而建立的检测新技术。将待检样品与抗血清混合后,形成抗原抗体复合物,经超速离心,吸取沉淀物染色,电镜观察。由于抗体将病毒浓缩在一起,极大地提高了检出率和敏感性。

4. 病毒核酸检测

病毒主要由核酸和蛋白质组成,核酸构成病毒的核心,一种病毒只含有一种核酸(DNA或RNA)。通过检测病毒核酸达到诊断疫病的目的。目前,最常用的检测方法是聚合酶链式反应(PCR)。

三、寄生虫病病原检查

(一)虫卵检查法

虫卵检查主要用于动物蠕虫病诊断,尤其是寄生在动物消化道及其附属腺体中的寄生虫,一般取动物粪便进行检查。

1. 直接涂片镜检

先于载玻片中央滴加一滴50%的甘油水溶液或生理盐水或蒸馏水,再用灭菌接种环挑起少许粪样(约火柴头大小),在水滴中混合,均匀涂布成适当大小的薄层,剔除粗粪渣,加盖玻片后显微镜检查。粪便直接涂片镜检是最简单的虫卵检查方法,但粪便中虫卵较少时,检出率不高。

2. 集卵法检查

集卵法是利用不同比重的液体对粪便进行处理,使粪样中的虫卵下沉或上浮而被集中起来,再进行镜检,提高检出率。其方法有水洗沉淀法和饱和盐水漂浮法。

(1)水洗沉淀法　适合于相对密度、体积较大的吸虫卵和棘头虫卵的检查。

彻底洗净法:取5～10 g被检粪便放入烧杯或其他容器,先加入少量常水将粪便充分搅开,再加150 mL左右的常水搅拌,用金属筛或纱布过滤,滤液静置沉淀30 min,弃去上清液,保留沉渣。再加常水,再静置沉淀,如此反复直到上清液透明,弃去上清液,取沉渣涂片镜检。

离心沉淀法:取3 g被检粪便放入烧杯或其他容器,先加入少量常水将粪便充分搅开,再加100 mL左右的常水搅拌,用金属筛或纱布过滤,滤液倒入离心管,用天平称平后放入离心机内,以2 000～2 500 r/min离心沉淀1～3 min,取出后弃去上清液,保留沉渣。再加常水,多次离心沉淀,直到上清液透明,弃去上清液,取沉渣涂片镜检。

(2)饱和盐水漂浮法　适合于相对密度、体积较小的线虫卵和绦虫卵的检查。

饱和盐水漂浮法:取 5～10 g 被检粪便放入烧杯或其他容器,先加入少量饱和盐水(1 000 mL 沸水中加入食盐 400 g,充分搅拌溶解,待冷却,过滤备用)将粪便充分搅开后,再加 100～200 mL 的饱和盐水搅拌,用金属筛或纱布过滤,滤液静置 40 min 左右,取滤液表面的液膜镜检。

饱和盐水浮聚法:取 2 g 被检粪便放入烧杯或其他容器,先加入少量饱和盐水将粪便充分搅开后,再加 150 mL 左右的饱和盐水搅拌,用金属筛或纱布过滤,将滤液加入青霉素小瓶内,用吸管加至液面凸出瓶口为止,静置 30 min 左右后,用载玻片接触液面顶部,快速翻转,加盖玻片后镜检。

(二)虫体检查法

1. 蠕虫虫体检查法

(1)成虫检查法　绝大多数蠕虫的成虫较大,肉眼可见,用肉眼或借助于放大镜或实体显微镜,观察其形态特征可作出诊断。

(2)幼虫检查法　幼虫检查法主要用于非消化道寄生虫和通过虫卵不易鉴定的寄生虫的检查。肺线虫的幼虫用贝尔曼氏幼虫分离法(漏斗幼虫分离法)和平皿法。平皿法,特别适合检查球形畜粪,取 3～5 个粪球放入小平皿,加少量 40 ℃温水,静置 15 min,取出粪球,低倍镜下观察液体中活动的幼虫。另外,丝状线虫的幼虫采取血液制成压滴标本或涂片标本,显微镜检查;血吸虫的幼虫需用毛蚴孵化法来检查;旋毛虫、住肉孢子虫则需进行肌肉压片镜检。

2. 蜘蛛昆虫虫体检查法

(1)螨虫的检查　各种动物螨虫的检查,有许多种方法,通常采用加热法、直接检查法和皮屑溶解法。

直接检查法:可将病料置于载玻片上,滴加数滴 50% 的甘油溶液,上覆另一载玻片,用手搓动两玻片使皮屑粉碎,镜检。

加热检查法:可将病料置于培养皿内并加盖,放于盛有 40～45 ℃温水的杯上,十几分钟后,将平皿翻转,则虫体和少量皮屑黏附于皿底,取皿底检查;也可将病料浸入盛有 40～45 ℃温水平皿中,置于恒温箱内 1～2 h 后,取出镜检。

皮屑溶解法:将病料置于试管中,加入 10% 氢氧化钠溶液,待皮屑溶解后虫体暴露,弃去上液,吸取沉渣检查。

(2)蜱等其他蜘蛛昆虫的检查　采用肉眼检查法。

3. 原虫虫体检查法

原虫大多为单细胞寄生虫,肉眼不可见,需借助于显微镜检查。

(1)血液原虫检查法　有血液涂片检查法(梨形虫的检查)、血液压滴标本检查法(伊氏锥虫的检查)、淋巴结穿刺涂片检查法(环形泰勒虫病的早期诊断),3 种方法均需显微镜观察。

二维码 2-5-26　血液压滴标本的检查(可见某些红细胞内有黑色梨子样的原虫)(视频)

(2)泌尿生殖器官原虫检查法　一是压滴标本检查,将采集的病料放于载玻片,并防止材料干燥,高倍镜、暗视野镜检,能发现活动的虫体。二是染色标本检查,病料涂片,甲醇固定,吉姆萨染色,镜检。

(3)球虫卵囊检查法　动物粪便中球虫卵囊的检查,可直接涂片,也可用饱和盐水漂浮法。

若尸体剖检,家兔可取肝坏死病灶涂片,鸡可刮取盲肠和小肠黏膜进行涂片、染色、镜检。

(4)弓形虫虫体检查法　活体检疫,可取腹水、血液或淋巴结穿刺液涂片,吉姆萨染色,镜检,观察细胞内外有无滋养体、包囊。尸体剖检,可取脑、肺、淋巴结等组织作触片,染色镜检,检查其中的包囊、滋养体。也常取死亡动物的肺、肝、淋巴结或急性病例的腹水、血液作为病料,处理后取上清液 0.5~1 mL 接种于小鼠腹腔,观察其临床表现并分离虫体。

▶ 任务二十二　免疫学检查技术 ◀

一、血清学检测技术

血清学检测技术种类繁多,有操作简单的凝集反应、沉淀反应,有操作较为复杂的补体结合反应、细胞中和试验,也有广泛应用在动物疫病诊断中的酶标记抗体技术等。而这些技术都是建立在抗原抗体特异性反应基础之上,抗原与相应抗体在体外一定条件下发生反应,这种反应现象能用肉眼观察到或通过仪器检测出来。因此,可利用抗原抗体中已知的任何一方去检测未知的另一方,以达到检疫目的。

(一)凝集反应

凝集反应有直接凝集、间接凝集和血凝抑制试验。

1. 直接凝集反应

直接凝集反应有玻片法和试管法。玻片法在洁净的载玻片或玻璃板上进行反应,是一种定性试验;试管法在洁净的试管中进行,是一种定量试验。主要试剂有被检血清、凝集抗原、标准阳性血清、标准阴性血清和稀释液。

直接凝集反应主要用于布鲁氏菌病、鸡白痢、鸡支原体病、猪传染性萎缩性鼻炎等疫病的检疫,如布鲁氏菌病和猪传染性萎缩性鼻炎的平板凝集和试管凝集反应,鸡白痢全血平板凝集反应,鸡支原体病全血平板凝集反应。

2. 间接凝集反应

与直接凝集相比,间接凝集先将可溶性抗原(或抗体)吸附在载体颗粒(红细胞、乳胶等)表面,然后与相应抗体(或抗原)作用。

间接凝集反应若以红细胞(多用绵羊红细胞)作载体,称为间接血凝反应;若以乳胶作载体,称为乳胶凝集反应。间接凝集反应若用已知抗原吸附在载体上来鉴定抗体,称为正向间接凝集反应。牛日本血吸虫病的间接血凝反应,猪喘气病的微量间接血凝反应,猪细小病毒病、猪伪狂犬病乳胶凝集反应都是正向间接凝集反应。间接凝集反应若用已知抗体吸附在载体上来鉴定抗原,称为反向间接凝集反应。反向间接凝集反应主要用于猪传染性水疱病与猪口蹄疫检测。

3. 血凝和血凝抑制试验

血凝和血凝抑制试验即通常所说的抗体检测。某些病毒能选择性凝集鸡、豚鼠等动物的红细胞,这种凝集红细胞的现象称为血凝(HA)现象。而在病毒悬液中加入特异性抗体作用一定时间,再加入红细胞时,红细胞的凝集被抑制(不出现凝集现象),称红细胞凝集抑制(HI)反应。HA 和 HI 广泛应用在鸡新城疫、禽流感、鸡减蛋综合征等疫病的诊断检测中。整个试验分两步进行:第一步血凝试验,判定血凝效价;第二步血凝抑制试验,判定抑制价。试验在 V 形或 U 形 96 孔微量反应板上进行,也可在试管中进行。

(二)沉淀反应

沉淀反应常用的有环状沉淀反应和琼脂扩散反应。

1. 环状沉淀反应

反应在小试管中进行。当沉淀素血清与沉淀原发生特异性反应时,在两液面接触处出现致密、清晰、明显的白色沉淀环,即环状沉淀反应阳性。兽医临床常用于炭疽的诊断和皮张炭疽的检疫。

2. 琼脂扩散反应

在半固体琼脂凝胶板上按照备好的图形打孔,一般由一个中心孔和 6 个周边孔组成一组,孔径 4～6 mm,孔距 3 mm。周边孔各孔应编号(图 2-5-2)。中心孔滴加已知抗原悬液,周边孔 1、4 孔滴加标准阳性血清、阴性血清,2、3、5、6 孔滴加被检血清。也可用已知抗体检测被检抗原。

当抗原抗体向外自由扩散而特异性相遇时,在相遇处形成一条白色沉淀线,待检孔与阳性对照孔的沉淀线完全融合即琼脂扩散反应阳性(图 2-5-3)。琼脂扩散反应是马传染性贫血、鸡马立克病、鸡传染性支气管炎、鸡传染性喉气管炎及鸡传染性法氏囊病常用的诊断方法。

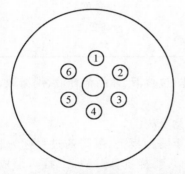 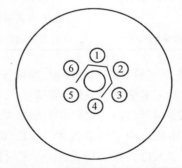

图 2-5-2 琼脂扩散反应琼脂凝胶板打孔图形 　　图 2-5-3 琼脂扩散反应结果示例

此外,把琼脂扩散反应与电泳技术相结合建立起免疫电泳试验,它使抗原抗体在琼脂凝胶中的扩散移动速度加快,并限制了扩散移动的方向,缩短了试验时间,增强了试验的敏感性。

(三)标记抗体技术

虽然抗原与抗体的结合反应是特异性的,但在抗原、抗体分子小,或抗原、抗体含量低的时候,抗原、抗体结合后所形成的复合物往往不可见,给疫病监测带来困难。而有一些物质,如酶、荧光素、放射性核素、化学发光剂等物质,即便在微量或超微量时也能用特殊的方法将其检测出来。因而,人们将这些物质标记到抗体分子上制成标记物,把标记物加入抗原抗体反应体系中,结合到抗原抗体复合物上。通过检测标记物的有无及含量,间接显示抗原抗体复合物的存在,使疫病得以诊断。

根据抗原抗体结合的特异性和标记分子的敏感性而建立的诊断检测技术,称为标记抗体技术。免疫学检测中的标记技术主要包括酶标记抗体技术、荧光标记抗体技术、化学发光免疫检测技术、胶体金免疫检测技术、同位素标记技术以及 SPA(葡萄球菌 A 蛋白)免疫检测技术等。

1. 酶标记抗体技术

酶标记抗体技术主要方法有免疫酶染色法和酶联免疫吸附试验（ELISA）。ELISA 是目前生产中应用广、发展快的检测新技术之一，在动物检疫中被用于多种传染病、寄生虫病的诊断检测，是猪伪狂犬病、猪繁殖与呼吸综合征、猪弓形虫病、猪囊尾蚴病、猪旋毛虫病以及牛白血病、禽白血病等疫病诊断的农业行业标准方法。ELISA 方法的主要特点：简便、快速、敏感、易于标准化、适合大批样品检测。

（1）基本原理　ELISA 是将抗原抗体反应的特异性和酶催化底物反应的高效性与专一性结合起来，以酶标记的抗体（或抗原）作为主要试剂，与吸附在固相载体上的抗原（或抗体）发生特异性结合。滴加底物溶液后，底物在酶的催化下发生化学反应，呈现颜色变化。据颜色深浅用肉眼或酶标仪判定结果。

（2）固相载体　ELISA 全过程在固相载体上进行。固相载体有聚苯乙烯微量滴定板、聚苯乙烯球珠、醋酸纤维素滤膜、疏水性聚酯布等。其中最常使用的载体是聚苯乙烯微量滴定板，又称酶标板（48 孔或 96 孔）。在此板上进行的 ELISA，就是通常所说的 ELISA 方法。

（3）常用于标记的酶及显色底物　见表 2-5-5。

表 2-5-5　常用的酶及显色底物

酶	底物	加终止液前颜色	加终止液后颜色
辣根过氧化物酶（HRP）	邻苯二胺（OPD）	橙黄色	棕色
	四甲基联苯胺（TMB）	蓝色	黄色
碱性磷酸酶（AP）	对硝基苯磷酸酯（P-NPD）	黄色	黄色

（4）主要实验材料　酶标板、酶标仪；酶标抗体、包被液、样品稀释液、洗涤液、底物溶液、反应终止液及标准阴性、阳性血清等。

（5）主要实验方法　包括间接法、双抗体法和竞争法。

①间接法。用于测定抗体。将已知抗原吸附于酶标板上（吸附的过程称为载体包被或致敏），然后加入待检血清样品，经一定时间培育，加入酶标抗体（酶标二抗），形成抗原-待检抗体-酶标抗体复合物。加入底物溶液，在酶的催化作用下产生有色物质。样品含抗体越多，出现颜色越快越深。

间接法主要操作程序：加抗原包被，加待检血清，加酶标抗体，加底物溶液，加终止液（终止反应），读取结果。

②双抗体法（双抗体夹心 ELISA）。用于测定大分子抗原。用已知纯化的特异性抗体致敏酶标板，然后加入待检抗原溶液，经培育，加入酶标抗体，形成抗体-待检抗原-酶标抗体复合物。加入底物溶液，在酶催化下产生有色物质，有色物质的量与抗原含量成正比。样品抗原含量越多，颜色越深。

双抗体法主要操作程序：加抗体包被，加待检抗原，加酶标抗体，加底物溶液，加终止液，读结果。

③竞争法。竞争法主要用于测定小分子抗原和半抗原。用已知特异性抗体将酶标板致敏，加入待检抗原和一定量的酶标记抗原共同培育，两者竞争性地与酶标板上的限量抗体结合，待检溶液中抗原越多，则形成的非标记复合物就多，酶标记复合物就少，有色产物就减少。反之，有色产物多。因此，底物显色程度与待检抗原含量成反比。该方法阳性对照仅加酶标记抗原。

竞争法主要操作程序：加抗体包被，加入待检抗原及定量的酶标抗原，加底物溶液，加终止液，读结果。

2. 荧光标记抗体技术

荧光标记抗体技术又称免疫荧光技术（IFT）。IFT 是在免疫学、生物化学和显微镜技术基础上建立的诊断方法，主要用于抗原的定位、定性。该技术的主要特点是特异性强、敏感性高、检测速度快。

（1）基本原理　荧光抗体技术是将不影响抗原抗体特异性反应的荧光色素标记在抗体分子上，当荧光标记的抗体与相应抗原结合后，在荧光显微镜下可观察到特异性荧光，以此得到诊断。

（2）荧光色素　生产中应用最广的荧光色素是异硫氰酸荧光素（FITC）。在荧光显微镜下呈现明亮的黄绿色荧光。另外，有四乙基罗丹明，呈现明亮的橙色荧光；四甲基异硫氰酸罗丹明，出现橙红色荧光。

（3）主要操作程序　标本制作，染色（荧光抗体染色有直接染色法和间接染色法），镜检（完成染色的标本，荧光显微镜尽快检查）。

（四）补体结合反应

1. 基本原理

补体结合反应全过程由两个系统构成，有 5 种成分参与。一为反应系统（溶菌系统），由已知抗原（或抗体）、被检血清（或抗原）、补体组成；另一为指示系统（溶血系统），包括绵羊红细胞、溶血素（即抗绵羊红细胞抗体）、补体。补体常用豚鼠血清，补体没有特异性。补体只能与抗原-抗体复合物结合并被激活产生溶血作用。

如果反应系统中抗原、抗体发生特异性结合形成复合物，加入定量补体后就被结合，但这一反应现象肉眼看不见。加入指示系统，由于缺乏游离补体，不发生溶血现象，即为补体结合反应阳性。如果反应系统中抗原、抗体是非特异性的，不能形成免疫复合物，补体就游离于反应液中，加入指示系统后，被溶血素-绵羊红细胞形成的复合物结合激活，出现溶血反应，即补体结合反应阴性。

2. 基本方法

补体结合反应分直接法、间接法、固相法等。最常用的是直接法，如布鲁氏菌病检疫。

直接法用于测定抗体，在试管中进行。常规操作分两步：第一步预备试验，测定溶血素、补体、抗原效价。第二步正式试验，每次试验设一组对照，向试管中加入被检血清、抗原和工作量补体，37 ℃水浴 20 min，加入溶血素和红细胞，37 ℃水浴 20 min。判定结果：不溶血者为阳性，溶血者为阴性。

二、变态反应检测技术

（一）基本原理

变态反应也叫过敏反应，其实质是异常的免疫反应或病理性的免疫反应。动物患某些传染病后，由于病原微生物或其代谢产物对动物机体不断地刺激，动物机体致敏，当过敏的机体再次受到同种病原微生物刺激时，则表现出异常高度反应性，这种反应性可以表现在动物体的外部器官或皮肤上。因此，用已知的变应原（引起变态反应的物质，也称过敏原）给动物点眼、皮下、皮内注射，观察是否出现特异性变态反应，进行变态反应诊断。

(二)实际应用

变态反应诊断主要应用于一些慢性传染病的检疫与监测,尤其适合动物群体检疫、畜群净化,是牛结核病检疫、马鼻疽病检疫常规方法。

1. 牛结核检疫

牛结核检疫是利用结核菌素对动物结核病进行检疫的主要方法,以往使用的结核菌素有老结核菌素(OT)和提纯结核菌素(PPD)两种。PPD 比 OT 特异性高,非特异性反应低,检出率高。

(1)PPD操作方法　具体步骤如下:①将牛提纯结核菌素用蒸馏水稀释成 100 000 IU/mL。②牛编号,在颈侧中部上 1/3 或肩胛部(3 个月以内的犊牛)处剪毛,直径约 10 cm,用卡尺测量术部中央皮皱厚度,做好记录。③注射部位消毒,不论牛大小,一律皮内注射稀释好的牛型提纯结核菌素 0.1 mL。④皮内注射后经 72 h 判定,仔细观察局部有无热痛、肿胀等炎性反应,并以卡尺测量皮皱厚度,做好详细记录。对疑似反应牛应即在另一侧以同一批菌素同一剂量进行第二次皮内注射,再经 72 h 后观察反应。

(2)结果判定　局部有明显的炎性反应,皮厚差等于或大于 4 mm 以上者,判定为阳性,其记录符号为(+)。对进出口牛的检疫,凡皮厚差大于 2 mm 者,均判为阳性;局部炎性反应不明显,皮厚差在 2.1~3.9 mm,判定为可疑,其记录符号为(±);无炎性反应,皮厚差在 2 mm 以下,判定为阴性,其记录符号为(-)。

凡判定为疑似反应的牛,于第一次检疫 30 d 后进行复检,其结果仍为可疑反应时,经 30~45 d 后再复检,如仍为疑似反应,应判为阳性。

2. 马鼻疽检疫

用鼻疽菌素,方法有鼻疽菌素点眼法、眼睑皮内注射法和皮下注射法,常用鼻疽菌素点眼法。

(1)点眼法操作　一次检疫进行 2 次点眼,中间间隔 5~6 d。两次点眼必须点于同一眼,一般点于左眼。每次点眼用鼻疽菌素原液 3~4 滴。在点眼后第 3、6、9 小时观察 3 次,判定反应,并尽可能在第 24 小时再检查 1 次。

(2)最终判定　以两次点眼中反应最强的一次为准。阳性反应:眼结膜发炎,肿胀明显,并分泌数量不等的脓性眼眵。阴性反应:眼睛无反应或有轻微充血、流泪。

考核评价

某蛋鸡场将 1 万余只 4 月龄蛋鸡引入新建鸡场,鸡群于引入后第 3 天开始发病,随后每天都有 3~5 只鸡死亡。病鸡主要以呼吸道和消化道症状为主。病鸡咳嗽、张口呼吸且鼻腔分泌物增多,下痢,排出黄绿色稀粪,产蛋率下降,同时伴有神经症状,两腿麻痹,站立不稳,严重者甚至出现头颈后仰或向下转脖、共济失调等症状。剖检发病蛋鸡,均呈现气管黏膜充血、出血且附有黏液,气管充血、出血,胸腺肿大;腺胃与食管交界部位有出血,腺胃乳头有鲜明的出血点,有的甚至形成小的溃疡斑,同时腺胃与肌胃连接处出现点状增生;肺可见淤血,有的甚至出现肉样变;肝严重肿大,几乎占据整个腹腔,边缘钝圆,质地脆;脾、肾均出现肿大,个别可见其上有出血点;胰腺出血和坏死;十二指肠及整个小肠黏膜有暗红色出血,有时可见肠壁坏死;泄殖腔呈弥漫性出血,直肠有条纹状出血;回盲口有窦状结节;卵泡和输卵管有明显的充血、出血。为减少该鸡场的经济损失,应如何去诊断,采取怎样的防控措施。

案例分析

高致病性猪蓝耳病的检疫和诊断

某养殖户,饲养 60 多头母猪,其中一头母猪产下木乃伊胎 4 个、死胎 2 个、弱胎 3 个(7 d 全部死亡)。此后在该猪场相继有大批母猪产死胎、木乃伊胎、弱胎、母猪久配不孕、流产等现象出现。所产的正常仔猪于 10 日龄左右发病,表现为排黄色、白色稀粪,内含凝乳小片和小气泡;有的稍带黑色,仔猪怕冷,常缩在保温箱的一角,皮毛无光泽。

1. 诊断指标

(1)临床指标　体温明显升高,可达 41 ℃ 以上;眼结膜炎、眼睑水肿;有咳嗽、气喘等呼吸道症状;部分猪后躯无力、不能站立或出现共济失调等神经症状;仔猪发病率可达 100%、死亡率可达 50% 以上,母猪流产率可达 30% 以上,成年猪也可发病死亡。

(2)病理指标　肺肿胀,呈大理石样病变,多见于肺部的间叶和心叶;可见脾边缘或表面出现梗死灶,显微镜下见出血性梗死灶;肾呈土黄色,表面可见针尖至小米粒大出血点斑,皮下、扁桃体、心、膀胱、肝和肠道均可见出血点和出血斑。显微镜下见肾间质性炎,心、肝和膀胱出现出血性、渗出性炎等病变;部分病例可见胃肠道出血、溃疡、坏死。

(3)病原学指标　高致病性猪蓝耳病病毒分离鉴定阳性或高致病性猪蓝耳病病毒反转录聚合酶链式反应(RT-PCR)检测阳性。

通过观察临床症状和检查病理变化,初步判定猪群是否疑似高致病性猪蓝耳病。如果判断为疑似高致病性猪蓝耳病,立即采集肺、脑组织等组织送实验室进行病毒分离鉴定或进行高致病性猪蓝耳病病毒反转录聚合酶链式反应(RT-PCR)检测,确诊猪群是否感染高致病性猪蓝耳病。

2. 疫病判定

疑似:符合上述标准(1)和(2),判定为疑似高致病性猪蓝耳病。

确诊:符合疑似结果标准,并且符合上述病原学指标中之一的,判定为高致病性猪蓝耳病。

知识拓展

一、变态反应的类型

根据免疫应答造成损伤的机制不同和临床特征将变态反应分为 Ⅰ、Ⅱ、Ⅲ、Ⅳ 4 个型。前 3 型变态反应是由抗体、补体介导的,属体液免疫范畴,反应发生较快,统称为速发型变态反应。Ⅳ 型变态反应则与抗体、补体无关,属细胞免疫范畴,为迟发型变态反应。

1. Ⅰ型变态反应(过敏反应)

变应原刺激机体产生抗体 IgE(亲细胞抗体),IgE 吸附在血流中的嗜碱性粒细胞、血小板和毛细血管壁周围的肥大细胞等细胞的表面,使机体处于致敏状态(这种致敏状态可维持半年至数年)。当机体再次接触同一变应原时,变应原即与细胞表面的 IgE 结合发生免疫反应,导致细胞脱粒,释放组胺、5-羟色胺、前列腺素、缓激肽等生物活性物质;这些物质能引起毛细血管扩张、通透性增强、皮肤黏膜水肿、血压下降、腺体分泌增多及支气管平滑肌痉挛等过敏反应。临床上表现为皮肤红肿或荨麻疹,喷嚏、流鼻涕、气喘和呼吸困难,呕吐、腹痛和腹泻;如反应发生在全身则可出现过敏性休克,甚至死亡。

临床上常见Ⅰ型变态反应有药物(青霉素、磺胺、疫苗、免疫血清)过敏、食物过敏、花粉过敏、气味过敏、真菌孢子过敏等。

2. Ⅱ型变态反应(细胞溶解型或细胞毒型变态反应)

变应原可以是细胞本身的细胞膜抗原,如红细胞血型抗原;也可以是吸附到细胞膜上的抗原,如药物半抗原、微生物抗原。

动物机体感染某些微生物或服用某些药物,当与红细胞结合后,使红细胞变性,并刺激机体产生抗体IgG和IgM。这些抗体与吸附在红细胞上的微生物抗原、药物抗原或红细胞抗原结合,形成抗原-抗体-红细胞复合物,然后通过3种途径杀伤靶细胞。

①激活补体,使红细胞溶解。

②通过免疫调理作用使靶细胞被吞噬溶解。

③K细胞在抗体的参与下,通过ADCC作用杀伤靶细胞。

临床上常见的Ⅱ型变态反应有异型输血反应、新生幼畜溶血症、某些病原微生物(马传染性贫血病毒)引起的溶血现象和某些药物引起的粒细胞减少症。

3. Ⅲ型变态反应(免疫复合型变态反应)

在正常情况下,抗原抗体复合物的形成加速抗原物质的清除,但是在某些特定情况下,形成的复合物不易被清除,在局部沉积,激活补体,吸引中性粒细胞聚集,引起血管壁和周围组织水肿、出血、炎症、坏死等一系列反应。

当抗体(IgG、IgM和IgA)的量大于抗原量或两者比例合适时,形成较大的不溶性易沉淀的复合物,易被巨噬细胞吞噬清除;当抗原量过多时,则形成细小的可溶性复合物,易通过肾小球滤过,随尿液排出体外,这两种情况对机体均无不利影响。只有当抗原量略多于抗体量时,可形成中等大小的免疫复合物,既不易被吞噬细胞所吞噬,又不能通过肾小球滤过时,随血流在肾小球、关节和皮肤等处沉积,引起水肿、出血、炎症和局部组织坏死等一系列反应。

临床上常见的Ⅲ型变态反应有初次注射血清引起的血清病、过敏性血管炎、肾小球肾炎和类风湿性关节炎等。

4. Ⅳ型变态反应(迟发型或T细胞型变态反应)

此型变态反应无抗体、补体的参与,与效应T淋巴细胞有关,属细胞免疫范畴;反应发生缓慢,持续时间长,一般于再次接触后24~48 h,反应达到最高峰,所以称为迟发型变态反应。

Ⅳ型变态反应的发生机制与细胞免疫应答是一致的。如果以保护性应答为主则是细胞免疫,以免疫损伤为主则为Ⅳ型变态反应。

常见的Ⅳ型变态反应有异体组织蛋白排斥反应和传染性变态反应。

传染性变态反应:由某些病原微生物(结核分枝杆菌、布鲁氏菌和鼻疽杆菌等细胞内寄生菌)或其代谢产物引起的Ⅳ型变态反应称为传染性变态反应。临床上应用适当的变应原,刺激机体产生Ⅳ型变态反应,来诊断这些传染病,称为传染性变态反应诊断。

二、PCR技术

PCR即聚合酶链反应,其原理是在模板DNA、引物和4种脱氧单核苷酸存在的条件下,依赖于耐高温的DNA聚合酶的酶促合成反应。PCR以欲扩增的DNA作为模板,以与模板正链和负链末端互补的两种寡核苷酸作为引物,经过模板DNA变性、模板引物复合性结合,并在DNA聚合酶作用下发生引物链延伸反应来合成新的模板DNA。模板DNA变性、引物结合(退火)、引物延伸合成 DNA 这三步构成一个 PCR 循环。每一个循环的 DNA 产物经变性又成为下一个循环的模板 DNA。这样,目的 DNA 数量将以 2^n-$2n$ 的形式积累,在 2 h 内可扩增 30(n)个循环,DNA 量就可达到原来的百万倍。PCR 三步反应中,变性反应在高温中进行(一般为 94 ℃变性 30 s),目的是通过加热使 DNA 双链解离形成单链;第二步反应又称退火反应,在较低温度中进行(一般为 55 ℃退火 30 s),这样可使引物与模板上互补的序列形成杂交链而结合上模板;第三步为延伸反应,是在 4 种 dNTP 底物和 Mg^{2+} 存在的条件下,由 DNA 聚合酶催化以引物为始点的 DNA 链的延伸反应(一般为 70～72 ℃延伸 30～60 s)。通过高温变性、低温退火和中温延伸三个温度的循环,模板上介于两个引物之间的片段不断得到扩增。对扩增产物可通过凝胶电泳、Southern 杂交或 DNA 序列分析进行检测。

PCR 技术主要用于传染病的早期诊断和不完整病原检疫,还可鉴别比较近似的病原体,如蓝舌病病毒与流行性出血热病毒,不同种类的巴贝斯虫等。自 1992 年开始应用 PCR 技术以来,近年来已建立了多种疫病的 PCR 诊断技术。

1. 快速检测病毒性疫病的病原

用 PCR(检测 DNA 病毒)或反转录 PCR(RT-PCR)(检测 RNA 病毒)技术检测的动物病毒性疫病的病原如下:蓝舌病病毒、口蹄疫病毒、牛病毒性腹泻病毒、牛白血病病毒、马鼻肺炎病毒、恶性卡他热病毒、伪狂犬病病毒、狂犬病病毒、非洲猪瘟病毒、鸡传染性支气管炎病毒、鸡传染性喉气管病毒、鸡马立克病病毒、牛冠状病毒、轮状病毒、水貂阿留申病病毒、山羊关节炎脑炎病毒、梅迪-维斯纳病毒、猪细小病毒、鱼传染性造血器官坏死病病毒等。

2. 快速检测其他疫病病原体

目前已报道用 PCR 技术检测的其他病原体:致病性大肠杆菌毒素基因、牛胎儿弯曲杆菌、牛分枝杆菌、炭疽芽孢杆菌、钩端螺旋体、牛巴贝斯虫和弓形虫等。

知识链接

1. SN/T 1696—2006 进出境种猪检验检疫操作规程
2. SN/T 1997—2007 进出境种羊检疫操作规程
3. SN/T 1998—2007 进出境野生动物检验检疫规程
4. SN/T 2123—2008 出入境动物检疫实验样品采集、运输和保存规范
5. NY/T 541—2016 兽医诊断样品采集、保存与运输技术规范
6. GB/T 16550—2020 新城疫诊断技术
7. GB/T 16551—2020 猪瘟诊断技术

项目六

主要动物疫病的检疫

学习目标

- 掌握动物常见疫病的临诊检疫要点和实验室检疫方法。
- 熟悉检疫后的处理措施。
- 了解相似疫病的鉴别检疫要点。

学习内容

▶ 任务二十三　多种动物共患疫病的检疫 ◀

一、病毒性疫病的检疫

(一)口蹄疫

口蹄疫俗称口疮、蹄癀,是由口蹄疫病毒引起偶蹄动物患病的一种急性、热性和高度接触性传染病,临床上以口腔(鼻)黏膜、蹄部和乳房皮肤发生水疱和溃疡为主要特征。人可因接触病畜、处理病畜或饮食病畜生乳或未经煮熟病肉、乳及乳制品而感染。

1. 临诊检疫

本病以发热和口、蹄部出现水疱为共同特征,病变显现程度与动物种类、品种、年龄、免疫状态和病毒毒力有关。

(1)牛　病牛体温升高达 40～41 ℃,精神沉郁,食欲减退,闭口流涎,开口时有吸吮声。1～2 d后,在唇内面、齿龈、舌面和颊部黏膜发生蚕豆至核桃大水疱。口温高,显著流涎,泡沫状挂满嘴边(彩图 2-6-1)。采食、反刍完全停止。水疱约经 1 昼夜破裂形成浅表的边缘整齐红色糜烂(彩图 2-6-2)。随后体温降至正常,糜烂逐渐愈合,全身状况好转。如继发细菌感染,则糜烂加深,愈合后形成瘢痕。在口腔发生水疱的同时或稍后,趾间、蹄部的柔软皮肤发生红肿、疼痛,迅速发生水疱,并很快破溃,形成浅表糜烂,以后干燥结痂而愈合。如继发感染则发生化脓、坏死、病畜跛行,重者蹄匣脱落。有时乳房部皮肤也出现水疱和烂斑。如波及乳腺可引起乳腺炎,泌乳量显著减少,甚至泌乳停止。

(2)绵羊和山羊　症状与牛相似。绵羊蹄部症状明显,山羊口腔多见弥漫性口膜炎,水疱发生于硬腭和舌面,蹄部症状较轻。

（3）猪　以蹄部水疱为主。病初体温升高达 40～41 ℃,精神不振,食欲减少或废绝。蹄冠、蹄叉、蹄踵等部出现局部发红、微热、敏感等症状,不久形成米粒大、蚕豆大水疱,水疱破裂后形成出血性糜烂面,1 周左右痊愈。如继发感染,严重者可侵害蹄叶,使蹄壳脱落,患肢不能着地,常卧地不起。病猪的口腔、鼻盘、乳房也可见到水疱和烂斑。

2. 宰后检疫

除口腔和蹄部的水疱和烂斑外,在咽喉、气管、支气管和反刍动物前胃黏膜可见圆形烂斑和溃疡,真胃和肠黏膜有出血性炎症。心包膜有弥散性或点状出血,心肌松软似煮肉样,心肌切面有灰白色或淡黄色斑点或条纹,似老虎身上的斑纹,俗称"虎斑心"（彩图 2-6-3）。

3. 鉴别诊断

根据动物的流行病学情况和特定部位的特异性病理变化（口、鼻、蹄、乳头等部位出现水疱）初步诊断。但当病程经过不典型或病变不完全时,往往容易与下列疫病相混淆,需注意区别。

（1）传染性口炎　其特征是在牛口腔、舌面发生的水疱较小,且易愈合,马属动物易感染,故不同于口蹄疫。

（2）猪传染性水疱病　症状颇似口蹄疫,但不感染牛、羊,且主要发生于生猪集中的屠宰场待宰间。

（3）牛恶性卡他热　与口蹄疫都在口腔黏膜上有糜烂,但牛恶性卡他热鼻黏膜和鼻镜上有坏死过程（彩图 2-6-4）,且在其发生之前并不形成水疱。同时牛恶性卡他热可见眼角膜浑浊（彩图 2-6-5）,而口蹄疫无此病变。

4. 实验室诊断

用清水局部清洗后,剪取病畜的新鲜水疱皮 3～5 g,或吸取水疱液至少 1 mL,在无法采集水疱皮和水疱液时,可采集淋巴结、脊髓等组织样品 3～5 g 装入洁净小瓶内,作为检样。

（1）小鼠接种试验　病料用青霉素、链霉素处理后分别接种于成年小鼠、2 日龄小鼠和 7～9 日龄小鼠,如果 2 日龄小鼠和 7～9 日龄小鼠都发病死亡,可诊断为口蹄疫,如果仅 2 日龄小鼠发病死亡则为猪水疱病。

（2）血清中和试验　用于鉴定康复猪的抗体和病毒。采用乳鼠中和试验或细胞中和试验均可。

（3）抗酸性（pH 5.0）试验　依据口蹄疫病毒对 pH 5.0 敏感,而猪水疱病病毒能抗 pH 5.0 的特性,可以鉴别这两种病毒。

（4）其他方法　补体结合试验进行毒型鉴定,也可用反向间接血凝试验、琼脂扩散试验。ELISA 试验可代替补体结合试验,其反应灵敏,特异性强,操作快捷,目前已广泛用于动物口蹄疫的监测。核酸探针技术用于 FMDV 的试验研究,单克隆抗体技术可用于实验室抗原分析。

5. 检疫后处理

（1）一旦发生疫情,应立即上报,划定疫点、疫区和受威胁区,实施隔离封锁措施。对患病动物和同群动物全部扑杀销毁,对污染的环境严格、彻底消毒。对疫区和受威胁区的未发病动物进行紧急免疫接种。最后 1 头病畜死亡或扑杀后 14 d 内不出现新的病例,终末消毒后,经动物防疫监督机构按规定审验合格后,由当地农业农村主管部门向发布封锁令的人民政府申请解除封锁。

(2)宰前检疫发现口蹄疫病猪时,病猪和同群猪采用不放血方法全部扑杀销毁。场地严格消毒,采取防疫措施,并立即上报疫情。

(3)宰后检疫发现口蹄疫病猪时,立即停止生产,彻底清洗、严格消毒生产场地,病猪及同批屠宰猪均应销毁。

(二)小反刍兽疫

小反刍兽疫俗称羊瘟,是由小反刍兽疫病毒引起小反刍动物的一种急性接触性传染病。山羊、绵羊、小鹿、长角羚等小反刍兽为主要易感动物且症状典型,牛、猪、骆驼也可感染。该病的特征为高热稽留,眼鼻分泌物增多,口腔糜烂,胃肠炎和肺炎。

1. 临诊检疫

(1)最急性型　多见于山羊,体温升高达 40 ℃以上,精神沉郁、食欲废绝,流出浆液性泪液、黏液性鼻液,口腔黏膜溃烂,齿龈充血,突然死亡。

(2)急性型　多发于山羊及绵羊,早期精神沉郁、食欲减退,口腔溃疡,口腔、鼻镜坏死干裂(彩图 2-6-6),舌面和咽部溃疡,舌背面糜烂坏死。鼻黏膜广泛性炎症损伤,鼻漏,咳嗽,腹式呼吸,呼出恶臭气体。后期带血水样腹泻,脱水,消瘦,体温下降。孕畜伴有流产,幼龄动物发病严重,发病率和死亡率都高。

(3)亚急性和慢性型　早期症状表现类似于急性,晚期的特有症状是口腔、鼻孔、皱胃以及下颌部发生结节和脓疱。

2. 宰后检疫

主要表现为消化道糜烂性损伤。从口腔直到咽喉部及皱胃常呈现出血性、坏死性炎症病变,形成浅表糜烂、溃疡。严重者肠黏膜出血、糜烂,尤其在盲肠、结肠交界处出现特征性条纹状出血。淋巴结肿大,脾有坏死灶,气管、支气管和肺部可见出血斑或炎性病灶(彩图 2-6-7),胸腔积液。有的在鼻甲、喉、气管等处有出血斑。

3. 实验室诊断

(1)病原学检查　无菌采集呼吸道分泌物、血液、淋巴结、肠等,低温保存送检。无菌处理病料,获取病毒后做单层细胞培养,观察病毒致细胞病变作用,若发现细胞变圆、聚集,最终形成合胞体,合胞体细胞核以环状排列,呈"钟表面"样外观,即可确诊。

(2)血清学检查　常用方法有琼脂免疫扩散试验、酶联免疫吸附试验、中和试验、荧光抗体试验等。通常采集发病初期和康复期双份血清进行检测,当抗体滴度升高 4 倍以上时具有示病意义。

4. 检疫后处理

一旦发现疫情,应立即上报疫情,迅速划定疫点、疫区和受威胁区,采取封锁等措施。检出阳性或发病动物,对全群动物做扑杀、销毁处理,并全面消毒。

(三)狂犬病

狂犬病又称为疯狗病,是由狂犬病病毒引起的一种人兽共患的急性、接触性传染病。临床特征为兴奋、恐水、咽肌痉挛、进行性麻痹。人和多种动物均可感染发病,病死率可达 100%。

1. 临诊检疫

患病动物主要表现为吞咽困难,唾液增多,口角常挂有带泡沫性口涎或干痂,兴奋狂暴(如摇尾、嘶鸣、哞叫)攻击其他动物或人,随着病情发展逐步表现为沉郁、怕光、常躲在暗处,看见水或听到水响声则恐惧,最后麻痹而死。

2. 宰后检疫

体表有外伤或擦伤。胴体消瘦,口腔和咽喉黏膜充血、出血或糜烂,胃内空虚或有异物,胃肠黏膜充血、出血。

3. 实验室诊断

(1)包涵体检验 采取大脑海马角、小脑、延脑等进行组织学检查,若中枢神经细胞的细胞质内出现特异性的嗜酸性包涵体(内基氏小体)和神经细胞变性、坏死、血管周围有明显血管套现象即可确诊。

(2)动物接种试验 取病死犬脑组织研碎,用生理盐水制成10%混悬液,低速离心15～20 min,取上清液,每1 mL加青霉素、链霉素1 000 IU处理1 h后,取30日龄的小鼠6～10只脑内注射0.01～0.03 mL,若注射后9～10 d死亡,死前1～2 d出现兴奋和麻痹症状,可证明是狂犬病病毒感染。

4. 检疫后处理

(1)宰前发现狂犬病病畜时,采取不放血的方法扑杀后销毁或深埋。

(2)被狂犬病或疑似狂犬病患畜咬伤的动物,在咬伤后未超过8 d或6个月后未发现狂犬病症状者,准予屠宰,其肉尸和内脏经高温处理后供食用;超过8 d者或不能证明其确实咬伤日期者,不准宰杀,按病畜处理。

(3)对粪便、垫料污染物等进行焚毁;栏舍、用具、污染场所必须进行彻底消毒。怀疑为患病动物隔离观察14 d,怀疑为感染动物观察期至少为3个月,怀疑患病动物及其产品不可利用。

(四)伪狂犬病

伪狂犬病是由伪狂犬病病毒引起的多种动物共患的一种急性、热性传染病。其特征为发热、奇痒和脑脊髓炎。成年妊娠母猪常发生流产和死胎,但无奇痒现象。家畜中猪、牛、羊、犬、猫、兔及某些野生动物都可感染,其中猪、牛最易感。

1. 临诊检疫

(1)猪 感染年龄不同,其临床特征也不同,新生猪常突然发病,倦怠,体温高达41 ℃以上,发抖,运动不协调,震颤,痉挛,共济失调,角弓反张、癫痫,有的病猪后躯麻痹、做转圈或游泳状运动,有的呕吐、腹泻,常发生大批死亡。断奶猪症状较轻,发热,精神沉郁,偶有咳嗽、呕吐,有明显的神经症状,兴奋不安,乱跑乱碰,有前冲后退和转圈运动,呼吸困难,一般呈良性经过。怀孕母猪可发生流产、死胎、弱胎和木乃伊胎儿。弱胎常于仔猪出生后2～3 d死亡。成年猪一般呈隐性感染。

(2)牛、羊 表现为发热、奇痒及脑脊髓炎的症状。身体某部位皮肤剧痒,使动物无休止地啃舔患部,常用前肢或用硬物摩擦发痒部位。延髓受侵害时,表现咽麻痹、流涎、呼吸促迫、心律不齐和痉挛,多在48 h死亡。绵羊病程短,多于1 d内死亡;山羊病程较长,有2～3 d。

2. 宰后检疫

鼻腔呈卡他性、化脓性或出血性炎症,扁桃体、喉头水肿,喉黏膜点状或斑状出血。淋巴结特别是肠系膜淋巴结、颌下淋巴结肿大、充血、出血。流产母猪有轻度子宫内膜炎。流产、死产、胎儿大小一致,有不同程度的软化现象,胸腹腔、心包腔有棕褐色积液,肾、心肌有点状出血,肝、脾上有灰白色坏死灶。公猪可见阴囊水肿和渗出性鞘膜炎。

3. 实验室诊断

(1)荧光抗体试验　取扁桃体、淋巴结病料,用伪狂犬病荧光抗体进行细胞染色,可快速查出伪狂犬病病毒。

(2)中和试验　用已知标准病毒抗原检验待检血清中的抗体。被检血清按 2 倍进行倍比稀释,56 ℃,30 min 灭活,与已知伪狂犬病病毒培养液等量混合,37 ℃反应 1 h。每份血清混合反应液接种细胞培养孔 3 个,37 ℃,培养 7 d,逐日观察,以出现细胞病变为判定指标。呈现完全中和的血清判为阳性。

(3)动物接种试验　采取动物患部水肿液、病毒侵入部的神经干、脊髓以及脑组织,接种于家兔腹侧皮下,接种后 36～48 h,注射部位可出现剧痒,并见家兔自行啃咬,直至脱毛、出血,继而四肢麻痹,很快死亡。

4. 检疫后处理

(1)确诊为伪狂犬病时,隔离病畜,轻症病畜进行治疗,重症病畜淘汰或宰杀。疫区的假定健康动物进行疫苗接种。

(2)对病尸以及病畜分泌物、排泄物和流产物进行消毒或无害化处理。

(3)被污染的用具、圈舍和环境用 2%烧碱溶液或 10%石灰乳消毒。在最后一次消毒后,间隔至少 30 d,方可转入健康动物。

二、细菌性疫病的检疫

(一)布鲁氏菌病

布鲁氏菌病简称布病,是由布鲁氏菌(布氏杆菌)引起的急性或慢性的人兽共患传染病。该病主要侵害生殖器官,引起胎膜发炎,流产,不育,睾丸炎及各种组织的局部病灶。牛、猪、羊、犬最易感。人对牛型、羊型、猪型布鲁氏菌均易感,人可通过与病畜或带菌动物及其产品的接触、食用未经彻底消毒的病畜肉、乳及其制品而感染。

1. 临诊检疫

(1)牛　母牛最明显的症状是流产、胎衣滞留和胎儿死亡,且多见于妊娠 7～8 个月的母牛。公牛常见睾丸炎、附睾炎,睾丸肿痛,可伴有中度发热,精液中常含有大量的布鲁氏菌。

(2)猪　母猪多在妊娠 3 个月时流产,表现为精神沉郁、食欲不振,乳房、阴唇肿胀,常排出黏性脓性分泌物;流产胎儿的状态多不相同,有的干尸化,有的刚死亡不久,有的是弱仔猪,可能还有正常仔猪等。公猪出现一侧或两侧睾丸炎、附睾萎缩,性欲减退甚至消失,失去配种能力。有些病例表现为关节肿大,疼痛、跛行。

(3)羊　流产多发生于妊娠后 3～4 个月。流产前症状一般不明显。有的病羊在流产前表现精神沉郁、食欲减退、胃肠迟缓,喜伏卧,阴道流出黏液性或带血样分泌物。此外还可能有乳腺炎、关节炎、滑膜炎及支气管炎。公羊感染后常发生睾丸炎、附睾炎及多发性关节炎。

(4)犬　由犬布鲁氏菌、流产布鲁氏菌、马耳他布鲁氏菌、猪布鲁氏菌引起的较多见,大多数为隐性感染。少数出现发热,有的可发生流产。流产常发生于妊娠后 40～50 d,流产后阴道长期排出分泌物。公犬无症状或发生附睾炎、前列腺炎、睾丸萎缩,可能导致不育。病犬淋巴结肿大,长期得菌血症。

2. 宰后检疫

临床诊断有时不易确诊,如发现宰后有下列病变时,应考虑患布鲁氏菌病的可能。

(1)猪有阴道炎、睾丸炎及附睾炎、化脓性关节炎、骨髓炎；颈部及四肢肌肉变性。

(2)发病母猪不管妊娠与否子宫黏膜上均分布有较多的高粱粒大的黄白色质地坚硬的结节，可相互融合成不规则的斑块，从而使子宫壁增厚的内膜狭窄，常称为粟粒性子宫布鲁氏菌病。

3. 实验室诊断

(1)病料涂片镜检　收取整个流产或以无菌手术采集流产胎儿的胃内容物、羊水、胎盘的坏死部分或母畜流产 2～3 d 内的阴道分泌物、乳汁和尿等装入灭菌容器内，送检。将上述病料进行抹片，用改良柯氏鉴别染色法或吉姆萨染色镜检，可见到特征性的球杆状或短杆状小杆菌。

(2)变态反应试验　用于羊、猪的布鲁氏菌病检查。注射部位明显水肿，凭肉眼观察出者，为阳性反应；肿胀不明显，通过触诊与对侧对比才能察觉者，为可疑反应；注射部位无反应或仅有一个小的硬结者，为阴性反应。

4. 检疫后处理

(1)从非疫区引种，引进的动物应隔离检疫 45 d 以上，经二次血清学检查为阴性者方可混群。奶牛场 1 年进行 2 次定期检疫，发现可疑者，1 个月内应重复检查，检出阳性者扑杀、销毁。

(2)宰后检出的布鲁氏菌病病畜及其胴体、内脏和副产品，一律销毁。

(二)炭疽

炭疽是由炭疽芽孢杆菌引起的一种人兽共患的急性、热性、败血性传染病。主要特征是突然高热，可视黏膜发绀，天然孔出血，血液凝固不良，呈煤焦油样，脾急性肿大，皮下及浆膜下组织浆液性出血性浸润。家畜中以牛、羊、马最易感，常呈急性败血性经过。猪抵抗力较强，通常呈慢性经过。人感染该病往往是直接接触病畜、解剖和处理尸体后消毒不严或食入染有炭疽芽孢杆菌的畜产品。

1. 临诊检疫

(1)最急性型　多见于绵羊和山羊，偶尔也见于牛、马。外表健康的动物突然倒地，全身战栗、摇摆、昏迷、呼吸极度困难，可视黏膜发绀，从鼻、口、阴道、肛门等天然孔流出泡沫性血液，常于数分钟内死亡。

(2)急性型　多见于牛、马。病程 1～2 d,病牛体温升高至 40～42.5 ℃,初期兴奋不安，吼叫或顶撞人畜、物体，以后变为虚弱。食欲、反刍和泌乳减少或停止，呼吸困难，初便秘，后腹泻带血，尿暗红，有时混有血液，孕牛多迅速流产。马的急性型与牛相似，还常伴有剧烈的疼痛。

(3)亚急性型　多见于牛、马，症状与急性型相似，但病程稍长，可达 1 周。除急性症状外，常在颈下、胸前、肩胛、腹下、乳房和外阴处皮下发生界线清楚的局灶性炎性水肿，初期硬固有热痛，后变冷而且溃烂，不断流出黄色液体，长期不愈称为炭疽痈。

(4)慢性型　多见于猪，临床症状不明显，仅表现沉郁、厌食、呕吐、下痢等症状。

2. 宰后检验

在屠宰动物中，急性败血型炭疽，一般不会进入正常屠宰过程，所以宰后检验中多见猪的慢性局限性炭疽(如咽炭疽、肠炭疽)。

(1)猪咽喉型炭疽　特征是一侧或双侧颌下淋巴结肿大、出血，刀切时感到硬而脆，切面呈砖红色，有时可见大小不等的灰白或灰黄色或污黑色坏死灶，称为"大理石样变"。淋巴结周围组织呈不同程度出血性胶样浸润。扁桃体充血、出血、水肿,有的表面覆盖黄灰色假膜和针尖大的黑色、灰黄色坏死点。

(2)猪肠型炭疽 主要发生于小肠,多以肿大、出血和坏死的淋巴小结为中心,形成局灶性、出血性、坏死性病变,在肠壁上出现坏死溃疡的炭疽痈;肠系膜淋巴结肿大呈出血性胶样浸润。脾软而肿大,肾充血、出血。

3. 实验室诊断

(1)当宰前宰后检疫发现疑似炭疽时,在防止病原扩散的条件下采取病料。生前可采耳静脉血、水肿液或血便;死后可立即采取耳尖血和四肢末端血或采取新鲜尸体的脾、淋巴结及肾涂片;宰后检疫时,取淋巴结涂片。用吉姆萨或荚膜染色法染色,镜检发现单个或 1~4 个短链排列的竹节状的粗大炭疽杆菌即可确诊。

(2)将琼脂层厚度为 2.5~3 mm 的 1% 琼脂平板打孔,然后在中央孔加满炭疽沉淀素血清,使其扩散 16~18 h,把用普通营养琼脂平板划线分离培养 16~18 h 的被检材料再以相同打孔器小心挖出菌落块,将其填充在上述血清经 16~18 h 扩散的 1% 的琼脂平板的外围孔内,盖上平皿盖,置湿盒内 37 ℃ 条件下扩散 24~48 h,观察结果,若两孔间出现沉淀线即判定为阳性。

4. 检疫后处理

(1)确诊为炭疽时,迅速上报疫情,立即封锁、隔离。采取不放血的方法扑杀病畜,严禁解剖和剥皮食用。焚烧或深埋病尸、病畜粪便及被污染的垫草等。对封锁地区及周围的易感动物进行紧急预防接种。疫区封锁必须在最后一头病畜死亡或痊愈后,经 14 d 无新病例出现,消毒后方能解除封锁。

(2)宰前检疫发现炭疽病畜时,应采取不放血方法扑杀,尸体销毁。同群动物全群测体温,体温正常者急宰,胴体、内脏高温处理后出场。

(3)宰后确认为炭疽的病畜胴体、内脏、皮毛及血液等,必须销毁。立即停止生产,被污染的场地、用具用 5%~10% 氢氧化钠或 20% 漂白粉液消毒。被炭疽及其副产品污染的胴体和内脏,在 6 h 内高温处理后利用。

(三)沙门菌病

沙门菌病是由沙门菌属细菌引起的人兽共患的传染病。临床上多表现为败血症和肠炎,也可使怀孕母畜流产。人食用了沙门菌污染的动物肉和内脏,极易引起急性肠胃炎。

1. 临诊检疫

(1)猪沙门菌病(猪副伤寒) 多发生于仔猪。急性型主要表现发热,虚弱,呼吸困难,耳根、胸前和腹下等处皮肤发红并出现紫斑。亚急性和慢性病例表现为肠炎,主要表现为消瘦、下痢、排砖灰色恶臭稀粪(彩图 2-6-8),粪内混有组织碎片或纤维素性渗出物。病程 2~3 周或更长,最后极度消瘦,衰竭而死。

(2)禽沙门菌病 有如下几种形式。

①鸡白痢,该病各年龄鸡均易感。雏鸡主要表现怕冷,尖叫,减食或废食。排乳白色稀薄黏腻粪便,肛门周围污秽,闭眼呆立,呼吸困难。病死率高,病程 2~3 d。青年鸡(育成鸡)以腹泻,排黄色、黄白色稀粪为特征(彩图 2-6-9),病程较长。成年鸡呈慢性或隐性经过,表现为下痢,排出像"石灰渣"样稀粪,病鸡营养状况不佳、发育不良,贫血,消瘦,产蛋少,产软蛋或停产。群体生产水平低下,常有零星死亡的弱鸡。

②禽副伤寒,孵出 2 周内的幼禽发病较多。特别是 6～10 日龄幼雏,表现为嗜睡,呆立,头翅下垂,羽毛松乱,畏寒和水性下痢,死亡迅速。

③禽伤寒,雏鸡(鸭)症状与鸡白痢相似,很难区别,青年鸡和成年鸡主要表现食欲突然下降,精神委顿,翅膀下垂,鸡冠和肉髯苍白,发热,排淡黄色和绿色粪便。

(3)牛沙门菌病　成年牛患沙门菌病,表现体温升高,食欲废绝,呼吸困难,继而发生腹泻,粪中带血,有恶臭味,并混有纤维素絮片及黏膜。犊牛感染该病,表现体温升高,排出混有黏液、带血或纤维絮片粪便。

(4)羊沙门菌病　症状与猪和牛相似,母羊可发生流产。

2. 宰后检疫

(1)猪　宰后检疫急性型表现肝肿大、出血,实质有针尖至针帽大小坏死灶(彩图 2-6-10)。脾肿大,呈蓝紫色。全身黏膜、浆膜出血,肠系膜淋巴结肿大(彩图 2-6-11)。亚急性和慢性型特征是在盲肠、结肠、回肠后段出现纤维素性坏死性肠炎,肠壁增厚,黏膜潮红,覆盖有纤维蛋白性坏死物(彩图 2-6-12),剥离后留下不规则状溃疡。

(2)禽　可有如下几种表现形式。

①鸡白痢,急性死亡的雏鸡一般无明显病变,仅见内脏器官充血。病程稍长者,在肝、心肌、脾、肺、肾、肌胃等器官形成黄白色坏死灶或大小不等的灰白色结节(彩图 2-6-13)。肝、脾肿大,胆囊充盈。输尿管扩张,充满白色尿酸盐。盲肠有白色干酪样物质,阻塞肠腔,即"盲肠芯"。中雏除上述病变外,还常见心包炎,肝有灰黄色结节或灰色肝变区,心肌表面结节增大而使心脏变形,肠道多呈卡他性炎症。成年鸡病变主要见于生殖系统。母鸡卵泡变形、变色、变质、无光泽、呈淡青色或铅黑色,内容物呈油脂状或干酪样。有的卵泡从卵巢游离于腹腔或黏附于腹膜上,外包结缔组织,卵泡破裂引起卵黄性腹膜炎(彩图 2-6-14),肠管和脏器粘连。公鸡睾丸肿大或萎缩,睾丸组织内有小坏死灶,输精管扩张,内有渗出物。病鸡常发生心包炎,心包液增多、浑浊,心包膜与心外膜发生粘连。

②禽副伤寒,急性死亡的雏鸡无可见病变。病程稍长者可见肝肿大、变性,呈土黄色,表面有条纹状或针尖状出血和坏死灶。脾充血,肿大或坏死。血性肠炎。肺、肾出血,心包炎及心包粘连,心、肺、肝、脾有类似鸡白痢的结节。

③禽伤寒,雏鸡病变与鸡白痢相似。肺、心肌和肌胃有灰白色小坏死灶。成年鸡最急性病例眼观变化不明显。病程长的可见肝、脾、肾肿大,肝呈淡绿色或青铜色,俗称"青铜肝"(彩图 2-6-15),表面有粟粒大小灰白色坏死灶。胆囊充盈。卵泡出血、变形。常见有卵黄性腹膜炎和卡他性肠炎。公鸡睾丸有大小不等的坏死灶。

(3)牛　犊牛在腹膜、小肠后段及结肠黏膜有出血斑点,肠系膜淋巴结水肿,有时出血。脾充血、肿胀,肝、脾、肾有坏死灶。肝色泽变淡,胆汁稠厚而浑浊。关节损害时,腱鞘和关节腔内有胶样液体;成年牛有急性出血性肠炎病变。肠黏膜潮红、出血,大肠黏膜脱落,有局限性坏死区。肠系膜淋巴结水肿、出血。肝发生脂肪变性,有小坏死灶,胆囊壁增厚,胆汁浑浊呈黄褐色。脾充血、肿大,病程长的肺可见肺炎病变。

(4)羊　下痢型可见卡他性出血性胃肠炎病变,真胃和肠道空虚,黏膜充血、水肿,附有多量黏液。肠内容物呈半液状,混有小血块。肠系膜淋巴结充血、肿大。胆囊黏膜水肿,心内外膜有小出血点。流产型可见流产或死产胎儿呈败血症变化,胎儿组织充血、水肿,肝、脾肿大,胎盘水肿、出血。病死母羊有急性子宫内膜炎,子宫内有坏死组织、浆液性渗出物和滞留的胎盘。

3. 实验室诊断

(1)细菌学检查　无菌采集肝、脾、肺、心、肾、卵巢、睾丸等病料。涂片、染色、镜检或分离培养鉴定细菌,发现沙门菌即可确诊。

(2)全血平板凝集试验　鸡白痢全血平板凝集抗原与被检鸡全血在 2 min 内出现明显颗粒凝集或块状凝集者为阳性反应。

4. 检疫后处理

(1)种鸡场必须适时进行全群检疫,及时淘汰阳性鸡,净化鸡群。

(2)宰前检疫发现阳性动物应立即淘汰,胴体及无病变内脏高温处理后利用。有病变的内脏销毁处理,病死动物的尸体深埋或焚烧。

(3)对动物群进行药物预防和反复检疫。对病死畜禽污染的圈舍可用 2‰～4‰烧碱溶液或 5‰漂白粉溶液消毒。

(四)巴氏杆菌病

巴氏杆菌病是由多杀性巴氏杆菌引起的,发生于各种动物、野生动物和人类的一种传染病的总称。动物急性病例以败血症和炎性出血过程为主要特征,人的病例罕见,多呈伤口感染。

1. 临诊检疫

(1)猪肺疫　潜伏期 1～5 d。分为最急性型、急性型和慢性型。最急性型俗称"锁喉风",突然发病,迅速死亡。病程稍长、病状明显的可表现体温升高(41～42 ℃),食欲废绝,呼吸困难,心跳加快。颈下咽喉部发热、红肿、坚硬,严重者向上延及耳根,向后可达胸前。急性型除具有败血症的一般症状外,还表现出急性胸膜肺炎。体温升高(40～41 ℃),初期发生痉挛性干咳,呼吸困难,鼻流黏稠鼻液。后变为湿咳,咳时感痛,触诊胸部有剧烈的疼痛。病势发展后,呼吸更感困难,张口吐舌,呈犬坐姿势,可视黏膜发绀。初期便秘,后腹泻。皮肤出现淤血和小出血点。病猪消瘦无力,卧地不起,多因窒息而死。病程 5～8 d,不死的转为慢性。慢性型表现慢性胃肠炎和慢性肺炎,病猪呼吸困难,持续性咳嗽,鼻流脓性分泌物,食欲减退,下痢,逐渐消瘦,衰竭死亡。

(2)禽霍乱　分为最急性型、急性型和慢性型 3 型。最急性型见于流行初期,多发生于肥壮、高产鸡,表现为突然发病,迅速死亡。急性型,表现为高热(43～44 ℃),口渴,昏睡,羽毛松乱,翅膀下垂。常伴有剧烈腹泻,排灰黄色甚至污绿色、带血样稀便。呼吸困难,口鼻分泌物增多,鸡冠、肉髯发紫。病程 1～3 d。慢性型见于流行后期,以肺、呼吸道或胃肠道的慢性炎症为特点。可见鸡冠、肉髯发紫、肿胀。有的发生慢性关节炎,表现为关节肿大、疼痛、跛行。

(3)牛出血性败血症(牛出败)　可分为败血型、水肿型和肺炎型,大多表现为混合型。病牛精神沉郁,反应迟钝,喜卧;鼻镜干燥,流浆液性、黏液性鼻液,后期呈脓性;眼结膜潮红,流泪;体温 41～42 ℃,呼吸、脉搏加快,肌肉震颤,食欲减退甚至废绝,反刍停止;病牛表现腹痛,下痢,粪便初为粥状,后呈液状,其中混有黏液、黏膜及血液,恶臭;有时咳嗽或呻吟;部分病牛颈部、咽喉部、胸前的皮下组织出现炎性水肿。当体温下降时即迅速死亡,病程一般不超过 36 h。

2. 宰后检疫

(1)猪肺疫　剖检发现全身黏膜、浆膜和皮下组织大量出血,胸、腹腔有纤维素样附着物,肺大理石样病变,咽喉周边组织出血性浆液浸润;全身淋巴结出血,切开呈红色;切开颈部皮肤,可见大量胶冻样淡黄色液体。

(2)禽霍乱　剖检可见全身的皮肤、皮下、肌肉、浆膜、黏膜(尤其呼吸道、消化道)均有出血点;肝肿大,质脆,表面常有密集或散在的针尖大的黄白色或灰白色坏死灶。脾肿大,表面可见针帽大小的灰白色坏死灶(彩图2-6-16)。多发性关节炎病例,常见关节肿大、变形和炎性渗出物以及干酪样坏死。

(3)牛出血性败血症(牛出败)　剖检可见内脏器官充血或出血。黏膜特别是气管黏膜广泛性充血、出血(彩图2-6-17),浆膜以及肺、舌、皮下组织和肌肉均有出血点;脾无变化或有出血点;肝实质变性;淋巴结水肿,切面多汁,呈暗红色;腹腔内有大量的渗出液;肺切面呈绿色、黑红色、灰白色或灰黄色,呈大理石样;肿胀部位皮下结缔组织呈现胶冻样浸润,切开有浅黄色或深黄色透明液体流出。

3. 实验室诊断

(1)细菌学检查　取病死动物肝触片,瑞氏染色,镜检,可发现大量两极着色的小杆菌。取病变淋巴结、肝、脾、肾或水肿液等病料接种于鲜血琼脂平板,37 ℃培养24 h,长出圆形、湿润、灰白色、露珠状的小菌落。取分离培养物涂片,革兰氏染色,镜检,为革兰氏阴性小杆菌。取分离培养物或病料混悬液,皮下接种小鼠,一般在24～48 h死亡。解剖小鼠,取肝触片,染色镜检,可检出巴氏杆菌。

(2)玻片凝集反应　用每毫升含10亿～60亿菌体的抗原,加血清,在5～7 min内发生凝集的为阳性。

4. 检疫后处理

(1)确诊为巴氏杆菌病时,病畜禽不得调运,采取隔离治疗措施;假定健康动物预防接种;病死畜禽深埋或焚烧;圈舍全面消毒。

(2)宰后检疫肌肉无病变或病变轻微时,将病变部位割除,胴体及内脏高温后出厂;肌肉有病变时,胴体、内脏与血液作工业用或销毁。皮张消毒后出场。

三、寄生虫性疫病

(一)棘球蚴病

棘球蚴病也称包虫病,是由棘球绦虫的幼虫棘球蚴引起的一种人兽共患寄生虫病。感染后棘球蚴主要寄生于宿主的肝、肺等器官。人的感染是通过误食有棘球蚴的生肉或未煮熟肉而发生。

1. 临诊检疫

绵羊、牛、猪,每年早春时可见大批死亡。特征是营养障碍、消瘦、发育不良、衰弱,呼吸困难。

2. 宰后检疫

在牛、羊、猪的肝、肺、脾、脑和全身组织中寄生,包囊大小不一,小的豆粒大,大的如小儿头大,或单个存在或成堆(簇)存在,用手触摸稍坚硬而且有波动感,与周围组织没有明显界线,常使寄生部位凹凸不平。包囊壁不透明的,厚而韧,切开包囊有黄白色液体流出,液体内有许多砂粒状白色颗粒。

3. 实验室诊断

(1)变态反应试验　取新鲜棘球蚴囊液,无菌过滤,在动物颈部皮内注射0.1～0.2 mL,注射后5～10 min内观察,皮肤出现红肿,直径0.5～2 cm,15～20 min后呈暗红色为阳性;迟缓型在24 h内出现反应。24～28 h不出现反应者为阴性。

(2)影像学检查　对人和动物也可用X线透视和超声检查进行诊断。

4. 检疫后处理

(1)严重感染者,整个胴体和内脏作工业用或销毁;病变轻微者,剔除病变部分销毁,其余部分高温处理后出场。

(2)严格饲养场地管理,做好饲料、饮水及圈舍的清洁卫生工作,防止被犬粪污染。

(二)弓形虫病

弓形虫病是由刚地弓形虫引起的人、畜、野生动物共患的原虫病。中间宿主广泛但以猪为主。主要特征是发热,呼吸困难,肺炎,肝炎,淋巴结炎,死胎,流产,失明及神经症状。人可因接触和生食患该病动物的肉类而感染。

1. 临诊检疫

多发生于断乳前后的仔猪,死亡率可达 30%～40%,成年猪急性发病较少,多呈隐性感染。病初体温升高到 41～42 ℃,呈稽留热型。精神委顿,食欲减退,最后废绝,多发生便秘,有时下痢。呼吸困难,有时咳嗽和呕吐。体表淋巴结尤其是腹股沟淋巴结肿大。怀孕母畜可发生流产和死胎。

2. 宰后检疫

全身皮肤呈紫红色或两耳、颈下、腹下、四肢、尾部皮肤呈紫红色;全身淋巴结肿大(可达鸡蛋大)、硬结而脆,切面呈髓样多汁,有橘红或灰黄色坏死灶;肾皮质苍白,表面有大小不一的出血点和灰白色坏死灶;肝肿大、变脆,表面有点状出血和坏死灶;肺高度充血、水肿,间质扩张,颜色灰白;胃底部出血,有溃疡;心包、胸腹腔有积液。

3. 实验室诊断

(1)有临床症状的取血液、血清、腹水或肝、肺、淋巴结等病料,直接涂片或触片,吉姆萨或瑞氏染色。镜检可看到滋养体:呈半月形或香蕉形,一端稍尖,另一端钝圆,细胞质呈淡蓝色,有颗粒,核仁于钝圆端,呈紫红色。

(2)以死亡动物肝、淋巴结悬浮液或急性病例腹水或血液,于小鼠腹腔接种,1 个月后取其腹水涂片发现滋养体便可确诊。

4. 检疫后处理

(1)病变部分作工业用或销毁,其余部分高温后处理出场。

(2)定期对猪场进行弓形虫检疫,检出的阳性猪隔离治疗,病愈猪不得留作种用。场内禁止养猫。避免饲料、饮水被猫粪污染。禁止用流产胎儿等饲喂动物。

(三)日本分体吸虫病

日本分体吸虫病又称为血吸虫病,是由日本分体吸虫寄生于人和牛、羊、猪、马、犬、猫、兔、啮齿类及多种野生哺乳动物的门静脉系统的小血管内引起的一种危害严重的人兽共患寄生性吸虫病。以急性或慢性肠炎、肝硬化、严重的腹泻、贫血、消瘦为特征。日本分体吸虫分布于中国、日本、菲律宾及印度尼西亚,近年来在马来西亚也有报道。在我国广泛分布于长江流域及其以南的 13 个省、自治区、直辖市(贵州省除外)。主要危害人和牛、羊等家畜。

1. 临诊检疫

犊牛和犬的症状较重,羊和猪较轻,马几乎没有症状。

犊牛大量感染时,症状明显,往往呈急性经过。表现食欲不振,精神沉郁,体温升高,达40～41 ℃,可视黏膜苍白,水肿,行动迟缓,日渐消瘦,衰竭而死。慢性病畜表现消化不良,发育迟缓,往往成为侏儒牛。病牛食欲不振,有里急后重现象,下痢,粪便含黏液和血液,甚至块状黏膜。患病母牛发生不孕、流产等。一般来讲,黄牛症状比水牛明显,小牛症状比大牛明显,轻度感染时,症状不明显,常取慢性经过,特别是成年水牛,很少有临床症状而成为带虫者。

2. 宰后检疫

剖检可见尸体消瘦、贫血、腹水增多。病变主要是虫卵沉积于组织中所产生的虫卵结节（肉芽肿），主要在肝和肠壁。肝表面凹凸不平，表面或切面上有粟粒大到高粱米大灰白色的虫卵结节。初期肝肿大，后期肝萎缩、硬化。严重感染时，肠壁肥厚，表面粗糙不平，肠道各段均可找到虫卵结节，尤以直肠病变最为严重。肠黏膜有溃疡斑，肠系膜淋巴结和脾肿大，门静脉血管肥厚。在肠系膜静脉和门静脉内可找到大量雌雄合抱的虫体。此外，在心、肾、脾、胰、胃等器官有时也可发现虫卵结节。

3. 实验室诊断

(1)病原学检查　最常用的方法是粪便尼龙筛集卵法和虫卵毛蚴孵化法，而且两种方法常结合使用。有时也刮取耕牛的直肠黏膜做压片镜检，检查虫卵。死后剖检病畜，发现虫体、虫卵结节等可确诊。

(2)免疫学诊断　常用环卵沉淀试验、间接红细胞凝集试验、ELISA 等方法。

4. 检疫后处理

检疫时一旦发现该病，应进行隔离治疗。进口动物中一旦检出病畜，将动物退回或扑杀销毁处理。

四、其他病原体引起的疫病的检疫

(一)钩端螺旋体病

钩端螺旋体病是由钩端螺旋体引起的一种人兽共患病。大多数家畜呈隐性感染，少数家畜急性发病。临床表现为发热、贫血、黄疸、血红蛋白尿、出血性素质、流产、皮肤和黏膜坏死等。

1. 临诊检疫

该病潜伏期 2~20 d。短期发热，可视黏膜黄染或贫血，血红蛋白尿，皮肤和黏膜出血、坏死，孕畜流产。

2. 宰后检疫

剖检见内脏广泛出血，黄疸以及肝和肾不同程度的损害。胃壁水肿。肠系膜淋巴结肿大。

3. 实验室诊断

(1)微生物学检查　取发热期的抗凝血或无热期的中段尿液、脑脊液，3 000 r/min 离心30 min，取沉淀物制成压滴标本，暗视野下镜检或用荧光抗体法检查，病理组织中的菌体用吉姆萨染色或镀银染色后检查。钩端螺旋体纤细，螺旋盘绕规则紧密，菌端弯曲成钩状。

(2)凝集溶解试验　钩端螺旋体可与相应的抗体产生凝集溶解反应；抗体浓度高时发生溶菌现象（在暗视野检查时见不到菌体），抗体浓度低时发生凝集现象（菌体凝集成菊花样）。

(3)动物接种试验　取经过处理的血液、尿液、病理组织悬液、脑脊液等腹腔接种于幼龄豚鼠、仓鼠，3~5 d 后如有体温升高、食欲减退、迟钝和黄疸症状即发病；剖检发现广泛性黄疸和出血，肺部出血明显；取肝、肾制片镜检，可检出钩端螺旋体。

4. 检疫后处理

(1)处于急性期或高热衰弱的病畜，不准屠宰；宰后发现有明显病变，且胴体呈黄色并在24 h 内不能消失的，其胴体及内脏销毁。

(2)确诊为钩端螺旋体病时，病畜隔离治疗，死畜销毁。禁止将病畜或可疑病畜运入养殖场。彻底清除病畜舍的粪便及污物，进行生物热消毒。注意环境卫生，做好经常性灭鼠工作，保护水源清洁。

(二)放线菌病

放线菌病又称大颌病,是由各种放线菌所致的牛、猪及其他动物和人的一种非接触性、慢性传染病。该病以牛最为常见。特征为头、颈、颌下和舌部形成放线菌肿。该病广泛分布于世界各地。我国多数地区有散在分布。对畜牧业有一定危害,并危害人体健康。

1. 临诊检疫

(1)牛　多在颌骨、唇、舌、咽、齿龈、头部的皮肤和皮下的组织形成肿块,以颌骨最多见,肿块坚硬,界线明显。肿部初期疼痛,后期无痛觉。破溃后流出脓汁,形成瘘管,不易愈合。有的病例头、颈、颌下、乳房等部的软组织也常发生硬结,逐渐增大,突出于皮肤表面,有时破溃流脓。舌和咽部感染放线菌后,组织发硬,称"木舌症",舌背面隆起,舌体肿大,往往垂于口外,病牛吃草和反刍困难,逐渐消瘦。

(2)绵羊和山羊　常在舌、唇、下颌骨、乳房出现肿块。也可见下腹部或面部等皮下组织中出现坚硬结节。破溃后形成瘘管,排出脓液。病羊采食困难,消瘦,常并发肺炎死亡。

(3)猪　多见乳房肿大,形成结节、化脓,引起乳房畸形,多系仔猪牙齿咬伤感染所致。

(4)马　多发生鬐甲肿或鬐甲瘘等。

2. 宰后检疫

主要见于患病部位的增生性、渗出性、化脓性肿块。

牛主要是颌骨放线菌感染具有特征性,表现为慢性增生性骨炎、骨膜炎和骨髓炎。病变颌骨骨质疏松、畸形隆起。骨质呈蜂窝状或脓性融化,空腔中可见多量含微黄色干酪状的颗粒脓汁。当病原菌感染上额窦、鼻窦和额窦时,也形成积脓及鼻甲和鼻中隔的脓性融化。

3. 实验室诊断

细菌学检查:采取未破溃脓块脓汁,或刮取瘘管组织,做压片或涂片镜检。也可取少量脓汁放入试管中,加入适量生理盐水稀释,弃去上清液,沉渣加入少量生理盐水,倒入清洁平皿中,查找"硫黄样颗粒"。将"硫黄样颗粒"放在载玻片上,滴加5%～10%氢氧化钾溶液,用低倍镜检查,可见到圆形或杆形颗粒,排列成放射状,边缘透明发亮。将硫黄样颗粒在玻片上压碎,固定,革兰氏染色镜检,可见革兰氏阳性分支菌丝。

4. 检疫后处理

确诊为放线菌病时,应隔离病畜。治疗轻症和可疑病畜,淘汰或宰杀重症病畜,无害化处理病畜肉尸和内脏。对病畜分泌物排泄物及污染的圈舍、场地等,用2%甲醛或含3%有效氯的漂白粉溶液消毒。

任务二十四　猪主要疫病的检疫

一、病毒性疫病的检疫

(一)猪瘟

猪瘟是由猪瘟病毒引起猪的高度传染性和致死性传染病。特征为高热稽留,呈败血性变化,实质器官出血、坏死和梗死。

1. 临诊检疫

常见的有最急性、急性、慢性 3 种类型。

(1)最急性型　常见突然高热稽留,皮肤黏膜发绀,5 d 内死亡。

(2)急性型　病猪精神差,体温升高(发热),体温在 40～41.5 ℃,呈现稽留热,喜卧、弓背、寒战及行走摇晃。食欲减退或废绝,喜欢饮水,有的发生呕吐。眼结膜发炎,流脓性分泌物,能将上下眼睑粘住,不易张开,鼻流脓性鼻液。初期便秘,干硬的粪球表面附有大量白色的肠黏液或黏膜,后期腹泻,粪便恶臭,带有黏液或血液。病猪的鼻端、耳后根、腹部及四肢内侧的皮肤出现针尖状出血点,指压不褪色。用手挤压公猪包皮时有恶臭浑浊液体流出。

(3)慢性型　多由急性型转变而来,体温时高时低,食欲不振,便秘与腹泻交替出现;逐渐消瘦、贫血,衰弱,被毛粗乱;行走时两后肢摇晃无力,步态不稳。

2. 宰后检疫

急性型病死猪全身皮肤、浆膜、黏膜和内脏器官有不同程度的出血(彩图 2-6-18、彩图 2-6-19)。全身淋巴结肿胀,多汁、充血、出血、外表呈现紫红色(彩图 2-6-20),切面如大理石状。肾色淡,皮质有针尖至小米粒大小的出血点(彩图 2-6-21)。脾梗死,以边缘多见,呈紫黑色病灶(彩图 2-6-22)。喉头黏膜及扁桃体出血。膀胱黏膜有散在或大量的出血点(彩图 2-6-23)。胃、肠黏膜呈卡他性出血性炎症(彩图 2-6-24)。慢性型病猪除耳尖、尾端和四肢下部呈蓝紫色或坏死、脱落外,还表现为出现坏死性肠炎变化,回肠和结肠有同心圆、轮层状的纽扣状溃疡(彩图 2-6-25)。

3. 实验室诊断

(1)病原学检查　猪体交互免疫试验或兔体交互免疫试验,所需时间较长,对实验动物的要求较高,成本也高。鸡新城疫病毒强化试验,病料为无菌浸出液,接种于猪睾丸细胞培养,4 d 后加入新城疫强毒,再培养 4 d,若细胞出现病变则为猪瘟。此法也可通过加入抗猪瘟血清进行中和试验。

(2)血清学检查　荧光抗体试验和间接 ELISA 试验。这些免疫标记技术能获得较可靠的检疫结论,但难以区分野毒和疫苗毒感。

4. 检疫后处理

发现猪瘟时,应尽快确诊并上报疫情,立即隔离病猪,禁止向非疫区输送生猪及其产品。对所有病猪扑杀、深埋,对污染猪舍、场地、垫草、粪便等严格消毒。对疫区假定健康猪和受威胁区的猪进行紧急接种。

(二)猪水疱病

猪水疱病是由肠道病毒属的病毒引起的一种急性、热性、接触性传染病。其特征是病猪的蹄部、口腔、鼻端和母猪乳头周围发生水疱。该病一年四季均可发生,不同品种、年龄的猪均可感染。

1. 临诊检疫

病猪体温升高,跛行,蹄部充血、肿胀,不久可在一个或几个蹄的蹄冠、蹄叉出现大小不一的水疱,很快破溃形成糜烂,并波及趾部、跖部,严重者蹄壳脱落;行动困难,卧地不起。水疱偶尔见于乳房、口腔、舌面和鼻端。水疱破溃后体温下降。10～11 d 逐渐康复,很少死亡。

2. 宰后检疫

主要是蹄部、鼻端、唇、舌面及乳房上出现水疱。水疱破裂、水疱皮脱落后,创面有出血和溃疡。个别病例心内膜上有条索状出血,其他内脏器官无可见病理变化。

3. 实验室诊断

(1)微生物学检查　将病料分别接种1~2日龄和7~9日龄小鼠,若2组小鼠均死亡,则为口蹄疫。1~2日龄小鼠死亡,而7~9日龄小鼠不死者,为猪水疱病。病料经过pH 3~5缓冲液处理,接种1~2日龄小鼠死亡者为猪水疱病,反之则为口蹄疫。

(2)血清学检验　主要方法有血清保护试验、反向间接血凝试验、琼脂扩散试验和荧光抗体试验。

4. 检疫后处理

对有病猪的疫区必须采取法定的措施进行处理。发现该病时,划定疫点、疫区,进行封锁。屠宰场、肉联厂发生时,要立即停止生产,对病猪和同群猪进行急宰,其肉尸、头、蹄、内脏、血液等都应进行高温处理。被污染的场地、用具等应彻底消毒。病猪的粪便、垫草应堆积密封发酵。

(三)猪繁殖与呼吸障碍综合征

猪繁殖与呼吸综合征是由猪繁殖与呼吸综合征病毒引起的猪高度接触性传染病。该病主要侵害种猪、繁殖母猪及其仔猪。主要特征是母猪呈现发热、流产、木乃伊胎、死胎、弱仔等症状,仔猪表现异常呼吸症状和高死亡率。

1. 临诊检疫

(1)高致病型　仔猪发病率可达100%、死亡率可达50%以上,母猪流产率可达30%以上。发病母猪主要表现为精神沉郁、食欲减少或废绝,体温升高(发热),出现不同程度的呼吸困难,妊娠后期母猪发生流产、早产、死胎、木乃伊胎、弱仔,部分新生仔猪表现呼吸困难,运动失调及轻瘫等症状,产后1周内死亡率明显增高(40%~80%)。少数母猪表现为产后无乳、胎衣停滞及阴道分泌物增多。1月龄仔猪表现出典型的呼吸道症状,呼吸困难,有时呈腹式呼吸,食欲减退或废绝,体温升高到40 ℃以上,腹泻。被毛粗乱,共济失调,渐进性消瘦,眼睑水肿。感染该病的猪有时表现为耳部、外阴、尾、鼻、腹部发绀,其皮肤出现淤青紫色斑块,故又称为蓝耳病(彩图2-6-26、彩图2-6-27)。

(2)低致病型　猪群免疫功能下降,易继发感染其他细菌性和病毒性疾病。猪群的呼吸道疾病发病率上升。表现为猪繁殖与呼吸综合征病毒的持续性感染,猪群的血清学抗体阳性,阳性率一般在10%~88%。

2. 宰后检疫

主要眼观病变是弥漫性间质性肺炎,并伴有细胞浸润和卡他性肺炎区,肺水肿;在腹膜以及肾周围脂肪、肠系膜淋巴结、皮下脂肪和肌肉等处发生水肿。

3. 实验室诊断

间接ELISA法检测抗体,其敏感性和特异性都很好。RT-PCR法能直接检测出细胞培养物和精液中的猪繁殖与呼吸综合征病毒。

4. 检疫后处理

检疫中发现猪繁殖与呼吸综合征时,应尽快上报疫情。对发病的猪场隔离、消毒、妥善处理好死胎及其废弃物,如检测出的是由高致病性猪繁殖与呼吸综合征病毒引起的猪群发病,需进行严密封锁。

(四)非洲猪瘟

非洲猪瘟是由非洲猪瘟病毒引起的猪的一种急性、高度致死性传染病。病程短促、死亡率很高,临床症状和病变与猪瘟非常相似。

1. 临诊检疫

潜伏期一般 4~19 d。最急性型常不见症状而突然死亡。急性型表现体温升高、食欲不振,精神沉郁、不愿活动。皮肤充血、出血。呼吸困难、结膜炎、腹泻、鼻腔或直肠出血、妊娠母猪发生流产。死亡率很高,流行期间可高达 100%。亚急性病例表现为肺炎、关节肿、消瘦等,病程 3~4 周。

2. 宰后检疫

急性严重病例可见全身出血。脾淤血、出血和肿大。胃、肝、肾和肠系膜淋巴结肿胀、出血。肺和喉头水肿、出血。慢性病例主要病变为纤维性心外膜炎、关节炎,淋巴结肿大,皮肤溃疡和肺炎。

3. 实验室诊断

常用的病原学方法有血细胞吸附(HAD)试验、荧光抗体试验、PCR、猪接种试验等。当猪感染无致病力或低致病力的毒株时,常用血清学试验,具体方法有 ELISA、间接荧光抗体试验、免疫印迹试验及对流免疫电泳试验。

4. 检疫后处理

发现病猪或可疑猪时,应立即上报并组织封锁。无论怀疑或已确诊感染的猪场,必须全群扑杀、销毁,并对污染环境、场所进行严格消毒,谨防疫情扩散。

(五)猪圆环病毒病

该病是由猪圆环病毒引起的一种新的传染病,主要感染 8~13 周龄猪,其特征为体质下降、消瘦、腹泻、呼吸困难。

1. 临诊检疫

主要发生在断奶后仔猪,集中发生于断奶后 2~3 周龄和 5~8 周龄的仔猪。仔猪有呼吸道症状,腹泻、发育迟缓、体重减轻,有时皮肤苍白。

2. 宰后检疫

剖检淋巴结异常肿胀,切面为均匀的白色;肺部有灰褐色炎症和肿胀,呈弥漫性病变,间质增宽,坚硬似橡皮样;脾轻度肿大,质地如肉;肝以肝细胞的单细胞坏死为特征;肾有轻度至重度的多灶性间质性肾炎;心脏多灶性心肌炎。

3. 实验室诊断

实验室诊断方法包括间接免疫荧光法、免疫过氧化物单层培养法、ELISA 方法、聚合酶链式反应方法、核酸探针杂交及原位杂交试验等方法。

4. 检疫后处理

对感染和疑似感染猪场,彻底进行清扫、消毒;加强饲养管理,免疫、阉割、剪齿、断尾、打号或注射要严格消毒;平衡饲料营养,提高猪群的非特异性免疫力。

(六)猪传染性胃肠炎

猪传染性胃肠炎是由猪传染胃肠炎病毒引起的一种急性、高度接触性肠道传染病。该病的主要特征是呕吐、剧烈水样腹泻和脱水。

1. 临诊检疫

(1)哺乳仔猪 呈急性水样腹泻,粪便呈淡黄、黄白色等,内含未消化的凝乳块和泡沫,腥臭;迅速出现脱水、消瘦等症状;严重口渴,常爬到母猪食槽内急切饮水;存活猪生长发育严重受阻,成为僵猪。

(2)成年猪 猪的个体表现也有很大差异,有的食后不久就发生呕吐,多数先出现水样腹泻,一般持续4~5 d,短者2~3 d;粪便呈灰褐色,混有泡沫状黏液和大量未消化的食物;食欲减退或废绝;体温正常或偏低;口渴、脱水、显著消瘦;腹泻一旦停止,不再复发,很少死亡;有的症状比较轻微,仅减食而无腹泻现象或仅排出软粪;哺乳母猪患病后泌乳减少或完全无乳。

2. 宰后检疫

剖检可见胃肠充满凝乳块,小肠充满气体及黄绿或灰白色泡沫样内容物,肠壁变薄,呈半透明状。肠系膜淋巴结充血、肿胀。

3. 实验室诊断

(1)病原学检查 取腹泻早期病猪空肠和回肠的刮取物做涂片,或空肠、回肠的冰冻切片,用直接免疫荧光法检查病毒抗原。此法快速,2~3 h内可报告结果。

(2)血清学检查 取发病猪急性期和康复期血清,用中和试验、间接酶联免疫吸附试验、双抗体夹心酶联免疫吸附试验等方法检测病毒抗体。

4. 检疫后处理

平时的预防应严格坚持自繁自养,不从疫区引进猪。发病时,立即划定疫区,隔离病猪。用碱性消毒剂对猪舍、地面、用具、车辆和通道进行严格消毒。

二、细菌性疫病检疫

(一)猪丹毒

猪丹毒是由猪丹毒杆菌引起的急性、热性传染病。其特征为急性败血症、亚急性皮肤疹块、慢性为多发性关节炎和心内膜炎。该病主要发生于猪,人也可感染,称为类丹毒。

1. 临诊检疫

(1)败血型 最急性的病猪常突然死亡。大多数病例有明显症状,体温突然升至42 ℃以上,食欲降低或废绝,结膜潮红。病初粪便干燥,后期发生下痢、卧地不起。发病不久会在耳后、颈部、四肢内侧皮肤上出现各种形状红斑,逐渐变成暗紫色,用手按压时褪色,撤去指压即复原。

(2)疹块型 病猪食欲不振,精神沉郁,体温升至41 ℃以上,便秘,呕吐。经1~2 d后,在胸、背侧、颈部及四肢外面等处出现深红色、大小不等的方形或菱形疹块(彩图2-6-28)。疹块初期坚硬,后变为红色,多呈扁平凸起,界线明显,疹块温度下降,此后形成痂皮,病愈后脱落。

(3)慢性型 体温一般正常或稍高,有的四肢关节肿胀,跛行,喜躺卧。有的常发生心内膜炎,心脏衰弱,心跳加快,呼吸急促,常发生咳嗽。有的发生皮肤坏死,成革样的痂皮,经久不落,耳及腹部呈青紫色。有时发生下痢。

2. 宰后检疫

(1)败血型 死尸皮肤有大小和形状不同的暗红色疹斑或弥漫性的红色,俗称"大红袍"。内脏主要变化是胃黏膜发红,特别是胃底部和幽门部显著,并有出血点。小肠黏膜主要在十二指肠和空肠段有炎症变化,全身淋巴结肿大,呈紫红色,切面多汁;脾显著肿大,充血呈樱桃红色;胃肿胀,呈暗红色;肺充血和水肿;胸腔内常有浑浊的积水,心包常有积水,心内外膜可见小点出血。

(2)疹块型 皮肤有方形或菱形疹块。

(3)慢性型 心脏的房室瓣常有疣状心内膜炎,呈"菜花状"(彩图2-6-29);其次关节肿大,有炎症,在关节腔内可见到纤维素性渗出物。

3. 实验室诊断

(1)病原学检查

①涂片镜检 取高热期的耳静脉、皮肤疹块边缘部血液或其他病料,涂片染色镜检,可见革兰氏阳性小杆菌。

②分离培养 取上述病料,分离培养,在血液琼脂上可见生长出针尖大透明露滴状的细小菌落,有的菌株可形成狭窄的绿色溶血环,明胶穿刺呈试管刷状生长。

③动物接种 取病料加生理盐水按1:(5～10)做成乳剂,接种鸽子,用量为0.5～1 mL,于2～5 d内死亡。

(2)血清学检查 常用平板凝集试验、琼脂扩散试验、血清培养凝集试验和荧光抗体试验。

4. 检疫后处理

病猪应立即进行消毒、无害化处理,病死猪尸体应深埋。同时未发病猪应进行药物预防。隔离观察2～4周,正常时方可认为健康。常发病地区每年注射2次猪丹毒菌苗。急宰病猪的血液和病变组织应深埋或焚烧。

(二)猪链球菌病

猪链球菌病是由不同血清群链球菌感染引起猪多种疾病的总称。猪急性败血型链球菌病的特征为高热,出血性败血症,脑膜脑炎,跛行和急性死亡;慢性型链球菌病的特征为关节炎、心内膜炎和化脓性淋巴结炎。

1. 临诊检疫

(1)急性败血型 多数猪呈急性败血型。发病急、传播快。病猪突然发病,体温升高,精神沉郁、嗜睡、食欲废绝,流泪,结膜充血、出血,流鼻液,呼吸急迫。颈部皮肤最先发红,由前向后发展,最后于腹下、四肢下端和耳的皮肤变成紫红色并有出血点,跛行。便秘或腹泻,粪带血,1～2 d内死亡。

(2)急性脑膜脑炎型 除有上述症状外,还有突发性神经症状,尖叫抽搐,共济失调,盲目行走,转圈运动,口吐白沫,昏迷不醒,有的后期出现呼吸困难,最后衰竭麻痹,常在2 d内死亡。个别的还有头、颈、背水肿,或胸膜肺炎症状。

(3)慢性型 主要表现为关节炎、心内膜炎、化脓性淋巴结炎、子宫炎、乳腺炎、咽喉炎、皮炎等。关节炎型表现为一肢或几肢关节肿胀、疼痛、有跛行,甚至不能起立。

2. 宰后检疫

(1)急性败血型 以败血症为主,表现为血凝不良,皮下、黏膜、浆膜出血。肺充血肿胀,腔内有大量气泡。全身淋巴结肿大、充血和出血。心包有淡黄色积液,心内膜有出血点。脾肿大、出血,呈暗红色,边缘有黑红色出血性梗死区。肾肿大、出血,颜色暗红。胃及小肠黏膜充血、出血。

(2)急性脑膜脑炎型 脑膜充血、出血,重者溢血。少数脑膜下积液,脑实质有点状出血。

(3)慢性型 多发关节炎时,可见关节肿大,关节囊内有黄色胶冻样液体或纤维素性脓性渗出物。心内膜炎时,可见心瓣膜增厚,表面粗糙,有"菜花样"赘生物。

3. 实验室诊断

(1)涂片镜检　根据不同的病型采取相应的病料,制成涂片,经碱性亚甲蓝染色液和革兰氏染色液染色。显微镜下检查,可见到单个、成对、短链或呈长链排列的球菌,并且革兰氏染色呈阳性,可初步判定。

(2)动物试验　10%病料悬液接种于小鼠(皮下注射0.1~0.2 mL)或家兔(皮下或腹腔注射0.5~1 mL),12~72 h死亡。

(3)环状沉淀试验　具体方法同炭疽环状沉淀试验,在两液重叠后11~20 min观察反应结果。

4. 检疫后处理

检疫中发现病猪为急性败血性链球菌病时,应采取隔离、限制移动等措施,控制传染源,有条件的地区和个人做好链球菌病的疫苗预防接种工作,同时做好环境卫生工作,做好死猪的无害化处理工作。有可能污染的场地、用具应严格消毒。

(三)副猪嗜血杆菌病

副猪嗜血杆菌病又称革拉泽病,是由副猪嗜血杆菌引起的猪病。该病只感染猪,表现为猪的多发性浆膜炎、关节炎、纤维素性胸膜炎和脑膜炎等。

1. 临诊检疫

(1)急性型　常发生于膘情良好的猪,病猪发热,体温升高到40.5~42 ℃,精神沉郁、食欲下降,呼吸困难,腹式呼吸,皮肤潮红或苍白,耳梢发紫,眼睑皮下水肿,行走缓慢或不愿站立,腕关节、跗关节肿大,共济失调,临死前侧卧或四肢呈划水样。有时会无明显症状突然死亡。

(2)慢性型　常见于保育猪,主要是食欲下降,咳嗽,呼吸困难,被毛粗乱,四肢无力或跛行,生长不良,直至衰竭而死亡。

2. 宰后检疫

患猪的特征性病变为全身性浆膜炎,浆液性和化脓性纤维蛋白渗出物覆盖在腹膜和胸膜上,主要表现为浆液性或纤维素性胸膜炎、腹膜炎、心包炎(又称"绒毛心")(彩图2-6-30)、关节炎(尤其是跗关节和腕关节)(彩图2-6-31),部分可见脑膜炎。此外,在胸腔、腹腔、关节腔等部位有不等量的黄色或淡红色液体,有的呈胶冻状。

3. 实验室诊断

(1)细菌分离鉴定　将病料接种于含有烟酰胺腺嘌呤二核苷酸培养基上,经37 ℃恒温箱培养24~48 h后,可见小而透明的菌落。在鲜血琼脂培养基上不溶血。在显微镜下可见到单个从短杆状到细长杆状,甚至丝状等多种形态的菌体,通常有荚膜,革兰氏染色呈阴性。

(2)间接血凝试验　可凭肉眼进行判断。

(3)PCR鉴定方法　PCR方法快速、准确且特异性高。

4. 检疫后处理

一旦猪群出现临床症状,应立即隔离病猪,采用抗生素进行治疗,并对整个猪群进行药物预防。淘汰无饲养价值的严重病猪;改善猪舍通风条件,消灭老鼠,做好环境卫生工作,每日冲洗猪舍,严格消毒;疏散猪群,降低饲养密度,减少各种应激。

(四)猪传染性萎缩性鼻炎

猪传染性萎缩性鼻炎是猪的慢性呼吸道传染病。特征为鼻甲骨萎缩,喷嚏,鼻塞,颜面变形,病原为支气管败血波氏杆菌和产毒素多杀性巴氏杆菌。

1.临诊检疫

病猪早期表现为打喷嚏和吸气困难。喷嚏呈连续性间歇发作,喷嚏后,鼻孔排出少量清液或黏性鼻液。由于强烈喷嚏损伤鼻黏膜浅表血管,而发生不同程度的鼻衄。鼻黏膜充血、潮红,分泌物增多。由于鼻甲骨的局部炎症刺激,病猪表现不安,拱地或在食槽、墙角等处摩擦鼻部。疾病严重的病例,还可出现脓性鼻液,呼吸时发出鼾声等。此外,病猪常有结膜炎,频频流泪,在眼眶下面的皮肤上形成半月形或三角形的湿润区,当有泥土黏着时变为黑斑,称为泪斑。

2.宰后检疫

鼻甲骨的严重病变仅限于一侧时,鼻骨一侧弯曲,呈现歪鼻,是该病的特征。若鼻甲骨两侧病变相当时,则鼻腔长度缩短形成短鼻,外观变形。由于鼻甲骨萎缩,额窦不能正常发育,故两眼之间宽度减小,头部外形改变。肺的尖叶、心叶和膈叶背侧呈现炎症斑。萎缩性鼻炎的鼻甲骨卷曲萎缩、鼻中隔偏曲。

3.实验室诊断

除临诊检疫外还可结合实验室技术进一步诊断。

(1)X线检查　可用于早期诊断。

(2)病原学检查　灭菌鼻拭子伸入鼻腔 1/2 深处,接种于葡萄糖血清麦康凯琼脂培养基上培养,48 h 后的菌落中等大小、圆形,呈半透明的烟灰色,有特殊的腐败气味。

(3)血清学检查　凝集试验对确定该病有一定的诊断价值。猪感染支气管败血波氏杆菌后 2～4 周可呈抗体阳性反应,凝集价在 1:10 以上时可持续 4 个月。

4.检疫后处理

检疫中发现猪传染性萎缩性鼻炎时,应隔离饲养,同群猪不能调运;凡与病猪接触的猪应观察 6 个月,无可疑症状,方可认为健康。被污染的场圈、用具等应彻底消毒。

三、寄生虫性疫病的检疫

(一)旋毛虫病

旋毛虫病是由旋毛虫引起的一种人兽共患的寄生虫病。临床特征为体温升高,肌肉强烈痉挛。人感染旋毛虫多因食用未煮熟的含旋毛虫幼虫包囊的动物肉及肉制品。

1.临诊检疫

动物感染后均有一定耐受性,往往无明显症状。感染严重的猪和犬,有肌肉痉挛、麻痹、运动障碍、体温升高等症状;呈急性卡他性肠炎,严重者为出血性腹泻。有的眼睑和四肢水肿。

2.宰后检疫

猪旋毛虫常寄生于膈肌、舌肌、喉肌、咬肌、颈肌和腰肌等处。其中膈肌部位发病率最高,并多聚集在膈肌脚。被侵害的肌肉发生变性、肌纤维肿胀、横纹肌消失。

3.实验室诊断

显微镜检查法也称压片镜检法,其检查的步骤如下:

(1)采样　从左右横膈肌脚采取重量 25～50 g(不少于 25 g)的肉样两块,编写与肉尸同一号码,送实验室检查。

(2)眼观　在充足自然光或 80 W 左右灯光下,撕去膈肌的肌膜,两手顺肌纤维方向绷紧肉样,用肉眼观察肉样中有无半透明的隆起的乳白色或灰白色针尖大的小点(旋毛虫幼虫包囊)。凡发现上述小点时,应仔细剪下,制成压片镜检。

(3)镜检　用剪刀,从左右两侧膈肌脚顺肌纤维选剪出 24 个麦粒大小的肉粒,依次附贴于玻片上,盖上另一玻片,用力压扁(使压片展成通过它能看到报纸上小号字的程度)。然后,将压片置于低倍显微镜或投影器下观察,逐个检查 24 个肉粒压片每个视野。

4. 检疫后处理

(1)发现有旋毛虫包囊和钙化虫体者,全尸作工业用、化制或销毁。

(2)犬、猫及其他肉食动物,喂生肉时必须先作旋毛虫检查。养猪实行圈养饲喂。肉类加工厂废弃物,必须做无害化处理。加强饲养场的灭鼠工作,改善环境卫生。

(二)猪囊尾蚴病

囊尾蚴(囊虫)病是由绦虫幼虫寄生于肌肉组织所引起的人兽共患寄生虫病。中间宿主是猪、野猪和人,犬、猫也可感染,终末宿主是人。当人吃进生的或未经无害化处理的含囊尾蚴虫的肉,即可在肠道中发育成绦虫,患者出现贫血、消瘦、腹痛、消化不良、腹泻等症状。

1. 临诊检疫

症状轻时,无特殊症状。重症时病猪可见眼结膜发红或有小疙瘩,舌根部有半透明的包囊。当虫体寄生于脑、眼、声带等部位时,常出现神经症状、失明和叫声嘶哑等。有的病猪肩胛肌水肿增宽,臀部隆起,外观呈哑铃状或狮子状,病猪不愿走动。

2. 宰后检疫

猪、牛的肩胛肌、臀肌、咬肌、颈部肌肉、股内侧肌、腰肌、心肌、舌肌等部位外部或切开肌肉内部见米粒大至黄豆大灰白色半透明囊泡(囊壁有一圆形小米粒大的头节,外观似白色的石榴粒样)或见白色钙化包囊。严重感染时,全身肌肉、内脏、脑和脂肪内均可发现。

3. 实验室诊断

皮内变态反应、环状沉淀反应、补体结合反应、间接血凝试验和免疫酶联吸附试验等血清学检查方法有助于诊断和鉴定。

4. 检疫后处理

(1)发现囊尾蚴和钙化虫体者,全尸作工业用或销毁。

(2)只要猪、牛吃不到人的粪便,该病便可以控制。因此要做好粪便的处理工作,防止粪便污染动物的饲料、饮水与放牧地点。

四、其他病原体引起的疫病

(一)猪气喘病

猪气喘病是由猪肺炎支原体引起猪的一种慢性呼吸道传染病。该病特征为咳嗽和气喘,病理变化部位主要是肺。急性病例以肺水肿和肺气肿为主;亚急性和慢性病例见肺部"虾肉"样变。

1. 临诊检疫

不同品种、年龄的猪均可感染,尤其哺乳仔猪及幼龄猪最易感染。妊娠后期母猪常急性发作,死亡率高。病畜呼吸次数增多,呼吸困难,张口喘气,喘鸣似拉风箱,口鼻流沫。常呈犬坐姿势,腹部起伏,咳嗽次数少而低沉,体温正常。病程 3～5 d。慢性型,病初长期咳嗽,早晚、运动、进食后尤为明显,后更严重,呈连续性或痉挛性咳嗽,咳时站立、垂头、弓背、伸颈,直至呼吸道分泌物咳出咽下为止。随后呼吸困难,次数增加,腹式呼吸,夜间发出鼾声。

2. 宰后检疫

主要病变在肺、肺门淋巴结和纵隔淋巴结。特别是在肺的心叶、尖叶、中间叶及部分病例的膈叶之边缘出现融合性支气管炎病变。病变部分界线明显,像鲜嫩的肌肉,故名"肉样变"(彩图2-6-32)。

切面湿润而致密,并从小支气管流出微浑浊的灰色带泡沫的浆液或黏液性液体,病重的呈淡紫色、深紫色或灰白色、灰黄色,半透明减轻并且坚韧度增加或发展为胰变。肺门淋巴结和纵隔淋巴结显著肿大,呈灰白色,切面外翻湿润,有时边缘稍有充血。

3. 实验室诊断

(1)X线检查　以直立背胸位为主,侧位或斜位为辅,可见肺野内侧区和心膈角区呈不规则的云絮状渗出性阴影,密度中等,边缘模糊,即为病变区,肺野外周区无明显变化。

(2)血清学检查　常用间接血凝试验及琼脂扩散方法进行普检,淘汰阳性母猪。

4. 检疫后处理

由于该病在猪群中普遍存在隐性感染和带菌现象,因此,猪群中只要发现一头阳性病猪,该猪群就可能是发病猪群。发现病猪应立即进行全群检查,按检查结果隔离分群饲养,淘汰病猪,消毒被污染场地、圈舍、车船及可能被污染的环境。需急宰者,销毁肺组织,其他内脏作高温处理利用,胴体不受限制。

(二)猪痢疾

猪痢疾是由猪痢疾密(短)螺旋体引起的猪的肠道传染病。其特征为大肠黏膜发生黏液性、渗出性、出血性及坏死性炎症。病猪先发生急性出血性下痢,后为亚急性和慢性黏液性下痢。

1. 临诊检疫

不同年龄、品种的猪均易感,以断奶仔猪发病率高。病猪和带菌猪为主要的传染源,粪便排毒污染环境,易感猪经消化道感染该病。

(1)最急性型　见于流行初期,死亡率高,个别表现无症状,突然死亡。多数病例为厌食,剧烈下痢,粪便由黄灰色软粪变为水泻,内含有黏液和血液(或血块)。随病程发展,粪便中混有黏膜或纤维素渗出物的碎片,味腥臭。病猪精神沉郁,排便失禁,弓腰,腹痛,呈高度脱水现象,往往在抽搐状态下死亡。病程12~24 h。

(2)急性型　多见于流行的初、中期,病初排软便或稀便,继而粪便中含有大量半透明的黏液,粪臭而呈黄灰色,多数粪便中含有血液和血凝块、脱落黏膜组织碎片。食欲减退,口渴加重,腹痛,消瘦,有的死亡,有的转为慢性。

(3)亚急性和慢性型　多见于流行的中后期,反复出现下痢,粪便含有黑红色血液或黏液,病猪食欲正常或减退,消瘦、贫血、生长迟缓。

2. 宰后检疫

大肠肠壁充血,水肿,黏膜肿胀,被覆混有黏液、血液的纤维素性渗出物,坏死的黏膜表层形成假膜,似麸皮或干酪样,假膜下有浅表的糜烂面。

3. 实验室诊断

(1)微生物学检查　取急性病猪粪便中的黏膜抹片,或染色检查,或暗视野检查,可以见到革兰氏染色呈阴性、多为4~6个弯曲、两端尖锐、形状如蛇样螺旋体。如每个视野中可见到3~5个或以上,可作为确定检疫的参考标准。

(2)血清学检查　常用凝集试验和酶联免疫吸附试验。

4. 检疫后处理

检疫中发现猪痢疾时,严禁调运;发病猪群最好全群淘汰,并彻底消毒。也可采用隔离、消毒、药物防治等综合措施进行控制,重建健康群。猪痢疾密螺旋体对外界抵抗力不强,一般消毒药可以杀死。但由于康复猪带菌时间较长,经常从粪便中排出病原体,易造成疫情反复。发病猪场最好全群淘汰,彻底清理和消毒,并空舍 2～3 个月,再引进健康猪。

(三)猪附红细胞体病

猪附红细胞体病是由猪附红细胞体引起的猪的一种疾病。其临床特征为贫血、黄疸和发热;多呈隐性感染或慢性消耗性经过,但可引起肠道和呼吸系统感染,母猪繁殖力下降,育肥猪上市推迟等。

1. 临诊检疫

(1)急性型　病初出现高热稽留,体温 40～42 ℃,流涕、咳嗽、呼吸困难,皮肤、黏膜苍白,四肢特别是耳郭边缘发绀、坏死,有时可见黄疸、腹泻。以断奶仔猪特别是阉割后几周多见。育肥猪日增重下降,易发生急性溶血性贫血,后期常下痢。母猪感染后常见少乳或无乳,以产后多见。

(2)慢性型　表现渐进性贫血、消瘦,常常成为僵猪,有时出现皮肤变态反应,有些猪可长期带菌,受到应激时引发疾病。病愈猪也可能终生带菌。母猪还可出现繁殖障碍,如受孕率降低、发情推迟、流产、弱仔等,但少有或无木乃伊胎。

2. 宰后检疫

特征性的病变是黄疸和贫血。全身皮肤、黏膜苍白,脂肪和脏器显著黄染。血液呈水样,体腔及心包积液,肺水肿,全身淋巴结、肝、脾和胆囊肿大,胆汁充盈。

3. 实验室诊断

(1)镜检　急性发热期间进行病原的显微镜检查效果最好。采取猪外周末梢血液制成抹片,吉姆萨染色后油镜下观察;或将 1 滴血液与等量的生理盐水混合,压上盖玻片后油镜下观察。如发现红细胞表面见到卵圆形或圆形,或完全将红细胞包围的链状附红细胞体为阳性。该方法要防止色素沉着而造成假阳性和误诊。

(2)血清学试验　包括免疫荧光试验(IFA)、间接血凝试验(IHAT)、补体结合试验(CFT)、ELISA 等,适于群体诊断。需要注意血清学阴性的猪可能是病原携带者。

(3)PCR 是一种操作简便、快速的方法。将 PCR 与 DNA 杂交技术相结合,更为特异、敏感。

(4)血液学检查时,猪红细胞比容从 39.6％降至 24％,Hb 从 10～15 g/100 mL 降至 3～7 g/100 mL,可作为辅助诊断的依据。

4. 检疫后处理

屠宰时发现病猪,对有明显病变的肉尸和内脏,宜化制或销毁,病变轻微的可高温处理后出场。血液应销毁。进口时检出的患病动物,做退回或扑杀、销毁处理,同群动物进行隔离观察。

▶▶ 任务二十五　牛、羊主要疫病的检疫 ◀◀

一、病毒性疫病的检疫

(一)牛海绵状脑病

牛海绵状脑病(BSE)俗称疯牛病,是朊病毒引起的一种神经性、渐进性、致死性疾病。该病的特征为潜伏期长、精神紊乱、共济失调、触听视三觉过敏和大脑呈海绵状空泡变性。

1. 临诊检疫

（1）精神异常　主要表现为焦虑不安、恐惧、狂暴，攻击性增强；不自主运动，如磨牙、震颤。

（2）感觉障碍　最常见对触摸、光照及声音过度敏感，表现为受惊吓，异常紧张，颤抖。这是疯牛病临床诊断的主要特征。

（3）运动障碍　主要表现为共济失调，颤抖，病牛步态呈"鹅步"状，四肢伸展过度，后肢运动失调、震颤、麻痹、倒地、轻瘫。

2. 宰后检疫

无肉眼可见病理变化，也无生物学和血液学异常变化。典型的组织病理学和分子病理学变化都集中在中枢神经系统。

3. 实验室诊断

（1）病理组织学检查　采集病变多发部位（丘脑、中脑、脑桥、延髓等）脑组织，用十倍体积的 10％福尔马林（4％甲醛）固定后送检。经切片、染色（用苏木素-伊红）、镜检，可见灰质神经纤维空泡化、神经元空泡化、神经元变性和缺失、神经胶质细胞增生等病变。确诊率可达90％，但需在牛死后才能诊断。

（2）病原学检查　采用特异性强，灵敏度高的蛋白质免疫印迹和免疫组织化学方法检查病原，可确诊。其中蛋白质免疫印迹法目前已成为 BSE 的主要检测手段。蛋白质免疫印迹方法、酶联免疫吸附试验方法（ELISA）、免疫层析试纸条监测方法为筛选病毒方法。

4. 检疫后处理

（1）检疫时一旦发现该病，病牛及同群牛一律扑杀销毁。

（2）为了防止牛海绵状脑病侵入我国，加强海关检疫，禁止从疫区进口牛、羊及精液、胚胎、脂肪、肉粉、骨粉等其他产品。

（3）遇到可疑病例，立即隔离、上报，并尽早确诊。扑杀所有病牛和可疑病牛。可疑病牛的肉制品及肉骨粉不能食用，均采用焚烧处理。畜舍及相关物品用 2％漂白粉或烧碱溶液消毒。不能焚烧的物品可采用 136 ℃高压蒸汽灭菌 2 h。

（二）蓝舌病

蓝舌病是由蓝舌病病毒引起反刍动物的一种急性、非接触性传染病。该病的特征为发热、消瘦、口鼻和胃肠黏膜损伤和坏死。因病畜舌、齿龈黏膜充血肿胀，淤血呈青紫色而得名。绵羊为主要的易感动物，牛、山羊、鹿、羚羊等的易感性较低，多为隐性感染，是危险的传染源。迄今尚未发现蓝舌病病毒对人类有传染性。

1. 临诊检疫

病羊精神沉郁、食欲减退、流涎、口、唇、舌发绀，双唇水肿，甚至蔓延至面部、耳及颈部和腋下。严重者口鼻黏膜糜烂，致使吞咽困难、呼吸困难，呼吸发鼾，腹泻，血便。部分病羊四肢甚至躯体两侧被毛脱落，有的蹄冠和蹄叶发炎，引起跛行。个别孕畜流产或产死胎，胎儿脑积水或先天畸形。病程为 6～14 d，发病率为 30％～40％，病死率为 20％～30％，多因并发肺炎和胃肠炎引起死亡。

2. 宰后检疫

主要病变集中在鼻腔、口腔、瘤胃、蹄部等处，表现为出血、糜烂、溃疡和坏死；皮下组织出血及胶冻样浸润；肺泡和肺间质严重水肿、肺充血严重；全身淋巴结充血、水肿；心内膜和心外膜有出血；骨骼肌严重变性和坏死。

3．实验室诊断

（1）病原学检查　可取高热期的绵羊血液（用肝素 10 IU/mL 或 EDTA 0.5 mg/mL 抗凝）、血清或自新鲜尸体采取脾或淋巴结（冷藏保存 24 h 内送至实验室）进行病毒分离培养、电子显微镜检查等病原学诊断。

（2）血清学检查　可通过琼脂扩散试验、竞争酶联免疫吸附试验（ELISA）或间接荧光抗体试验以进行该病的诊断。

4．检疫后处理

（1）检出阳性动物，立即上报疫情，停止调运，并封锁、扑杀、销毁全群感染动物，并进行彻底消毒。

（2）病畜的同群者或怀疑被其污染的动物尸体及内脏应进行销毁处理。

（3）疫区及受威胁区的易感动物进行紧急免疫接种。

（三）牛瘟

牛瘟又称烂肠瘟、胆肠瘟，是由牛瘟病毒引起的一种急性、高度接触性、热性败血症性传染病。其特征为体温升高，病程短。黏膜特别是消化道黏膜发炎、出血、糜烂和坏死。该病因其高度传染性和致死性曾使各国养牛业遭受巨大的经济损失。目前世界上仍有少数国家的各地区有牛瘟发生，大部分在非洲和亚洲。

1．临诊检疫

病牛体温升高达 41～42 ℃，持续 3～5 d。病牛精神委顿、厌食、便秘，呼吸和脉搏加快，有时意识障碍。流泪，眼睑肿胀，黏膜充血，有黏性鼻液。口腔黏膜充血、流液。上下唇、齿龈、软硬腭、舌、咽喉等部位形成伪膜或烂斑。由于肠道黏膜出现炎性变化，继软便之后而下痢，粪中混有血液、黏液、黏膜片或伪膜等，带有恶臭。尿少，色黄红或暗红。孕牛常有流产。病牛迅速消瘦，两眼深陷，卧地不起，衰竭而死。

2．宰后检疫

整个消化道黏膜都有炎症和坏死变化，特别是皱胃幽门部附近最明显，可见到圆形的灰白色上皮坏死斑、伪膜、烂斑等。小肠，特别是十二指肠黏膜充血潮红、肿胀、点状出血和烂斑；盲肠和直肠黏膜严重出血，集合淋巴结常发生溃疡。胆囊显著肿大，充满黄绿或棕绿色稀薄胆汁，黏膜上有出血、伪膜和糜烂。呼吸道黏膜潮红、肿胀、出血，鼻腔、喉头和气管黏膜覆有伪膜，其下有烂斑，或覆以黏脓性渗出物。

3．实验室诊断

（1）病原学检查　采取病牛血液、分泌物、淋巴结、脾等，经处理后接种原代牛肾单层细胞培养。显微镜下观察特征性细胞病变，若有折射性，细胞变圆、皱缩，细胞质拉长（星状细胞）或巨细胞形成等即可确检。另外，也可用免疫过氧化物酶染色或特异性血清中和试验来鉴定病毒。

（2）血清学检验　采取病牛双份血清送检，做 ELISA、中和试验和兔体交叉免疫试验等，均可确检。国际贸易指定的试验为竞争 ELISA。

4．检疫后处理

检疫时一旦发现阳性动物，应立即采取"上报疫情、封锁疫区，扑杀病畜并做无害化处理，彻底消毒和紧急免疫接种"等综合性处理措施。

(四)绵羊痘和山羊痘

绵羊痘和山羊痘分别是由绵羊痘病毒、山羊痘病毒引起的绵羊和山羊的急性、热性、接触性传染病,俗称"羊天花"。其特征是皮肤和黏膜上发生特殊的丘疹和疱疹,伴以发热、呼吸困难、流黏液性或黏脓性鼻液。典型病例痘初为丘疹,次变为水疱,后变为脓疱,脓疱干后结痂,脱落后痊愈。该病主要分布于非洲、中东、印度、北欧、地中海、澳大利亚等地,我国许多地方都有羊痘的流行。由于传染性强,发病率高,该病严重影响羔羊的成活率和养羊业的发展及经济效益。我国将其列为一类动物传染病。

1. 临诊检疫

潜伏期一般 7～14 d。典型病例表现体温升至 40 ℃以上,精神沉郁,食欲减退乃至废绝,眼、鼻流出黏性或脓性液体,继而在无毛或少毛的部位出现丘疹、红斑(彩图 2-6-33)。

随着发展程度的不同,可表现为水疱、脓疱以及结痂等不同形式。黏膜较易形成腐烂,有时痘疹不形成水疱而保持硬固,成为所谓的"石痘",也有形成脓疱并融合出血的,或溃疡或坏疽。

2. 宰后检疫

主要表现为气管及支气管黏膜充血、水肿,表面有大小不等的水疱样痘疹。肺表面或切面有白色结节灶,肺门淋巴结肿胀,切面多汁。齿龈、舌面、硬腭、咽喉黏膜有大小不等的圆形丘疹,有的破溃、出血、化脓。瘤胃和真胃的黏膜和浆膜可见豌豆大小的石头痘,肠道见卡他性炎症。肝、肾表面偶尔能见到白斑。

3. 实验室诊断

(1)病理组织学检查 病理组织学检查可见真皮充血、浆液性水肿和细胞浸润。炎性细胞增多,主要是中性粒细胞和淋巴细胞。表皮的棘细胞肿大、变性、细胞质空泡化。

(2)包涵体检查 非典型病例可进行包涵体检查。取痘疱组织涂片,经镀银染色、吉姆萨染色或苏木紫-伊红染色,镜检发现细胞质内包涵体,即可确诊。

4. 检疫后处理

当确诊为该病后,所在地县级以上地方人民政府农业农村主管部门应当立即派人到现场,划定疫点、疫区、受威胁区,并采取相应措施;同时,及时报请本级人民政府对疫区实行封锁,逐级上报至国务院农业农村主管部门,并通报毗邻地区。对病死羊、扑杀羊及其产品进行销毁;对病羊排泄物和被污染或可能被污染的饲料、垫料、污水等均需通过焚烧、密封堆积发酵等方法进行无害化处理。对疫区和受威胁区内的所有易感羊进行紧急免疫接种。

(五)痒病

痒病又称瘙痒病,是由朊病毒引起的绵羊和山羊的慢性退行性中枢神经系统疾病。潜伏期长,以剧痒,肌肉震颤,进行性运动失调,最后瘫痪,高致死率为特征。该病早在 18 世纪中叶发生于英格兰,随后传播到欧洲国家,20 世纪 30—40 年代传至北美和世界其他地区。我国1983 年从英国苏格兰引进的莱斯特羊群中发现疑似病例。该病不仅对畜牧业危害大,而且给公共卫生安全带来严重威胁。

1. 临诊检疫

潜伏期 2～5 年或更长。以瘙痒,运动共济失调等神经症状为特征。早期表现沉郁和敏感,易惊,头颈抬起,行走时特征为高抬腿的姿态跑步(似驴跑的僵硬步态),驱赶时反复跌倒。随后运动时共济失调逐渐严重。随意肌特别是头颈部位发生震颤,兴奋时震颤加重,休息时减轻。发展期病羊出现瘙痒,常发生伸颈、摆头、咬唇或舔舌等反应,常啃咬腹肋部、股部或尾部,瘙痒部位多在臀部、腹部、尾根部、头颈部和颈背侧,常常是两侧对称。发痒部位大面积掉毛和皮肤损伤,甚至破溃出血。有时大小便失禁。患病期间体温、采食正常,但日渐消瘦,常不能跳跃,遇沟坡、门槛时反复跌倒。病程几周或几个月,甚至 1 年以上。

2. 宰后检疫

主要是摩擦和啃咬造成的羊毛脱落及皮肤创伤和消瘦。

3. 实验室诊断

(1)病理组织学检查　对脑髓、脑桥、大脑、丘脑、小脑以及脊髓进行组织切片,最明显的病变在脑髓、脑桥、中脑和丘脑,表现为神经元空泡化,神经元变性和消失,灰质神经纤维网空泡化,星状胶质细胞增生和出现淀粉样斑。

(2)其他检查技术　其他实验室检查技术有动物感染试验、PrP^{sc} 的免疫学检测和痒病相关纤维(SAF)检查以及单克隆抗体检测等。检测 SAF 的存在是诊断痒病的标准之一,在电镜下可观察到 SAF。但检测不到 SAF,并不意味着动物未被痒病感染。

4. 检疫后处理

检出的病羊肉必须销毁,不得食用。一旦发现病羊或疑似病羊,应迅速作出确诊,立即扑杀全群,并进行深埋或焚烧销毁等无害化处理。

(六)山羊病毒性关节炎-脑炎

山羊病毒性关节炎-脑炎是山羊关节炎-脑炎病毒引起山羊的慢性病毒性传染病。该病的特征是成年羊为慢性多发性关节炎或伴发间质性肺炎或间质性乳腺炎,羔羊呈脑脊髓炎症状。

1. 临诊检疫

根据临床表现可分为以下 3 个病型。

(1)脑脊髓炎型　主要发于 2～4 月龄羔羊,有明显季节性,多发生在 3～8 月份。病初病羊精神沉郁、跛行,进而四肢僵直或共济失调,一肢或数肢麻痹,卧地不起,四肢划动,眼球震颤、惊恐、角弓反张、头颈歪斜或做圆圈运动。部分病例伴有面神经麻痹,吞咽困难或双目失明等症状。

(2)关节炎型　多发生于成年山羊,病程 1～3 年。典型症状是腕关节肿大和跛行,也可发生于膝关节和跗关节,俗称"大膝病"。病初关节周围的软组织水肿、湿热、波动、疼痛、跛行;进而关节肿大如拳,活动不便,常见前肢跪行。病羊肩前淋巴结肿大,重症病例软组织坏死,纤维化或钙化,关节液呈黄色或粉红色。

(3)肺炎型　较少见,病程 3～6 个月。病羊渐进性消瘦、咳嗽、呼吸困难,胸部叩诊有浊音,听诊有湿啰音。

2. 宰后检疫

主要病变见于中枢神经系统,脑和脊髓无明显肉眼病变,偶尔在一侧脑白质区有一棕色病区。患病关节周围软组织肿胀波动,皮下浆液渗出;关节囊肥厚,滑膜常与关节软骨粘连,有钙化斑;关节腔扩张,充满黄色、粉红色液体。肺轻度肿大,质地硬,灰色,表面有灰白色小点,切面呈叶状或斑块状实变区。乳腺有增生性结节。

3. 实验室诊断

(1)病原学检查　可采取病畜发热期或濒死期和新鲜畜尸的肝,制备乳悬液进行病毒的分离、鉴定,也可选用小鼠或仓鼠进行动物试验。

（2）血清学检查　主要用琼脂扩散试验或酶联免疫吸附试验确定隐性感染动物。

4. 检疫后处理

一旦发现可疑病畜立即上报疫情，采取紧急、强制性控制和扑灭措施。对病畜及检出的阳性动物进行扑杀、销毁处理；对同群其他动物在指定的隔离地点隔离观察 1 年以上。在此期间，进行 2 次以上实验室检查，证明为阴性动物群时方可解除隔离。

（七）梅迪-维斯纳病

梅迪-维斯纳病是由梅迪-维斯纳病毒引起成年绵羊的一种不表现发热症状的慢性、接触性传染病。该病多见于 2 岁以上的成年绵羊，特征为潜伏期长，呈间质性肺炎或脑膜炎经过，病羊衰弱、消瘦、死亡。

1. 临诊检疫

（1）梅迪型（呼吸道型）　病羊进行性肺部损害，主要表现为呼吸道症状。病初倦怠、羊群经驱赶后，病羊鼻孔扩张，头高昂，有时张口呼吸。后逐渐消瘦，进行性肺炎，慢性咳嗽，呼吸增数，逐渐发展为呼吸困难。

（2）维斯纳型（脑炎型）　病羊最初表现步态异常，共济失调，后肢轻瘫逐渐加重而成为截瘫，后完全麻痹；有时头部也有异常表现，唇部和眼睑震颤，头偏向一侧，后出现偏瘫或完全麻痹。

2. 宰后检疫

梅迪型病变主要见于肺及周围淋巴结，肺体积和质量比正常增大 2～4 倍，呈灰黄、灰蓝或暗紫色，触之有橡皮样感觉；纵隔淋巴结和支气管淋巴结水肿。维斯纳型无明显肉眼病变，病程长的后肢肌肉常萎缩。

3. 实验室诊断

（1）病原学检查　在发病早期和中期，无菌采取病羊的白细胞或脑、肺组织，胰酶消化处理后做细胞培养，最易获得病毒。采取病死羊的肺、淋巴结、乳腺等制成乳剂后接种于健康绵羊脉络丛细胞共同培养，检查细胞是否出现具有折光性的树枝状细胞或合胞体，然后用免疫标记技术检查病毒抗原或通过电镜观察细胞内的特征性病毒粒子。

（2）血清学检查　琼脂扩散试验，是目前最常用的诊断和监测方法，也可用酶联免疫吸附试验、补体结合试验及荧光抗体试验。

4. 检疫后处理

检疫中发现病羊或阳性羊，应立即上报疫情，并扑杀、销毁尸体，圈舍、用具等全面消毒；对同群动物应在指定地点隔离观察 1 年以上，此期间应检疫两次以上，没有阳性，方可解除隔离。

（八）牛流行热

牛流行热又称三日热、暂时热，是由牛流行热病毒引起牛的一种急性、热性、全身性传染病。该病的特征为突发高热，流泪，有泡沫样流涎，鼻漏，呼吸促迫，后躯僵硬，跛行等。

1. 临诊检疫

该病主要侵害奶牛和黄牛，水牛较少发病。以 3～5 岁牛多发。病牛体温高达 40 ℃以上，持续 1～3 d，精神沉郁，肌肉震颤，食欲、反刍减少或停止；眼结膜潮红、水肿，畏光，流泪，眼角流出脓性分泌物；鼻镜干燥，呼吸困难；四肢关节肿胀、疼痛、跛行，严重者卧地不起；皮下气性肿胀，触压有捻发音；怀孕后期的母牛常发生流产或产死胎。病程短，发病率高，病死率低，多呈良性转归。

2. 宰后检疫

呼吸道病变典型,多见肺充血、水肿和肺间质性气肿。肺间质增宽,内有气泡,压迫有捻发音。肺尖叶、心叶、膈叶多见暗红色肝变区。肺门淋巴结充血、水肿或出血。肝、肾等实质性器官浑浊肿胀。

3. 实验室诊断

(1)病原学检查　采取高热期病牛的血液(用肝素 10 IU/mL 或 EDTA 0.5 mg/mL 抗凝),人工感染乳鼠或乳仓鼠,并通过中和试验鉴定病毒;或将病死牛的脾、肝、肺等组织及人工感染乳鼠的脑组织制成超薄切片,电镜检查子弹状或圆锥形的病毒颗粒。也可通过细胞培养物进行病毒分离,通过免疫荧光试验进行病毒抗原的检查。

(2)血清学检查　可选择中和试验、补体结合试验、琼脂扩散试验、免疫荧光试验、酶联免疫吸附试验(ELISA)等进行检验。

4. 检疫后处理

发现病牛应立即停止调运,迅速采取隔离、封锁、消毒的措施,杀灭场内及其周边环境中的蚊蝇等吸血昆虫,隔离病牛,进行及时合理的治疗,防止该病的蔓延、扩散。进口动物中一旦检出病毒,动物退回或扑杀销毁。

(九)牛传染性鼻气管炎

牛传染性鼻气管炎又称"牛传染性坏死性鼻炎""牛红鼻病",是由牛传染性鼻气管炎病毒引起牛的一种急性、热性、高度接触性呼吸道传染病。该病的特征为呼吸困难,体温升高,鼻炎,鼻窦炎,喉炎,气管炎等。病毒主要存在于病牛的呼吸道、眼、唾液、精液、阴道分泌物、流产胎儿和胎盘等,主要通过飞沫经呼吸道传播,也可经生殖器官黏膜、吸血昆虫传播。

1. 临诊检疫

临床症状分为呼吸道型、生殖道型、流产型、脑炎型、眼炎型、肠炎型。

(1)呼吸道型　为最常见病型,典型的症状是体温升高,可达 39.5～42 ℃,精神极度沉郁,食欲废绝,鼻腔黏膜高度发炎、充血,呈火红色,鼻孔流出多量黏液性脓性分泌物,呼吸困难。鼻黏膜发生坏死,溃疡,导致呼气中常有臭味。

(2)生殖道型　母牛表现为体温升高,不安,频尿。阴门、阴道黏膜充血潮红,有大量灰黄色、粟粒大坏死性脓疱或斑块。公牛表现为精神沉郁,食欲废绝,龟头、包皮、阴茎充血,发炎,水肿等。

(3)流产型　一般见于头胎青年母牛怀孕期任何阶段,也可发生于经产母牛。多于孕后5～8 个月流产或产弱胎、死胎。

(4)脑炎型　多发生于 4～6 月龄内犊牛,病初体温升高,呼吸困难,沉郁与兴奋交替出现,共济失调,口吐白沫。严重者角弓反张,磨牙,四肢划动。病死率达 50％以上。

(5)眼炎型　结膜角膜炎,不发生角膜溃疡,病牛表现为流泪,结膜高度充血,角膜浑浊呈云雾状,眼角流浆性、脓性分泌物。

(6)肠炎型　见于 2～3 周龄的犊牛,在出现呼吸道症状的同时,出现腹泻,甚至排血便,病死率 20％～80％。

2. 宰后检疫

呼吸道黏膜发炎,有浅溃疡,在咽喉、气管及支气管黏膜表面有腐臭黏液性、脓性分泌物。外阴和阴道黏膜有白斑、糜烂和溃疡。流产胎儿的肝、脾局部坏死,部分皮下有水肿。

3. 实验室诊断

(1)病原学检查　可无菌采集呼吸道、生殖道或眼部分泌物,脑组织及流产胎儿心血、肺等作为病料,用牛肾细胞培养物分离、鉴定病毒,利用荧光抗体或中和试验检测病毒。也可用DNA限制性内切酶酶切分析和 PCR 等方法进行分子病原学检测。

(2)血清学检查　采集急性期和恢复期的双份血清测定抗体的上升情况是确检的主要依据。比如病毒中和试验、酶联免疫吸附试验、免疫荧光试验、琼脂扩散试验、间接血凝试验等均可确检。

4. 检疫后处理

(1)发现病牛和确检阳性牛立即用不放血方式扑杀,尸体深埋或焚烧。同群动物在隔离场或其他指定地点隔离观察并全面彻底消毒。进境牛,一旦检出病牛和阳性牛,做扑杀、销毁或退回处理。

(2)可疑牛及时隔离、观察,加强检疫和消毒。

(3)屠宰检疫检验时,凡宰前检疫发现该病及可疑病牛,用不放血方式扑杀,尸体销毁。宰后检验发现该病后卫生处理同宰前。

(十)牛病毒性腹泻-黏膜病

牛病毒性腹泻-黏膜病是由牛病毒性腹泻病毒引起牛的一种接触性传染病。该病的特征是消化道黏膜发炎、糜烂、坏死。牛、羊、猪、鹿等均可被感染,其中 6～18 月龄的幼牛易感性更强,羊、猪等感染后一般不显临床症状。

1. 临诊检疫

(1)急性型　常见于幼龄牛和青年牛。主要临床症状为双相热,精神沉郁,食欲减退甚至废绝,反刍停止,大量流涎、流泪,呼出气体恶臭,泌乳性能降低甚至停奶;鼻有浆液性、黏液性、脓性分泌物,结膜炎、口腔黏膜充血、糜烂、形成溃疡,随后出现剧烈腹泻,并伴有明显腹痛,排泄物初呈水样,后带有黏液和血液。

(2)慢性型　通常由急性型转化而来,主要表现为鼻镜糜烂、角膜浑浊,持续性或间歇性腹泻,粪便恶臭,混有蛋清样白色黏液和血液,甚至排出绳索样纤维蛋白性管状物。孕牛可能流产,或产出有先天性缺陷的犊牛。有些病牛常有蹄叶炎及趾间皮肤糜烂、坏死、跛行。

2. 宰后检疫

主要病变在消化道和淋巴结。口腔黏膜、咽部、鼻镜、鼻腔有不规则的糜烂和溃疡,以食道黏膜呈大小不一线状、虫蚀样糜烂最为典型。瘤胃黏膜出血、糜烂;真胃炎性水肿和糜烂。肠壁水肿、增厚。

3. 实验室诊断

(1)病原学检查　无菌采集急性发热期血液、尿、鼻液或眼分泌物,剖检时采取脾、骨髓、肠系膜淋巴结等病料,经牛肾继代细胞、犊牛睾丸细胞分离病毒并鉴定。也可进行病毒荧光抗体检查。

(2)血清学检查　无菌采血,分离血清,送检。通过中和试验、补体结合试验、荧光抗体试验及琼脂扩散试验等均可确检。

4. 检疫后处理

对病牛、阳性牛立即隔离、扑杀,尸体无害化处理,彻底消毒,防止疫情扩大,及时消除传染源;同群其他动物在隔离场或检疫机关指定的地点隔离观察。进境动物,一旦检出病畜,做扑杀、销毁或退回处理。

(十一)牛白血病

牛白血病又称地方性牛白血病、牛恶性淋巴肉瘤、牛白细胞增生病,是由牛白血病病毒引起牛的一种慢性肿瘤性传染病。该病的特征是淋巴细胞恶性增生、进行性恶病质,感染率高,发病率低,病死率高。

1. 临诊检疫

根据临床表现可分为亚临床型和临床型。

(1)亚临床型　临床上无明显全身症状,血液中白细胞或淋巴细胞恶性增多,多数牛可持续多年或终身。

(2)临床型　病牛体温正常或略升高。食欲不振、全身乏力,可视黏膜苍白或黄染,生长缓慢,体重减轻,泌乳性能明显降低。当心形成肿瘤块时出现压迫性呼吸、吞咽困难,胸前浮肿,腹泻,粪如泥样、恶臭,尿频或排尿困难。当骨盆腔及后腹部发生肿瘤块时,病牛出现共济失调,起立困难、跛行等。全身淋巴结显著增大,以下颌、腮、肩前及股前淋巴结最为明显。

2. 宰后检疫

主要为全身广泛性淋巴肿瘤,其中腹股沟浅淋巴结、髂淋巴结、肠系膜淋巴结以及内脏淋巴结高度肿大,呈均匀灰色,柔软,切面突出,有出血和坏死。各脏器、组织形成大小不等的结节性或弥散性肉芽肿病灶,真胃、心和子宫最常发生病变。

3. 实验室诊断

(1)组织学与血液学检查　组织学检查可见肿瘤细胞浸润和增生;血液学检查可见白细胞总数增加。

(2)病原学检查　病毒可用外周血液淋巴细胞培养分离,然后用电镜或牛白血病病毒抗原测定法鉴定。在外周血液中,可用聚合酶链反应检查病毒 DNA;在肿瘤中,可用 PCR 和原位杂交检测。

(3)血清学检查　琼脂扩散试验是目前常用的确检方法之一。也可用酶联免疫吸附试验、补体结合试验、免疫荧光试验、病毒中和试验等作出确检。

4. 检疫后处理

(1)发现病牛,立即淘汰,对呈阳性反应而无临床症状的可疑感染牛应隔离饲养,加强检疫,发现阳性立即淘汰。做好保护健康牛的综合性防制措施。

(2)屠宰检疫检验时,凡宰前检疫发现该病及可疑病牛,用不放血方式扑杀,尸体销毁。宰后检验发现该病后卫生处理同宰前。

二、细菌性疫病的检疫

(一)牛结核病

结核病是由结核分枝杆菌引起的人兽共患的一种慢性传染病。以多种组织器官形成结核性结节、钙化结节病变为特征。可感染多种动物,尤其以奶牛最为易感。人尤其是儿童的感染主要是通过饮用生牛乳或消毒不合格的牛乳引起的,主要侵害肺、乳房、肠和淋巴结等。

1. 临诊检疫

结核病患病动物表现为全身渐进性消瘦和贫血,但症状随患病器官的不同而有所差异。

(1)肺结核　患畜初期表现为干咳,渐变为湿咳。呼吸急促特别是早上牵出运动时尤为明显,有时流出淡黄色脓性鼻液(彩图 2-6-34)。体温一般正常或下午稍有升高。

(2)乳房结核　乳房表面出现大小不等凹凸不平的硬结,泌乳量减少,乳液稀薄或呈深黄浓厚絮片状凝乳,最后停乳。

(3)肠结核　多发生于空肠和回肠,呈消化不良,表现顽固性腹泻,粪便混有黏液或脓液,迅速消瘦。

(4)淋巴结核　常见于下颌、咽、颈、腹股沟、股前等部的淋巴结,形成无热无痛性肿块。采食减少,呼吸困难,消瘦。

2. 宰后检疫

可见肺组织内有粟粒至豌豆大小灰白色或淡黄色的坚实小结节(彩图 2-6-35),切开结节中央可见干酪样坏死,或钙化灶,或有肺空洞;淋巴结肿大,切面有呈放射状或条纹状排列的干酪样物质,或有多量颗粒状钙化或化脓的小结节;在胸膜、腹膜和系膜上有多量密集的灰白色半透明或不透明、坚实的灰白色结节,形似珍珠,称为"珍珠病"(彩图 2-6-36);剖开乳房结节可见内含豆腐渣状的干酪样物质。

3. 实验室诊断

(1)病原学检查　取痰液或结核病乳及其他分泌物直接涂片、抗酸染色、镜检。结核分枝杆菌呈红色,其他菌及背景呈蓝色,即可确诊。必要时进行分离培养鉴定。

(2)变态反应试验　牛结核病检疫的变态反应诊断方法有皮内法、点眼法和皮下法等三种,我国目前主要采用提纯结核菌素进行皮内注射和点眼反应的方法。此法可检出牛群中95％～98％的结核病牛。

4. 检疫后处理

(1)引进动物应隔离检疫,阴性者方可入群。奶牛场用结核菌素变态反应检测,每年对牛群检疫两次,检出的阳性牛销毁。可疑牛在隔离的基础上经两次以上检疫仍为可疑者按阳性牛淘汰,保留健康牛,加强检疫和饲养管理。为了防止人畜互相传染,工作人员应注意防护,并定期体检。

(2)临诊检疫发现全身性结核病的病畜应立即用不放血的方法扑杀销毁。宰后检疫发现全身性结核或局部结核的,其胴体及内脏一律销毁处理。

(二)羊梭菌性疾病

羊梭菌性疾病是由梭状芽孢杆菌属的多种梭菌引起羊的一类传染病的统称。这类疾病包括羊快疫、羊猝狙、羊肠毒血症、羊黑疫(传染性坏死性肝炎)、羔羊痢疾。羊快疫的特征是突然发病,病程短,急性死亡,真胃出血性炎症;羊猝狙的特征是发病突然,急性死亡,形成腹膜炎和溃疡性肠炎;羊肠毒血症的特征是腹泻,惊厥,麻痹,突然死亡,肾软化如泥;羊黑疫的特征是皮肤呈暗黑色,肝实质性坏死;羔羊痢疾的特征是剧烈腹泻,小肠溃疡。

1. 临诊检疫

羊快疫、羊猝狙、羊肠毒血症及羔羊黑疫因发病急、病程短,多数病例尚未表现明显临床症状即急性死亡或在昏迷状态死亡。羔羊痢疾潜伏期 1～2 d,严重腹泻,粪便恶臭,呈黄绿色、黄白色或灰白色糊状或水样。后期粪便中含有血液、黏液和气泡。病羔羊逐渐衰弱,卧地不起,治疗不及时,多在 1～2 d 内死亡。

2. 宰后检疫

羊快疫剖检特征性病变为真胃出血性炎症(彩图 2-6-37)。羊猝狙剖检特征性病变为病羊死后 8 h 骨骼肌肌肉有出血和气性裂孔,十二指肠、空肠黏膜严重充血、糜烂、溃疡。羊肠毒血症剖检特征性病变为肾脏软化如泥(彩图 2-6-38);肠黏膜充血、出血,肠壁呈血红色或有溃疡,故又称血肠子病;胸腔、腹腔、心包积液。羊黑疫特征性病变为肝脏充血、肿胀,表面有一个到多个界线清晰,直径为 2～3 cm 的灰白色或灰黄色凝固性坏死灶(彩图 2-6-39),周围常为一鲜红色的充血带围绕,坏死灶切面呈半圆形;病羊尸体皮下静脉显著充血,皮肤呈暗黑色外观,故称其为羊黑疫。羔羊痢疾剖检特征性病变为尸体严重脱水;真胃内有未消化的凝乳块,胃黏膜充血、水肿、出血;小肠(特别是回肠)黏膜充血、出血,有溃疡,肠内容物呈血色;肠系膜淋巴结肿大、充血或出血。

3. 实验室诊断

(1)病原学检查   无菌采取病料,涂片、染色、镜检,发现革兰氏阳性、两端钝圆、单个或短链状的粗大杆菌可确诊。

(2)必要时还可进行细菌的分离培养,毒素检查、鉴定,动物试验和中和试验。

4. 检疫后处理

发生疫情时,应划定疫点、疫区和受威胁区,对病畜立即隔离、扑杀,尸体无害化处理,彻底消毒;同群其他动物在隔离场或检疫机关指定的地点隔离观察,经过最长潜伏期,未出现症状的进行紧急免疫接种;限制易感动物、动物产品及有关产品的出入。

三、寄生虫性疫病的检疫

(一)牛梨形虫病

牛梨形虫病是巴贝斯科巴贝斯属和泰勒科泰勒属的各种梨形虫寄生在牛的血液内引起的一种经蜱传播的寄生虫病的总称。巴贝斯虫病的特征为高热,贫血,黄疸,血红蛋白尿,死亡率高;泰勒虫病的特征为稽留热,消瘦,贫血,黄疸,体表淋巴结肿大,发病率和死亡率都很高。不同品种和年龄的牛均可感染,患病动物和带虫动物是主要的传染源。该病主要经皮肤感染,也可经胎盘传播给胎儿;该病的传播媒介为蜱,因此具有明显的地方性和季节性。多发于夏、秋季节,以 6～7 月份为发病高峰。

1. 临诊检疫

(1)牛巴贝斯虫病   潜伏期 8～15 d。病初呈稽留热,体温升高,达 40～42 ℃,精神沉郁,食欲减退甚至废绝,反刍减少甚至停止,便秘或腹泻,部分病例排出黑色带黏液恶臭粪便。病牛迅速消瘦、贫血、黄疸,排出血红蛋白尿。治疗不及时,死亡率可达 50%～80%。

(2)牛泰勒虫病   潜伏期 14～20 d。病初呈稽留热,体温升高,达 40～42 ℃,体表淋巴结肿大,触摸有痛感,尤以右侧肩前淋巴结肿大显著。眼结膜初充血、肿胀,后贫血黄染,个别病牛出现异食、磨牙。尿黄,但无血尿及血红蛋白尿,迅速消瘦、高度贫血,肌肉震颤,死前体温下降。

2. 宰后检疫

牛巴贝斯虫病剖检后多见黏膜、皮下组织和肌间结缔组织及脂肪黄染和水肿,血液稀薄、凝固不良。肝、脾、肾肿大,真胃与小肠黏膜水肿、出血和糜烂。

牛泰勒虫病剖检后多见全身性出血;淋巴结肿大,切面多汁,有暗红色和灰白色大小不一的结节;肝肿大,呈棕黄色,易碎;脾肿大,脾髓软化呈紫黑色糊状;真胃黏膜水肿并有大量黄白色结节和大小不一溃疡。

3. 实验室诊断

(1)病原学检查　牛巴贝斯虫病采集牛耳尖血液涂片,用瑞氏或吉姆萨染色,镜检。见红细胞中有大于红细胞半径的单个或成双的双芽巴贝斯虫,两虫体间尖端连成锐角;或红细胞内有小于其半径的牛巴贝斯虫,两虫体间尖端连成钝角,即可确诊。牛泰勒虫病早期可取淋巴结穿刺液涂片镜检,中后期采耳静脉血液涂片染色镜检。红细胞内发现小型多形态(环形、梨形、杆状、椭圆形等)虫体即可确诊(彩图 2-6-40)。淋巴细胞内发现石榴体(多核体)或裂殖子(彩图 2-6-41),即可确诊环形泰勒虫病。目前核酸探针技术和 PCR 技术也已应用于此病的诊断。

(2)血清学检查　可选择间接荧光抗体检查、酶联免疫吸附试验、间接血凝试验和乳胶凝集试验等进行特异性检查。

4. 检疫后处理

发现病畜,应及时隔离治疗,同群健畜做好药物预防。尽可能地消灭虻、厩蝇等传播媒介。屠宰检疫中发现该病,销毁病变脏器,其余部分高温处理后利用。进境动物,一旦检出病畜,做扑杀、销毁或退回处理。

(二)牛伊氏锥虫病

伊氏锥虫病,又称苏拉病,是由锥虫科锥虫属的伊氏锥虫寄生于动物的血液中引起的疾病。主要感染马属动物、牛和骆驼,其他动物(如犬、猪、羊、鹿等)也能感染。

1. 临诊检疫

牛感染后多呈慢性经过,少数为急性发病。表现体温升高至 40～41.6 ℃,呈不规则间歇热型。可视黏膜先潮红,后苍白黄染,有出血点或出血斑。病畜渐进性消瘦,精神委顿,四肢下部、胸前及腹下浮肿,甚至表皮溃烂,流出少量淡黄色黏稠液体或结成痂皮,有的牛耳尖、尾端、角或蹄匣坏死脱落。末期后肢麻痹、卧地不起,衰竭而死。

2. 宰后检疫

皮下水肿和胶样浸润是其主要特征,多见于胸前及腹下。尸体消瘦,血液稀薄,凝固不全,淋巴结肿大,切面呈髓样浸润。急性病例脾显著肿大,髓质呈软泥状。慢性病例脾较硬、色淡,心包膜下有出血点。肝肿大、淤血,切面呈豆蔻样。牛的第三、第四胃及小肠黏膜有出血灶。

3. 实验室诊断

(1)病原学检查　在血液中查出虫体,是最可靠的诊断依据。

①压滴标本检查　耳静脉或其他部位采血 1 滴,置载玻片上,后加等量生理盐水,混合后覆以盖玻片,镜检。若发现有活动的虫体则为阳性。

②涂片标本检查　制成血液涂片后,经吉姆萨或瑞氏染色,镜检。

③集虫法　采血 5 mL,1 500 r/min 离心 5 min。用吸管吸取沉淀表层,涂片、染色镜检,可提高虫体检出率。

(2)动物接种试验　用可疑动物血液 0.2～0.5 mL,腹腔或背部皮下接种小白鼠。接种后每隔 1～2 d 采血检查一次,连续 1 个月检查无虫体,可判定为阴性。

(3)血清学检查　如对流免疫电泳、ELISA 及补体结合试验等。

4. 检疫后处理

(1)定期检查　在疫区每年在春季虻类出现之前和冬季对易感动物进行普查,发现阳性家畜应及时治疗。

(2)加强检疫　对从疫区引入的家畜,必须隔离观察 20 d,确认健康后,方可使役或混群饲养。检疫时一旦发现该病,应及时进行隔离治疗。进口动物中一旦检出病畜,将动物退回或作扑杀销毁处理。

四、其他病原体性疫病的检疫

(一)牛传染性胸膜肺炎

牛传染性胸膜肺炎又称牛肺疫,是由丝状支原体引起牛的一种高度接触性传染病。该病的特征为纤维素性肺炎和胸膜炎。易感动物主要是牛,其中乳牛最易感。

1. 临诊检疫

(1)急性型　病牛体温升高,可达 40～42 ℃,呈稽留热,精神沉郁,食欲不振,干咳,咳痛,压迫肋部有疼痛感。鼻腔流出浆液性或脓性分泌物。呼吸困难,鼻孔扩张,久立不卧,呈腹式呼吸,可视黏膜发绀,呻吟。肺部叩诊有水平浊音和实音区,听诊患部有湿啰音、摩擦音。后期见胸前、腹下、肉垂水肿,呼吸困难加剧,窒息死亡,整个病程 15～30 d。

(2)慢性型　多由急性型转化而来,病程长,主要表现为精神沉郁、食欲不振、消瘦、咳嗽等。

2. 宰后检疫

特征性病变为肺呈大理石样病变和浆液性纤维素性胸膜肺炎。初期以小叶性支气管炎为特征,病灶充血、水肿,呈鲜红色或紫红色。中期呈浆液性纤维素性胸膜肺炎,肺切面呈大理石样外观。肺间质水肿增厚,呈灰白色,淋巴管高度扩张。胸腔积液,有纤维蛋白凝块。胸膜出血、肥厚、粗糙,与肺粘连,表面附有纤维素性渗出物。肺门淋巴结及纵隔淋巴结肿大,出血。后期肺有坏死病灶,呈干酪化或脓性液化,形成脓腔、空洞或瘢痕。

3. 实验室诊断

(1)病原学检查　无菌采取病畜肺组织、胸腔渗出液及病变淋巴结接种于 10% 的马血清马丁琼脂培养基,37 ℃培养 2～7 d,选择透明略带灰色的,中央有乳头状突起的圆形菌落进行涂片、吉姆萨染色或瑞氏染色,镜检见多形菌体,即可确检。对急性病例的检出率可达 100%。

(2)血清学检查　玻片凝集试验、琼脂扩散试验均可检出自然感染牛;荧光抗体试验可检出鼻腔分泌物中的丝状支原体。补体结合试验有 1%～2% 的非特异反应,特别是注射疫苗后 2～3 个月内呈阳性或疑似反应,应引起注意。

4. 检疫后处理

(1)不从疫区引进牛;在进境牛检疫时发现阳性的,牛群作全部退回或扑杀销毁处理。

(2)发现可疑病畜应立即上报疫情,采取紧急、强制性的控制和扑灭措施。一旦确诊为阳性扑杀病畜和同群畜,无害化处理动物尸体。对环境、用具、器械等进行彻底消毒,以消灭病原。

(3)疫区和受威胁地区牛群可进行牛传染性胸膜肺炎弱毒菌苗的紧急免疫接种。

(二)绵羊地方性流产

绵羊地方性流产又称绵羊衣原体病或母羊地方性流产,是由流产衣原体引起的一种以体温升高、流产、死产和产出弱羔为特征的传染病。1950 年首先在苏格兰发现。该病分布较广,主要分布在南非、印度、美国、土耳其、大洋洲和欧洲等地,我国也有分布。该病给养羊业带来严重的经济损失。

1. 临诊检疫

潜伏期是 50～60 d,临床症状主要表现为流产、死产和产弱羔。流产通常发生在妊娠的中后期,观察不到前期的症状。流产后胎衣滞留,阴道排出分泌物达数天之久,有些病羊可因继发感染细菌性子宫内膜炎而死亡。病羊体温升高达 1 周。羊群第一次暴发该病时,流产率可达 20%～30%,以后流产率下降为 5% 左右。流产过的母羊,一般不再发生流产。

2. 宰后检疫

流产胎儿肝充血、肿胀,有的表面呈现很多白色针尖大的病灶。皮肤、皮下、胸腺及淋巴结等处有点状出血、水肿,尤其以脐部、背部和脑后为重。胸腔及腹腔内有血色渗出物。母羊主要病变为胎盘炎,胎盘子叶及绒毛膜表现有不同程度的坏死,子叶颜色呈暗红色或土黄色,绒毛膜水肿、增厚。

3. 实验室诊断

病原分离可通过细胞培养和鸡胚培养。抗原检测可用 ELISA、PCR、荧光抗体试验和组织切片法。血清学试验包括 ELISA 和间接微量免疫荧光试验。

4. 检疫后处理

确诊病畜立即进行隔离。病死畜和流产胎儿作无害化处理。对污染的场地、车站、码头、机场、车辆、船舱用 2% 氢氧化钠溶液喷洒消毒。对同群未发病的羊和周围受威胁的羊群用弱毒苗进行紧急预防接种。对病羊和未发病的羊用四环素进行治疗或预防。对污物、粪便进行发酵处理。

▶ 任务二十六　禽主要疫病的检疫 ◀

一、病毒性疫病的检疫

(一)禽流感

禽流行性感冒又称为禽流感,曾称为欧洲鸡瘟或真鸡瘟,是由 A 型流感病毒引起的一种急性、高度接触性传染病。禽流感病毒亚型很多,高致病性禽流感病毒主要是 H5 和 H7 亚型,人可感染,引起死亡。该病的特征为体温升高、咳嗽,有不同程度的呼吸道症状。

1. 临诊检疫

(1)高致病性禽流感　常急性暴发,初期鸡突然死亡。病鸡体温升高,精神沉郁,采食量明显下降,甚至食欲废绝;头部及下颌部肿胀,冠髯发黑,可见坏死区,皮肤及爪鳞片呈紫红色或紫黑色,粪便黄绿色并带多量的黏液;呼吸困难,甩头,严重者窒息死亡;产蛋鸡产蛋量下降或几乎停止。鹅和鸭等水禽主要表现为头颈部水肿,角膜炎,呼吸困难,下痢,头颈扭曲等。

(2)低致病性禽流感　表现不同程度的呼吸道症状,眼睑肿胀,流泪,排黄绿色稀便。产蛋鸡产蛋下降明显,甚至停止。发病率高,死亡率较低。

2. 宰后检疫

(1)高致病性禽流感　全身多个组织器官的广泛性出血与坏死。心外膜或冠状脂肪有出血点,心肌纤维坏死呈红白相间;胰腺有出血点或黄白色坏死点;腺胃乳头出血、腺胃与肌胃交界处及肌胃角质层下出血;输卵管中部可见乳白色分泌物或凝块;卵泡充血、出血、萎缩、破裂,有的可见"卵黄性腹膜炎";喉气管充血、出血;头颈部皮下胶冻样浸润。

(2)低致病性禽流感 喉气管充血、出血,有浆液性或干酪样渗出物,气管分叉处有黄色干酪样物阻塞;肠黏膜充血或出血;产蛋鸡常见卵巢出血、卵泡畸形、萎缩和破裂;输卵管黏膜充血、水肿,内有白色黏稠渗出物。

3. 实验室诊断

(1)病毒分离与鉴定 初期可取病鸡的脾、肺、脑,发病中、后期取脑或骨髓,要求病料新鲜,无菌采取。将病料研磨后按 1∶10 比例加入灭菌生理盐水制成悬浮液,静置或离心后取上清液,按每毫升加入青霉素和链霉素各 500 IU,置 37 ℃温箱作用 30～60 min。取上述上清液 0.1 mL 接种于 9～11 日龄的 SPF 鸡胚尿囊腔内,在 37 ℃温箱中继续孵化,并每天检查鸡胚一次。若为强毒株,在接种后 48～72 h 即可致死鸡胚;若为弱毒株 3～6 d 致死鸡胚。死亡鸡胚收获尿囊液用作细菌检查和供病毒鉴定。取 10^{-1} 稀释的尿囊液种毒,接种 8 只 4～6 周龄易感鸡,每只静脉注射 0.2 mL。若 6～8 只死亡,判定为高致病性禽流感;若 1～5 只死亡,血凝素为 H5、H7 者需进一步验证;若 1～5 只死亡,在无胰酶处理条件下可在细胞上生长,则需测定 HA 相关多肽的氨基酸序列才能确定。

(2)血清学诊断 目前有血凝抑制试验、琼脂凝胶免疫扩散试验、免疫荧光技术等。

4. 检疫后处理

(1)高致病性禽流感 立即向有关部门报告疫情,迅速划定疫点、疫区(由疫点边缘向外延伸 3 km 的区域)和受威胁区,扑杀疫点周围 3 km 半径范围内所有家禽,所有死亡禽尸及产品无害化处理,对疫区内可能受到污染的物品及场所进行彻底的消毒,受威胁区(疫区边缘向外延伸 5 km 的区域)内禽按规定强制免疫,建立免疫隔离带,关闭疫点周围 13 km 范围的所有禽类及其产品交易市场。经过 21 d 以上,疫区内未发现新的病例,经有关部门验收合格由政府发布解除封锁令。

(2)低致病性禽流感 病禽急宰销毁,病死禽作无害化处理,受到污染的物品及场地彻底消毒,疫区内易感家禽紧急免疫接种。

(二)鸡新城疫

鸡新城疫又称为亚洲鸡瘟、伪鸡瘟,是由鸡新城疫病毒引起一种急性高度接触性传染病。主要侵害鸡、火鸡,其他禽类也可感染,也可感染人。

1. 临诊检疫

(1)最急性型 突然死亡,多见于雏鸡及流行初期。

(2)急性型 精神沉郁或无任何症状而死亡;体温升高、精神委顿、食欲减退、产蛋减少或停止;口腔和鼻腔分泌物增多,嗉囊胀满,呼吸困难,喉部发出"咯咯"声(晚间较明显);下痢,粪便呈绿色(彩图 2-6-42);偏头转颈,做转圈运动或共济失调。

(3)亚急性型和慢性型 初期症状与急性相似,但同时出现神经症状。此类发生于流行后期的成年鸡,病死率较低,产蛋鸡表现产蛋下降。

(4)非典型(温和型) 仅表现为呼吸道和神经症状,产蛋率下降,间有腹泻,发病率和病死率低。

2. 宰后检疫

腺胃乳头肿胀,乳头有散在性出血点,肌胃角质下层有条纹状或点状出血,有时见不规则的溃疡(彩图 2-6-43);腺胃与肌胃交界处有条状出血或溃疡;小肠可见大面积出血点或典型的核枣状出血、坏死或溃疡;盲肠扁桃体肿大、出血、坏死;喉头、气管黏膜充血、出血、气管内有黏液;心冠脂肪、心外膜有针尖状出血点。

3. 实验室诊断

(1)病料采取与处理　初期可取病鸡脾、肺、脑,发病中、后期取脑或骨髓,要求病料新鲜,无菌采取。将病料研磨后按1∶10比例加入灭菌生理盐水制成悬浮液,静置或离心后取上清液,每毫升加入青霉素和链霉素各500 IU,置37 ℃温箱作用30～60 min。

(2)鸡胚接种　取上述上清液0.1 mL接种于9～11日龄的SPF鸡胚尿囊腔内,在37 ℃温箱中继续孵化,每天检查鸡胚一次。若为强毒株,在接种后48～72 h即可致死鸡胚;若为弱毒株,3～6 d致死鸡胚。死亡鸡胚收获尿囊液用作细菌检查和供病毒鉴定。

(3)血清学诊断　常用的有血凝抑制试验、琼脂扩散试验、中和试验、荧光抗体技术、酶联免疫吸附试验等方法。

4. 检疫后处理

(1)确诊　确诊为新城疫的鸡群或鸡,扑杀销毁处理。

(2)疑似　经初步诊断为新城疫可疑的鸡群,按下述方法之一处理:

①除将可疑鸡按销毁处理外,全群隔离饲养,并进行紧急免疫接种,如在接种观察期内出现可疑鸡,按销毁方法处理,观察21 d后,对临床健康、免疫滴度达到2^5以上的鸡,经体表消毒后按健康鸡对待。

②经初步诊断为新城疫可疑鸡群在全群隔离饲养的同时,对可疑鸡采样作实验室诊断,如确诊为新城疫者,全部销毁处理。

(3)发病后处理　发生过新城疫的鸡场在半年之内,其鸡不准出售、外运。

(三)鸡马立克病

鸡马立克病是由马立克病毒引起的一种淋巴组织增生性传染病,以外周神经、性腺、虹膜、各种脏器的单核细胞浸润及形成肿瘤为特征。

1. 临诊检疫

(1)内脏型　冠髯苍白,机体消瘦,长期排稀便。

(2)神经型　侵害坐骨神经,表现劈叉姿势;臂神经丛受损,表现一侧或两侧翅下垂;迷走神经受侵害,可引起嗉囊扩张或喘息。

(3)眼型　虹膜呈同心圆状或点状褪色,瞳孔边缘不整齐,俗称"灰眼病"或"白眼病"(彩图2-6-44)。

(4)皮肤型　皮肤毛囊形成结节或瘤状物。

2. 宰后检疫

神经型的常见坐骨神经横纹消失,水肿,局部或整体性增粗2～3倍,且病变常为单侧性;内脏型的多见在卵巢、心、肝、脾、肺、肾、胰、肠系膜、腺胃等器官和组织中形成大小不等的肿瘤结节(彩图2-6-45),而法氏囊通常萎缩。

3. 实验室诊断

主要方法有琼脂扩散试验、酶联免疫吸附试验、间接免疫荧光抗体试验、聚合酶链反应等。

4. 检疫后处理

发病鸡没有治疗价值,应尽早淘汰,进行无害化处理;圈舍全面消毒。

(四)鸡传染性法氏囊病

鸡传染性法氏囊病是由传染性法氏囊病毒引起的一种急性、高度接触性传染病。其特征为白色稀粪、极度虚弱;法氏囊肿大出血,肾肿大,腿肌和胸肌、腺胃和肌胃交界处广泛出血。

1. 临诊检疫

病鸡采食减少,畏寒,闭眼呈昏睡状态(彩图 2-6-46)。排出白色黏稠和水样稀粪,泄殖腔周围的羽毛被粪便污染。在后期体温低于正常,严重脱水,极度虚弱,死亡率一般为 15%~30%。

2. 宰后检疫

腿部和胸部肌肉有不同程度的条状或斑点状出血(彩图 2-6-47);法氏囊肿大、出血(彩图 2-6-48),有淡黄色胶冻样渗出液,出血严重者呈"紫葡萄"样,囊内黏液增多,后期法氏囊萎缩,囊内有干酪样渗出物;肾肿胀,有尿酸盐沉积;腺胃和肌胃、腺胃与食道交界处有出血带。

3. 实验室诊断

主要方法有琼脂扩散试验、酶联免疫吸附试验、中和试验等。

4. 检疫后处理

发病鸡群在严格隔离的基础上,肌内注射高免血清或卵黄抗体,并进行全面消毒;病死鸡深埋或焚烧;停止调运疫区的苗鸡。

(五)鸡传染性支气管炎

鸡传染性支气管炎是由传染性支气管炎病毒引起的一种急性、高度接触性传染病。其特征是病鸡咳嗽、喷嚏、气管啰音及肾病变,产蛋鸡产蛋减少。

1. 临诊检疫

(1)呼吸型　4周龄以下鸡,常表现张口伸颈呼吸、咳嗽、喷嚏、呼吸道啰音,食欲减退,怕冷挤堆,昏睡。5~6周龄或以上鸡,因气管内滞留大量分泌物,表现为明显的气管啰音,同时伴有气喘等症状。成年鸡感染后呼吸道症状轻微,还表现产蛋量下降,蛋壳颜色变浅,并产软壳蛋、畸形蛋或粗壳蛋。

(2)肾型　初期有轻微呼吸道症状,包括咳嗽、气喘、喷嚏等,易被忽视,呼吸症状消失后不久,鸡群突然大量发病,排白色稀粪、粪便中含有大量尿酸盐,迅速消瘦、脱水。

2. 宰后检疫

(1)呼吸型　鼻腔、鼻窦、气管和支气管内有浆液性、黏液性或干酪样渗出物,多数死亡鸡在气管分叉处或支气管中有干酪样物质;产蛋母鸡的腹腔内可以发现液状的卵黄物质,卵泡充血、出血、变形。

(2)肾型　肾肿大苍白,称为"花斑肾"(彩图 2-6-49),肾小管和输尿管因尿酸盐沉积而扩张。

3. 实验室诊断

(1)鸡胚致畸性试验　传染性支气管炎病毒能在 10~11 d 的鸡胚中生长,随着继代次数的增加,可导致感染鸡胚出现发育受阻、胚体矮小并蜷缩等特征性变化。

(2)血清学检查　有中和试验、血凝抑制试验、琼脂扩散试验、酶联免疫吸附试验等。

4. 检疫后处理

发病鸡群在严格隔离的基础上,注意保暖、通风和鸡舍带鸡消毒,同时对症治疗并控制继发感染;病死鸡深埋或销毁;假定健康鸡群进行紧急接种。

(六)鸡传染性喉气管炎

鸡传染性喉气管炎是由传染性喉气管炎病毒引起的一种急性呼吸道传染病。其特征为呼吸困难,咳嗽,咳出血块或带血的黏液,喉头和气管黏膜肿胀、出血。

1. 临诊检疫

病鸡表现为呼吸困难,鼻腔有分泌物,湿性啰音,咳嗽和气喘,咳出带血的黏液,若分泌物不能咳出而堵住气管时,可引起窒息死亡。

2. 宰后检疫

初期喉头及气管上段黏膜充血、肿胀、出血,管腔中有带血的渗出物(彩图 2-6-50);病程稍长者,渗出物形成黄白色干酪样假膜,可能将喉头甚至气管完全堵塞。

3. 实验室诊断

诊断方法主要有包涵体检查、中和试验、琼脂扩散试验、酶联免疫吸附试验等。

4. 检疫后处理

严格隔离发病鸡群,鸡舍带鸡消毒;病死鸡做无害化处理;假定健康鸡群进行紧急接种。

(七)鸭瘟

鸭瘟又称鸭病毒性肠炎,是由鸭瘟病毒引起的鸭和鹅的一种急性、热性、败血性传染病。其特征是体温升高,下痢,流泪和部分病鸭头颈肿大;食道和泄殖腔黏膜有小出血点、并有灰黄色假膜覆盖或溃疡,肝有不规则、大小不等的出血点和坏死灶。

1. 临诊检疫

病鸭体温升高,精神委顿,食欲减少或废绝,两脚麻痹无力,严重的静卧地上不愿走动;部分病鸭表现头颈部肿胀,俗称为"大头瘟";多数病鸭有流泪和眼睑水肿等症状;排出绿色或灰白色稀粪,泄殖腔黏膜水肿,严重者黏膜外翻。

2. 宰后检疫

食道黏膜表面有出血小斑点或灰黄色假膜覆盖;泄殖腔黏膜表面出血或覆盖灰褐色(或绿色)的坏死结痂;肠黏膜充血、出血,在空肠、回肠等部位有环状出血;肝表面有大小不等的灰黄色或灰白色的坏死点;产蛋母鸭卵泡充血、出血、变形,有时卵泡破裂,形成卵黄性腹膜炎。

3. 实验室诊断

(1)鸭胚接种试验　取病鸭的肝、脾,经过处理后,接种于 10～14 d 鸭胚,鸭胚多在 4～6 d 后死亡,胚体表现出血、水肿,绒毛尿囊膜上有灰白色坏死灶,收取尿囊液进行鉴定。

(2)血清学检查　包括中和试验、酶联免疫吸附试验、反向被动血凝试验、荧光抗体技术等。

4. 检疫后处理

隔离发病鸭群,禁止出售和外出放牧,鸭场全面彻底消毒;病死鸭深埋或焚毁;假定健康鸭群进行紧急接种。

(八)鸭病毒性肝炎

鸭病毒性肝炎是由鸭肝炎病毒引起雏鸭的一种急性、高度致死性传染病。其特征是病鸭角弓反张,肝肿大和出血。

1. 临诊检疫

初期表现精神萎靡、厌食,发病 0.5～1 d 即发生全身性抽搐,两爪痉挛性地反复踢蹬,头向后仰,称"背脖病"。出现抽搐后,约 10 min 死亡。

2. 宰后检疫

肝肿大、质脆、色暗或发黄、表面有大小不等的出血斑点；胆囊充满胆汁；脾有时肿大，呈斑驳状。

3. 实验室诊断

(1)鸭胚接种试验　取病鸭的肝，经过处理后，接种于11～13 d鸭胚，鸭胚多在2～4 d后死亡，胚体出血、水肿，肝肿大有坏死灶，收取尿囊液进行鉴定。

(2)血清学检查　包括酶联免疫吸附试验、中和试验、荧光抗体技术等。

4. 检疫后处理

发病鸭场严格消毒；发病和受威胁雏鸭群在隔离基础上，可经皮下注射高免血清或高免卵黄抗体；病死鸭深埋或销毁。

(九)小鹅瘟

小鹅瘟又称鹅细小病毒感染，是由鹅细小病毒引起的主要侵害雏鹅和雏番鸭的一种急性或亚急性败血症。

1. 临诊检疫

临床症状分为最急性型、急性型和亚急性型。

(1)最急性型　多发生于1周龄内，突然发病，无前驱症状，一发现即倒地乱划，死亡较快。

(2)急性型　多发生于1～2周龄，表现精神委顿，食欲减退或废绝；严重下痢，排灰白色或青绿色稀便；呼吸困难，鼻流浆性分泌物；死前出现抽搐等症状。

(3)亚急性型　多发生于15日龄以上，主要表现为精神委顿、排稀便和消瘦。

2. 宰后检疫

(1)最急性型　除肠道有急性卡他性炎症外，无其他明显病变。

(2)急性型和亚急性型　空肠、回肠黏膜坏死脱落，与凝固的纤维素性渗出物在肠内容物表面形成假膜，堵塞肠腔。肝肿胀，紫红或暗红色，少数有坏死灶。

3. 实验室诊断

(1)接种试验　采取病鹅的肝、脾等病料，经过处理后，接种于12～14日龄鹅胚，37 ℃培养，观察9 d，取接种48 h后死亡的鹅胚，收取尿囊液进行鉴定。

(2)血清学检查　常用方法有琼脂扩散试验、酶联免疫吸附试验和中和试验等。

4. 检疫后处理

若孵化场分发出去的雏鹅在3～5 d后发病，即表示孵化场已被污染，应立即停止孵化，彻底消毒，对孵出后受到污染的雏鹅，立即注射高免血清。发病鹅场需要严格消毒；发病和受威胁雏鹅群在隔离基础上，注射高免血清，起到治疗和预防作用；病死鹅深埋或焚毁。

二、细菌性疫病的检疫

(一)鸭传染性浆膜炎

鸭传染性浆膜炎又称鸭疫里默菌病，是由鸭疫里默菌引起的多种禽类感染的一种急性或慢性传染病。其特征为绿色下痢、共济失调和抽搐，纤维素性心包炎、肝周炎、气囊炎、干酪性输卵管炎和脑膜炎。

1. 临诊检疫

病鸭表现为倦怠，厌食，眼鼻有分泌物，淡绿色腹泻，运动失调，濒死前出现神经症状，表现头颈震颤,角弓反张。

2. 宰后检疫

主要是纤维素性渗出物波及全身浆膜面。中枢神经系统感染,出现纤维素性脑膜炎。

3. 实验室诊断

(1)取病鸭的血液、脑作涂片,瑞氏染色,镜检可见两端浓染细菌。

(2)无菌操作采取病鸭的心血、脑等病料,接种于胰蛋白胨大豆琼脂(TSA)培养基或巧克力培养基上,于5%~10%的CO_2条件下,37 ℃培养24~48 h,观察菌落,进一步纯培养,对其若干特性进行鉴定。

(3)取肝或脑组织作涂片,火焰固定,用特异的荧光抗体染色,在荧光显微镜下检查,鸭疫里默菌呈黄绿色环状结构,多为单个散在。

4. 检疫后处理

隔离发病鸭群,鸭舍带鸭消毒,用药物对发病鸭群进行治疗,对受威胁鸭群进行药物预防;病死鸭深埋或焚毁。

(二)鸡传染性鼻炎

鸡传染性鼻炎是由副禽嗜血杆菌所引起鸡的急性呼吸系统疾病。其主要症状为鼻腔和窦腔的炎症,表现流涕、面部水肿和结膜炎。

1. 临诊检疫

最明显的症状是鼻腔和窦内炎症,常仅表现鼻腔流稀薄清液,后转为浆液黏性分泌物,有时打喷嚏;眼周及脸水肿,眼结膜炎、红眼和肿胀。食欲及饮水减少,或有下痢,体重减轻。雏鸡生长不良;成年母鸡在发病1周左右产蛋减少;公鸡肉髯常见肿大。如炎症蔓延至下呼吸道,则呼吸困难并有啰音;如转为慢性和并发其他疾病,则鸡群中散发出一种污浊的恶臭。病鸡常摇头欲将呼吸道内的黏液排出,最后常窒息而死。

2. 宰后检疫

主要病变为鼻腔和窦黏膜呈急性卡他性炎,黏膜充血肿胀,表面覆有大量黏液,窦内有渗出物凝块,后成为干酪样坏死物。常见卡他性结膜炎,结膜充血肿胀。脸部及肉髯皮下水肿。严重时可见气管黏膜炎症,偶有肺炎及气囊炎。卵泡萎缩、变性和坏死。

3. 实验室诊断

(1)病原菌的分离鉴定　取急性发病期(发病后1周以内)且未经药物治疗的病鸡,在其眶下窦皮肤处烧烙消毒,剪开窦腔,以无菌棉签插入窦腔深部采取病料,或从气管、气囊采取分泌物,直接在血液琼脂平板上划线接种,并用葡萄球菌在同一平板上做垂直划线接种,然后于含有约5%的二氧化碳培养箱或烛缸中37 ℃培养24~48 h。若葡萄球菌菌落旁边有细小卫星菌落生长,则有可能是副禽嗜血杆菌,可通过染色镜检和生化试验进一步鉴定。

(2)血清学试验　平板和试管凝集试验,主要用于检测抗体,包括自然感染产生的抗体和菌苗免疫产生的抗体。此外,还可利用琼脂扩散试验、间接血凝试验、荧光抗体技术、补体结合试验及酶联免疫吸附试验等进行实验室诊断。

4. 检疫后处理

严格隔离发病鸡群,鸡舍带鸡消毒;病死鸡做无害化处理;假定健康鸡群进行紧急接种。

三、寄生虫性疫病的检疫(鸡球虫病)

鸡球虫病,又称艾美耳球虫病,是由孢子虫纲艾美耳科艾美耳属的球虫寄生于鸡的肠上皮细胞引起的疾病。临床以出血性肠炎、雏鸡的高死亡率为特征。该病分布广泛,世界各地普遍发生。

1. 临诊检疫

鸡球虫病按病程可分为急性型和慢性型。

(1)急性型　多见于3～6周龄的雏鸡。表现为精神委顿,羽毛蓬松,垂头缩颈,离群呆立。食欲减退,饮欲增加,嗉囊积液。下痢,便中混有血液。迅速消瘦,鸡冠与肉髯苍白,贫血。后期共济失调,翅膀轻度瘫痪,严重者昏迷或强制痉挛,甚至死亡,死亡率高达80%。

(2)慢性型　多见于2月龄以上的鸡。表现为食欲不振,间歇性下痢,逐渐消瘦,足、翅膀发生轻瘫,产蛋量下降,肉鸡生长缓慢,死亡率低。

2. 宰后检疫

(1)急性型　病变主要在盲肠。严重病例,感染后第5天,盲肠肿大,肠腔内充满血凝块和脱落的黏膜碎片;第6、7天盲肠中的血凝块和脱落黏膜逐渐变硬,形成红色或红白相间的肠芯。轻症病例,无明显出血,黏膜肿胀,从浆膜面可见脑回样结构。

(2)慢性型　小肠中部高度肿胀或气胀,有时可达正常的2倍以上。肠壁充血、出血(彩图2-6-51)和坏死,黏膜肿胀增厚,肠内容物有多量的血液、血凝块和脱落的上皮组织。

3. 实验室诊断

通过刮取病变黏膜压片镜检,可发现卵囊、裂殖体或裂殖子;也可用漂浮法或直接涂片法,发现卵囊即可确诊。

4. 检疫后处理

(1)隔离患病鸡,对其进行药物治疗。

(2)彻底清除栏舍粪便,并进行无害化处理。

(3)用生石灰粉撒于地面,以彻底消灭球虫卵囊。

四、其他病原体性疫病的检疫(鸡支原体感染)

鸡支原体感染可引起呼吸道症状为主的慢性呼吸道病,常称为鸡慢性呼吸道病。其特征是咳嗽、流鼻液、呼吸道啰音,气囊浑浊。

1. 临诊检疫

雏鸡表现为流鼻液,甩头、打喷嚏、咳嗽、流泪、结膜炎;后期鼻腔和眶下窦中蓄积渗出物,引起肿胀。产蛋鸡感染后,呼吸道症状轻,只表现产蛋量下降和孵化率降低。

2. 宰后检疫

鼻腔、眶下窦、气管黏膜炎性水肿,积聚大量黄白色炎性渗出物;气囊表面初期有圆点状黄色渗出物,后期整个表面布满黄色渗出物,严重的有熟蛋黄样渗出物。

3. 实验室诊断

(1)病原学检查　采取病鸡的呼吸道分泌物,除杂菌后,接种于血清或鸡肉浸液营养培养基。培养3～5 d可形成微小的光滑而透明的露珠状菌落,低倍镜下观察可见菌落中心稍微突起,颜色较深,呈"油煎荷包蛋"状或乳头状。油镜下观察可见鸡毒支原体呈小球杆状,大小为0.25～0.5 μm,革兰氏染色呈弱阴性。

(2)血清学检查　常用平板凝集试验、血凝抑制试验和酶联免疫吸附试验。

4. 检疫后处理

隔离发病鸡群,鸡舍带鸡消毒,注意保暖、通风;病死鸡做无害化处理;假定健康鸡群进行药物预防;发病鸡群所产种蛋不能孵化。

▶ 任务二十七　其他动物主要疫病的检疫 ◀

一、病毒性疫病的检疫

(一)非洲马瘟

非洲马瘟是由非洲马瘟病毒引起的、主要感染马和其他马属动物的一种急性或亚急性传染病。该病能使马、骡致死,新疫区病马死亡率达95%。特征是出现与呼吸、循环功能障碍有关的临床症状和病变。该病主要发生在非洲,由吸血昆虫传播,以地方性和季节性流行为主要形式。

1. 临诊检疫

临床上可分为肺型、心型、肺心型和发热型。

(1)肺型　呈急性发作,多见于流行暴发初期或新流行地区。体温升高,达41~42 ℃,持续1~2 d就降至常温。表现有结膜炎、呼吸迫促和脉搏加快,死前1~2 d突然发生剧烈的痉挛性干咳。咳嗽时从鼻孔流出大量带有泡沫的黄色液体,5~7 d后死亡,只有少数病例到第二周后康复。

(2)心型　呈亚急性发作,多由毒力较低的毒株引起,或见于免疫接种后被不同型毒株病毒感染。潜伏期常持续3~4周。开始体温升高,然后眼窝处发生水肿,其后可能进一步肿大并扩散到头颈部、胸腹部甚至四肢。由于肺水肿引起心包炎、心肌炎导致心脏极度衰弱。心型较肺型死亡率低,而病程均在10 d以上。

(3)肺心型　对具有一定抵抗力的马匹,病毒可同时侵染肺部和心脏,病畜出现肺型和心型两个类型临床症状,肺水肿和心脏循环衰竭通常导致缺氧死亡。

(4)发热型　多见于免疫或部分免疫的非洲马匹及骡。但在新疫区,驴的反应严重。体温升高到40 ℃,持续1~3 d。表现厌食,结膜微红,脉搏加快,呼吸缓慢并呈较轻的呼吸困难。

2. 宰后检疫

肺泡、胸膜下和肺间质水肿,有时也出现严重的胸腔积水。亚急性病例,头部(常见于眶上窝和眼睑)、颈部和肩部水肿以及心包积液。最常见的病变是皮下和肌肉间组织胶冻样浸润,以眶上窝、眼和喉尤为显著。

3. 实验室诊断

(1)病原分离和鉴定　采集早期发热动物抗凝血,或尸体剖检时采集脾、肺和淋巴结,接种到BHK21或Vero细胞,如有病毒,3~7 d后可出现细胞病变,无病变时需盲传2代确诊;病料静脉接种10~12日龄的鸡胚,33 ℃孵育,3~7 d后发生死亡,感染鸡胚表现为全身性出血,呈现鲜红色;病料脑内接种小鼠,接种后4~10 d可能有1只或1只以上小鼠出现神经症状;取病鼠脑制成乳剂,再接种于新生小鼠,潜伏期缩短至3~5 d,100%感染。

（2）血清学试验　竞争性 ELISA 用来检测非洲马瘟抗体,与病毒中和试验有很好的一致性,但比琼脂扩散试验和补体结合反应更敏感和特异,而且这种试验更适宜于大量血清检测的自动化,3 h 内可得结果。也可用蚀斑减少中和血凝试验等。

4. 检疫后处理

进境检疫时一旦发现可疑病例,立即将病马在防虫厩舍内隔离饲养观察,尽快确诊。确诊后立即扑杀所有发病马及其同群马,并及时上报疫情。立即将周围 100～200 km 的范围定为受威胁区,严禁易感动物移动,并进行紧急预防接种。

(二)鲤春病毒血症

鲤春病毒血症又称为鲤病毒血症,是由鲤春病毒血症病毒引起鲤的一种急性传染病。该病特征是体黑眼突,皮肤出血,肛门红肿,腹胀,肠炎。

1. 临诊检疫

病鱼呼吸缓慢,沉入池底或失去平衡侧游。体色发黑,常有血斑点。腹部膨大,眼球突出和出血,肛门红肿。

2. 宰后检疫

贫血,腮色变淡并有出血点。腹腔内积有浆液性或出血的腹水,肠壁严重发炎,其他内脏上也有出血斑点,其中以鳔壁为最常见。肌肉也因为出血而呈红色。肝、脾、肾肿大,颜色变淡,造血组织坏死。心发生心肌炎、心包炎。肝血管发炎、水肿及坏死。心肌变性、坏死。胰腺化脓性炎症,渐进性坏死。小肠血管发炎。

3. 实验室诊断

病毒分离和鉴定,将病鱼的内脏或鱼鳔做成乳剂,接种于 FHM 细胞上,在 20～22 ℃培养 10 d,病变细胞首先出现颗粒,然后变圆。分离的病毒可用中和试验和分子生物学技术进行鉴定。

4. 检疫后处理

（1）有发病前兆的鱼塘用漂白粉全池消毒;一旦暴发后,每尾鲤腹腔注射弱毒苗,或采用碘伏拌饵投喂鱼。同时用硫酸铜或漂白粉全池消毒;或用生石灰全池消毒,并辅以内服或外用抗生素以防止继发细菌性感染。

（2）检疫发现该病时,应立即进行隔离治疗。死鱼深埋,不得乱弃。用过的用具消毒。病鱼不准外运销售。待病愈后,经县级动物卫生监督部门检疫合格,开具检疫证明后,方准外调托运。

(三)犬瘟热

犬瘟热是由犬瘟热病毒感染肉食兽中犬科(尤其是幼犬)、鼬科及一部分浣熊科动物的高度接触传染性、致死性传染病。病犬早期表现双相热型、急性鼻卡他性炎,随后以支气管炎、卡他性肺炎、严重胃肠炎和神经症状为特征。少数病例出现鼻部和脚垫高度角化。该病几乎分布于全世界,所有养犬国家均有发生。

1. 临诊检疫

（1）急性型　体温升高,持续 1～3 d,然后消退,似感冒痊愈特征。但几天后体温再次升高,并伴有流泪、眼结膜发红、眼分泌物由液状变成黏脓性(彩图 2-6-52)。鼻镜发干,有浆液性或脓性鼻液流出。病初干咳,后转为湿咳,呼吸困难。呕吐、腹泻,有的出现神经症状,最终因严重脱水和衰弱死亡。出现神经症状的病犬多呈急性经过,病程短,死亡率高,常在 2～3 d 内死亡。常继发上呼吸道感染或支气管肺炎。

(2)慢性型　主要表现脚爪肿胀,脚垫变硬(彩图 2-6-53),鼻、唇和脚爪部发生水疱、化脓和结痂。急性病例还出现体温升高、消化紊乱、下痢等感冒样症状。

2. 宰后检疫

新生幼犬常表现为胸腺萎缩。成年犬多表现为结膜炎、鼻炎、支气管肺炎和卡他性肠炎。肺组织出血。胃黏膜和小肠前段出血。有的病犬脾和膀胱黏膜出血。中枢神经系统病变包括脑膜充血、出血,脑室扩张和脑水肿所致的脑脊液增加。

3. 实验室诊断

(1)病毒的分离鉴定　从自然感染病例分离病毒较为困难。组织培养分离犬瘟热病毒可用犬肾原代细胞、鸡胚成纤维细胞或犬肺泡巨噬细胞等。

(2)包涵体检查　生前可割取鼻、舌、瞬膜和阴道黏膜等,死后则刮膀胱、肾盂、胆囊或胆管等黏膜,做成涂片,HE 染色后镜检。细胞质内见红色、圆形或椭圆形、边缘清晰的包涵体。

(3)血清学诊断　包括中和试验验、CFT、ELISA 等方法。

4. 检疫后处理

检疫中发现犬瘟热时,患病及可疑动物一律隔离治疗,同群动物紧急免疫接种,定期检疫,无害化处理尸体。被污染的笼子、用具、地面等严格消毒。

(四)马传染性贫血

马传染性贫血简称马传贫,是由马传贫病毒引起的马属动物的传染性疾病,以反复发作、贫血和持续病毒血症为特征。传播媒介为吸血昆虫。临床特征为高热稽留或间歇热,有贫血、出血、黄疸、心脏衰弱、浮肿和消瘦等症状。急性暴发期,往往造成大批马匹死亡。耐过病马可转为慢性或隐性感染,病毒在马体内长期存在,呈持续感染,并且可因环境和条件的变化反复发病。

1. 临诊检疫

(1)急性型　病马精神沉郁,食欲减退,呈渐进性消瘦。初期高热稽留,体温升高至 40 ℃以上。中后期则步态不稳,后躯无力,有的病马胸、腹下、四肢下端(特别是后肢)或乳房等处出现无热、无痛的浮肿。少数病马有腹泻现象。

(2)亚急性型　反复发作的间歇热。一般发热 39 ℃以上持续 3～5 d 退至常温。经 3～15 d 的间歇期又复发。病程 1～2 个月。

(3)慢性型　不规则发热。一般为微热及中热。病程可达数月及数年。临床症状及血液变化发热期明显,无热期减轻或消失,但心肌能力和使役能力降低,长期贫血、黄疸、消瘦。

2. 宰后检疫

(1)急性型　主要表现败血症变化。浆膜、黏膜斑点状出血。肝、肾、脾不同程度肿大,包膜紧张并有出血;肝切面小叶结构模糊,质脆,呈锈褐色或黄褐色,切面呈现特征性的槟榔状花纹。肾显著肿大,实质浊肿,呈灰黄色,皮质有出血点。输尿管和膀胱黏膜有出血点。心肌脆弱,呈灰白色煮肉样,并有出血点。有时在心肌、心外膜见有大小不等的灰白色斑。全身淋巴结肿大,切面多汁,并常有出血。

(2)亚急性和慢性型　以贫血、黄染和单核内皮细胞增生反应明显,败血变化轻微。脾中度或轻度肿大、坚实,表面粗糙不平,呈淡红色,切面有灰白色粟粒状突起(西米脾);有的脾萎缩,切面小梁及滤泡明显。肝不同程度肿大,呈土黄色或棕红色,切面呈豆蔻状花纹(豆蔻肝);

有的肝体积缩小,较硬,切面色淡呈网状。肾轻度肿大,灰白色。心肌浊肿。长骨红、黄髓界线不清,黄髓全部或部分被红髓代替;严重病例骨髓呈乳白色胶冻状。

3. 实验室诊断

确诊主要采用血清学技术,常用方法有琼脂扩散试验、CFT、ELISA、荧光抗体染色和中和试验等。

4. 检疫后处理

(1)扑杀　检疫阳性的马进行扑杀处理。在不散毒的条件下尸体集中进行销毁。

(2)加强检疫　异地调入的马属动物,必须来自非疫区。调入后必须隔离观察30 d以上,并经当地动物卫生监督机构2次检查,确认健康无病方可混群饲养。调出马属动物的单位和个人,应按规定报检,经当地动物卫生监督机构进行检疫,合格后方可调出。

(3)监测和净化

①稳定控制区:采取"监测、扑杀、消毒、净化"的综合防控措施。每年对6~12月龄的幼驹进行一次血清学监测。阳性动物按规定扑杀处理,疫区内的所有马属动物进行临床检查和血清学检查,每隔3个月检查一次,直至连续2次血清学检查全部阴性为止。

②消灭区:采取"以疫情监测为主"的综合性防控措施,每年抽样做血清学检查,进行疫情监测,及时掌握疫情动态。

(五)水貂阿留申病

水貂阿留申病是由阿留申病毒引起水貂的一种免疫缺陷综合征性的慢性传染病。其特征是持续性病毒血症、超敏和自身免疫缺陷,进行性缓慢衰弱,浆细胞与γ球蛋白增多。该病广泛流行于世界各地的貂养殖场。在我国各养殖场均有此病发生。此病既能影响水貂的繁育和毛皮质量,又会干扰免疫反应,被公认为世界养貂业的三大疫病之一。

1. 临诊检疫

(1)急性型　患貂表现为食欲减退或消失,精神沉郁,机体衰竭,死前出现痉挛。幼貂还可呈现急性间质性肺炎而死亡。病程2~3 d。

(2)慢性型　患貂表现为口渴,消瘦,食欲反复无常。精神高度沉郁,可视黏膜苍白,口腔、齿龈、软腭上有出血和溃疡。排出煤焦油样粪便。病公貂无精子,病母貂易流产。随后病貂严重贫血,呈恶病质状,最后死于尿毒症。病程约数周。具有特征性的血液学变化,血清中的γ球蛋白量增加;血清总氮量、麝香草酚浊度、谷草转氨酶、谷丙转氨酶和淀粉酶含量均明显增高;而血液纤维蛋白、血小板和血清钙含量以及清蛋白与球蛋白比降低。

2. 宰后检疫

主要在肝、肾、脾和骨髓,尤其是肾。肾显著肿大(可达2~3倍),呈灰色、淡黄色或橙黄色,表面有黄白色坏死灶及点状出血。慢性病例,肾髓质结节不平,有粟粒大灰白色小病灶。肝肿大,急性型呈红色,慢性型呈黄褐色。脾肿大2~5倍,急性型呈暗红色或紫红色,慢性型脾萎缩,呈红褐色或红棕色。淋巴结肿胀、多汁,呈淡灰色。

3. 实验室诊断

(1)病理组织学检查　病理组织学变化是浆细胞异常增多,特别是在肝、肾、脾和淋巴结的血管周围发生浆细胞浸润。在浆细胞中有许多圆形的 Russe 小体,小体可能由免疫球蛋白组成,小体的检出率为62%。

(2)血清学试验　常用对流免疫电泳试验。该法特异、简便、灵敏、快速、准确,检出率高达

100%,适用于早期诊断,感染后 3～9 d 即可检出沉淀抗体,并能维持 6 个月以上。还可采用 CFT、免疫荧光试验、ELISA 等。

4. 检疫后处理

检疫中发现该病时,立即隔离饲养。必须果断地严格淘汰阳性貂,阳性貂不能再留作种用。被污染的食具、用具、笼子和地面等应严格消毒。

二、细菌性疫病的检疫

(一)马流行性淋巴管炎

马流行性淋巴管炎是由伪皮疽组织胞浆菌引起马属动物(偶尔感染骆驼)的一种慢性传染病,以形成淋巴管和淋巴结周围炎、肿胀、化脓、溃疡和肉芽肿结节为特征。

1. 临诊检疫

潜伏期长短与机体抵抗力、感染次数及病原菌毒力等因素有关,短的 40 d 左右,长的达半年以上。病灶通常从皮肤的某一部位开始,出现豌豆大的硬性结肿,初期被毛覆盖,用手触摸才能发现。结节逐渐增大,突起于皮肤表面,变成脓肿,然后破溃流出黄白色或淡黄色脓液,逐渐形成溃疡。而后由于肉芽增生,溃疡高于皮肤表面如蘑菇状或周围突起中间凹陷,易于出血,不易愈合。病灶可沿淋巴管形成结节或呈索状,病情恶化后演变成成片的溃烂。化脓菌感染时发展为全身性症状,病畜消瘦、运动障碍、食欲减退,以致瘦弱死亡。有些病例病变仅限于侵入处,可在 2 个月痊愈;严重病例可拖延数月。有的病例似乎临床上痊愈,但等到湿冷季节又重新复发,病程漫长,直至消瘦和衰竭死亡。

2. 宰后检疫

皮肤和皮下组织中有大小不等的化脓性病灶,其间的淋巴管充满脓液和纤维蛋白凝块,单个结节是由灰白色柔软的肉芽组织构成,其中散布着微红色病灶。局部淋巴结通常肿大,含有大小不等的化脓病灶,陈旧者被坚韧的结缔组织所包围。四肢个别关节含有浆液性脓性渗出液,周围的组织中有的布满许多化脓性病灶。鼻黏膜上有扁豆大扁平突起的灰白色小结节和边缘隆起的较大溃疡。有的病例鼻窦、喉头和支气管中也有类似病变,有的病例肺、脑组织见到小的化脓病灶。

3. 实验室诊断

(1)病原学检查　取病变结节内的脓汁涂片,吉姆萨染色后镜检,或加少量生理盐水充分混匀,盖上盖玻片后镜检,可见到寄生型孢子菌体,尤以双层细胞膜清晰。

(2)病原分离及鉴定　采集病变部位的脓液,或切取结节内壁小的组织块,刺种于固体培养基斜面下 1/3 处,28 ℃恒温培养。4～5 d 后,在原接种部位(绿豆粒至黄豆粒大小脓液或组织块)出现乳白色至淡灰色小菌落,之后菌落逐渐出现突起的褶皱,色泽也逐渐变深。7 d 呈较大的不整形褶皱菌落。当培养基上呈现以菌丝为主的生长发育繁殖,形成突起不整形褶皱菌落时,则可确诊。

(3)变态反应　对于处在潜伏期隐性感染的亚临床症状时,需做变态反应诊断。该方法检出率很高,对进口马属动物应做变态反应检查。

4. 检疫后处理

在进口动物时一旦检出该病,阳性动物做扑杀、销毁或退回处理,同群动物隔离观察。

（二）马鼻疽

马鼻疽是由鼻疽伯克霍尔德菌引起马、驴、骡等单蹄动物的一种高度接触性传染病。以鼻腔、喉头、气管黏膜或皮肤上形成鼻疽结节、溃疡和瘢痕，肺、淋巴结或其他实质器官发生鼻疽性结节为特征。人也可以感染。该病分布极为广泛，全世界都有发生。

1. 临诊检疫

（1）急性型　潜伏期 2～4 d，弛张型高热（39～41 ℃）、寒战，一侧性黄绿色鼻液和下颌淋巴结肿大，精神沉郁，食欲减退，可视黏膜潮红并轻度黄染。鼻腔黏膜上有小米粒至高粱大的灰白色圆形结节，突出黏膜表面，周围绕以红晕。结节迅速坏死、崩解，形成深浅不等的溃疡。常发生鼻出血或咳出带血黏液，时发干性短咳，听诊肺部有啰音。绝大部分病例排出带血的脓性鼻液，并沿着颜面、四肢、肩、胸、下腹部的淋巴结形成索状肿胀和串珠状结节，索状肿胀常破溃。患畜食欲废绝，迅速消瘦，经 7～21 d 死亡。

（2）慢性型　开始由一侧或两侧鼻孔流出灰黄色脓性鼻液，鼻腔黏膜见糜烂性溃疡，这些病马称为开放性鼻疽马。后期鼻中隔溃疡的部分自愈，形成放射状瘢痕。触诊下颌淋巴结，咽喉背侧淋巴结、颈上淋巴结肿胀，有硬结感。下颌淋巴结因粘连几乎完全不能移动，无疼痛感。患畜营养状况下降，显著消瘦，被毛粗乱无光泽，往往陷于恶病质而死亡。

2. 宰后检疫

病马鼻腔、鼻中隔、喉头甚至气管黏膜形成结节、溃疡，甚至鼻中隔穿孔。在慢性病例的鼻中隔和气管黏膜上，常见部分溃疡愈合形成或放射性瘢痕。肺的结节大小不一，可从粟粒大到鸡蛋大，中心坏死、化脓、干酪化，周边被由增殖性组织形成的红晕所包围。急性渗出性肺炎是由支气管扩散而来，可形成鼻疽性支气管肺炎，严重时形成鼻疽性脓肿，渗出物可随咳嗽排出，形成空洞。转为慢性时，形成由结缔组织构成的包膜，钙盐沉积形成的硬节内部，可见细小的脓肿和部分发生瘢痕化。皮肤可见淋巴管索状肿大，进而成为糜烂性溃疡。

3. 实验室诊断

（1）涂片检查　用作诊断意义不大。但与马流行性淋巴管炎、马腺疫和溃疡性淋巴管炎等疾病做鉴别诊断时，有一定的作用。

（2）分离培养　可将新鲜病料接种于马铃薯琼脂培养基或含血液（血清）的甘油琼脂平板上，48 h 后，根据菌落特征和平板凝集反应进行鉴别。被污染的病料，可用孔雀绿复红甘油琼脂平板或含抗生素的甘油琼脂平板分离培养，在前者呈现淡绿色小菌落，后者呈现灰黄色菌落，然后用平板凝集试验进行鉴定。

（3）动物接种　将纯培养或结节、溃疡病料制成乳剂腹腔注射或皮下注射雄性豚鼠。2～5 d 后可见睾丸发生肿胀、化脓，阴囊呈现渗出性肿胀，剖杀分离细菌。未经抗生素处理的污染病料，最好先于左侧或右侧胸部皮下注射，3～5 d 后同侧腋窝淋巴结肿胀、化脓时剖杀分离细菌。

（4）其他方法　凝集试验、CFT 和变态反应等。

4. 检疫后处理

（1）进口动物时，一旦检出马鼻疽，阳性动物作扑杀、销毁或退回处理，同群动物隔离观察。

（2）异地调运马属动物，必须来自非疫区；出售马属动物的单位和个人，应在出售前按规定报检，经检疫证明装运之日无鼻疽症状，装运前 6 个月内原产地无马鼻疽病例，装运前 15 d 经鼻疽菌素试验或鼻疽补体结合反应试验，结果为阴性，方可启运。调入的马属动物必须在当地隔离观察 30 d 以上,连续 2 次(间隔 5～6 d)鼻疽菌素试验检查,确认健康无病方可混群饲养。

(3)疫情监测　稳定监控区和消灭区有所不同。

①稳定监控区:每年抽查,选择鼻疽菌素试验检查,如检出阳性反应的,则按控制区标准采取相应措施。

②消灭区:每年鼻疽菌素试验抽查监测。

(三)野兔热

野兔热又称为土拉杆菌病,是由土拉弗朗西斯菌引起的一种急性自然疫源性人兽共患病。该病以体温升高、严重麻痹、淋巴结肿大、脾和其他内脏坏死为特征。

1. 临诊检疫

潜伏期为 1～10 d。急性病例多无明显症状而呈败血症状迅速死亡。多数病例病程较长,集体消瘦、衰竭,体表(颌下、颈下、腋下和腹股沟等处)淋巴结肿大、质硬,有鼻液,体温升高,白细胞增多。

2. 宰后检疫

急性死亡者无特征病变。如病程较长,可见淋巴结显著肿大,色深红,切面见针头大小的淡黄灰色坏死点;脾肿大,呈暗红色,表面与切面有灰白色或乳白色的粟粒至豌豆大的坏死灶;肝、肾肿大,有散发性针尖至粟粒大的坏死结节(彩图 2-6-54);肺充血,有实质变区;骨髓有坏死灶。

3. 实验室诊断

病原鉴定可经涂片或组织切片鉴定土拉弗朗西斯菌,也可通过培养或动物接种试验进行鉴定。血清学试验主要用于对人的土拉杆菌病的检测,而对动物土拉杆菌病的诊断价值不大,因为动物在产生抗体以前常已经死亡。最常用的血清学方法是试管凝集试验。

4. 检疫后处理

检疫中发现该病时,应向有关卫生监督部门报告备案,病死畜应全部做销毁处理。及时隔离、治疗病畜,并对同群畜禽采取预防措施。

(四)欧洲幼虫腐臭病

欧洲幼虫腐臭病又称为欧洲腐臭蛆病、欧洲幼虫病,是由蜂房蜜蜂球菌引起蜜蜂的一种传染病。特征是 3～5 日龄幼虫卷曲、腐坏死亡,形成橡胶状不定型物,具酸臭味。该病几乎世界各地都有发生。我国中蜂抵抗力弱,常有发生,西方蜜蜂也有患病报道。

1. 临诊检疫

潜伏期 2～3 d,感染幼虫多在 4～5 日龄、巢房未封盖时死亡。病虫由珍珠白色变为黄色,最后变为棕色,蜷缩在巢房底。虫体内气管清晰可见,在卷曲幼虫呈白色辐射线,在伸直幼虫呈细线状有白色横纹。透过表皮可见一条延长的、模糊的、浅灰色或浅黄色团块,是中肠内含有许多细菌的浑浊的液体。腐烂尸体似橡胶状,稍有黏性,拉丝长度不超过 2 mm,有酸臭味。虫尸干燥后变为深褐色,容易从巢房去除或被工蜂清除。在未封盖子脾(大虫脾)有"插花子"现象。由于不同寄生虫腐生菌的存在,虫尸气味有很大变化,典型的是酸味。后期如有蜂房芽孢杆菌感染分解色氨酸产生吲哚,则具有强烈的大粪味。

2. 实验室诊断

(1)直接涂片镜检　采集病死幼虫及带死虫的巢脾,挑取病虫尸体少许,置于载玻片上,加水制成悬液,风干、固定后染色镜检。如看到单个、成对或链状略呈披针形的球菌,结合临床症状,即可确诊。

（2）分离培养　无菌挑取幼虫尸体少许,制成悬浮液。划线接种于马铃薯琼脂培养基或牛肉膏琼脂平板上,35～37 ℃培养 24 h。若出现小球形、边缘整齐、表面光滑、凸起、珍珠白色、不透明的菌落,再挑取单个菌落涂片染色检查。

（3）血清学诊断　用阳性兔血清,采用沉淀反应或凝集反应来检测细菌抗原。

3. 检疫后处理

检疫中发现欧洲幼虫腐臭病时,不准转地或调运。患病蜂群连同巢脾烧毁深埋。其他蜂群搬至距原场 5 km 的地方隔离。外出放蜂需有地县检疫证明方可托运。

三、寄生虫性疫病的检疫

（一）兔球虫病

兔球虫病是由艾美耳属的多种球虫寄生于兔的肝胆管和肠管的上皮细胞内引起的寄生虫病。其特征是患兔消瘦、贫血和下痢。主要危害 1～3 月龄幼兔。兔球虫病分布极广,呈地方性流行,是家兔寄生虫病中危害最严重的一种。

1. 临诊检疫

兔球虫病分为肝型、肠型和混合型,以混合型为最常见。病兔表现精神沉郁,食欲减退或废绝,眼鼻分泌物增多,贫血,幼兔生长停滞,排尿频繁,下痢,或腹泻与便秘交替发生,腹围膨大,肝触诊有痛感而肿大,可视黏膜轻度黄染。后期幼兔多出现神经症状,四肢痉挛或麻痹,常因极度衰竭而死亡,死亡率一般在 40%～70%,有时高达 80% 以上。

2. 宰后检疫

肝型球虫病的病变主要在肝。肝肿大,表面和实质内有许多白色或淡黄色结节（彩图 2-6-55）,呈圆形,粟粒至豌豆大,沿小胆管分布,结节内含脓样或干酪样物质。慢性病例,由于肝间质结缔组织增生,使肝细胞萎缩,肝体积缩小。胆囊肿大,胆汁黏稠。肠型球虫病的病变主要在肠道。肠黏膜充血,肠壁肥厚,小肠内充满气体和大量黏液。慢性病例,肠黏膜呈淡灰色,有许多小的白色结节,有的有化脓灶、坏死灶。

3. 实验室诊断

（1）粪便球虫卵囊检查　采集病兔直肠的粪便用漂浮法或直接涂片法检查球虫卵囊。

（2）病变组织压片镜检　刮取病变黏膜压片镜检可见大量球虫卵囊而确诊。

4. 检疫后处理

检疫中发现兔球虫病时,兔病立即隔离治疗,尸体烧毁或深埋。消毒被污染的兔笼、用具,粪便、垫草等要妥善处理。

（二）利什曼病

利什曼病又称为黑热病,是由多种利什曼原虫所引起的人、犬以及多种野生动物的人兽共患寄生虫病。该病广泛分布于世界各地。

1. 临诊检疫

犬潜伏期 3～7 个月,病情严重程度不同。皮肤病灶常见,而且明显由紫斑性脱屑的脱毛区构成,主要在关节和皮肤皱褶处。有时鼻、耳垂和背部可见小的溃疡。鼻和口黏膜上也有溃疡。发展缓慢,表现精神不振,不规则地发热,呼吸急迫,黏膜苍白、消瘦,天然孔流血。

2. 宰后检疫

剖检见肝、脾肿大,骨髓呈胶样红色,淋巴结肿胀。无明显变化的犬很多。

3. 实验室诊断

以骨髓穿刺或淋巴结穿刺检出无鞭毛型的利什曼病原虫即可确诊,也可以用 IHAT、间接免疫荧光、ELISA、对流免疫电泳和直接凝集等方法来诊断。PCR 法、cDNA 探针杂交法、Dipstick 法也可用于该病的诊断。

4. 检疫后处理

发现犬利什曼病时,以扑杀为宜。

(三)蜂螨病

蜂螨病又称为小蜂螨病,是由亮热厉螨寄生在蜜蜂虫蛹上引起的蜜蜂的毁灭性传染病。感染亮热厉螨的蜂群,大批虫蛹死亡、腐烂、变黑;勉强出房的幼蜂,翅残缺不全,不久死亡;蜂群迅速削弱。

1. 临诊检疫

大批蜜蜂虫蛹死亡,腐烂发黑,无黏性;巢房蜂盖有小孔。出房幼蜂的翅残缺不全,丧失生活能力,很快死亡;蜂群迅速衰弱,没有生产力,甚至全群毁灭。小蜂螨寄生在蜜蜂虫蛹体上,吸食它们的血淋巴,使虫蛹缺乏营养而死亡或者发育不全。

2. 实验室诊断

(1)直接检查　从蜂群中提出封盖子脾,挑开有小孔的封盖,夹出蜂蛹。将子脾迎着阳光,巢房内若有小蜜蜂,它们就爬出来,在巢脾上快速爬行。大小似芝麻粒,肉眼可以看清。也可用放大镜仔细检查蛹体、蜂房内是否有蜂螨寄生。

(2)熏蒸检查　从蜂群提出正有幼蜂出房的子脾,用玻璃杯扣取 50～100 只工蜂,用乙醚棉球熏蒸 3～5 min,待蜜蜂昏迷后,轻轻振摇,再将蜜蜂倒回原群的巢门前,蜜蜂苏醒后即回巢内。如有小蜂螨,它们就黏附在玻璃杯底部或壁上。

3. 检疫后处理

检疫中发现小蜂螨病,主要采取药物治疗措施,消灭小蜂螨。同时,加强蜜蜂的饲养管理。一般应在采取相应的杀螨措施后才能转地或调运。

考核评价

某个体户饲养罗曼蛋鸡 3 500 只,25 日龄突然发病,死亡 167 只,死亡率达 4.8%。病鸡精神不振,肛门周围沾满污粪,从开始到高峰都以排泄米汤样、水样白色粪便为特征。恢复期则出现带绿色粪便。剖检死鸡 22 只,病理变化为腺胃与肌胃接合部有出血点或出血斑,肾苍白、肿大,并有尿酸盐沉着,肝肿大,呈土黄色,法氏囊肿大,达原来的 2～3 倍,颜色由原来的白色变成奶酪样黄色。据临诊检查及病理变化结果怀疑是什么病? 可采取哪些实验室诊断方法进一步确诊? 为防止此病的传播,应采取怎样的综合防控措施?

案例分析

分析以下案例,请根据临床检查、剖检变化作出初步诊断,提出相关实验室诊断方法及正确的处理措施。

(1)案例一:某养殖户购进 60 日龄鸡 50 只,3 d 后发现部分鸡精神萎靡,羽毛松动,不愿走动,采食下降,饮水增多,有轻度呼吸道症状,个别甩头,有些鸡排绿色稀便,有些鸡发出"咯咯"声。第 6 天,症状加重,鸡冠和肉髯呈深红色,少数鸡冠和肉髯呈紫黑色,口角流出大量的黏液、嗉囊积液。倒提病鸡,从口中流出大量酸臭液体。

病理检查:全身广泛性出血,以消化道最为严重和广泛。其中,腺胃黏膜水肿,腺胃黏膜乳头严重出血,肠道间断性肿胀、出血,十二指肠黏膜充血和出血,并有明显的纤维素性坏死形成的荚膜,盲肠及盲肠扁桃体肿胀、出血,法氏囊肿大。

(2)案例二:某养殖户购进了一批 50 日龄雏鸭。主诉:饲养 4 d 后发现有的鸭精神沉郁,头颈缩起,离群独处,喜饮水,羽毛松乱,两翅下垂,两脚发软,走动困难,若强行驱赶则见两翅拍地而走,走几步就倒地不起。

临床检查:体温高达 43～44 ℃,病鸭眼周围湿润、流泪,眼睑肿胀,有的流出黏性或脓性分泌物使眼睑粘连不能张开。鼻孔流出浆液性或黏液性分泌物,呼吸困难,叫声嘶哑无力。部分病鸭头颈部肿胀。病鸭下痢,排出绿色或灰白色稀粪,肛门周围的羽毛被粪便污染并结块。

(3)案例三:某农户家饲养的绵羊发生类似湿疹样疾病,曾用醋酸铅液和氧化锌软膏对患处进行涂抹,对病重的羊用抗生素进行治疗,效果不明显,发病羊大量死亡。

临床检查:病羊体温 41～42 ℃,食欲减少,精神不振,结膜潮红,有浆液或脓性分泌物从鼻孔流出,呼吸和脉搏增速。腿周围、唇、鼻、颊、四肢和尾内侧、阴唇、乳房、阴囊和包皮上少毛部分有痘疹、丘疹病变。

(4)案例四:某农户饲养的一匹 4 岁母驴,近期出现采食减少,咀嚼缓慢,行动四肢僵硬,不愿走动,有饮欲,但口伸到水中无法饮下,只做吮动作,桶里水量并无减少。

临床检查:全身骨骼肌强直性痉挛,开口困难,咀嚼缓慢,流涎,两耳竖立不能摆动,瞳孔散大,鼻孔开张,头颈伸直,背腰强拘,肚腹卷缩,尾根抬举,活动不灵,对声、光、机械等外界刺激反应敏感,稍有刺激就惊恐不安、出汗,听诊心搏亢进,节律不齐,而此时神志清醒,有食欲但不能吃喝,体温正常。

知识拓展

常用的虫卵检查方法

一、粪便的采集、保存及送检

被检粪便应该是新鲜而未被污染的。新鲜粪样,最好从直肠直接采集,大家畜按直肠检查的方法采集,猪、羊可将食指或中指伸入直肠,钩取粪便。采集自然排出的粪便,需采取粪堆和粪球上部或中间未被污染的粪便。采取的粪便按头编号,并将其装入清洁的容器内。采集用具应每采一份清洗一次,以免相互污染。采集的粪便应尽快检查,不能立即检查时,应放在冷暗处或冰箱中保存。当地不能检查而需转送寄出时,或者需长期保存时,可将粪便浸入加温至 50～60 ℃的 5%～10% 的福尔马林(2%～4% 甲醛)中,使粪便中的虫卵失去生活能力,起固定作用,又不改变形态,还可防止微生物的繁殖。

二、常用的方法

(一)漂浮法

漂浮法的原理是应用比重较虫卵大的溶液作为检查用的漂浮液,使寄生虫卵、球虫卵囊等浮于液体的表面,进行集中检查。漂浮法对于大多数寄生虫,如某些线虫卵、绦虫卵和球虫卵囊等均有很好的检出效果,而对吸虫卵和棘头虫卵检出效果较差。

1. 饱和盐水漂浮法

取 5～10 g 粪便置于 100～200 mL 的烧杯中,加入少量漂浮液搅拌混匀,然后加入约 20 倍的漂浮液。然后将粪液用金属筛或纱布滤入另一杯中,弃去粪渣。滤液静置 30～40 min,用直径 0.5～1 cm 的金属圈接触滤液面,提起后将黏着在金属圈上的液膜抖落于载玻片上,如此多次攫取不同部位的液面后,加盖玻片镜检。

2. 试管浮聚法

取 2 g 粪便置于烧杯中或塑料杯中,加入 10～20 倍漂浮液搅拌混匀,然后将粪液用金属筛或纱布滤入另一杯中。将滤液倒入直立的平口试管中或青霉素瓶中,直至液面接近管口为止,然后用滴管补加粪液,滴至液面凸出管口为止。静置 30 min 后,用清洁盖片轻轻接触液面,提起后放于载玻片上镜检。

(二)沉淀检查法

沉淀检查法原理是虫卵比水重,可自然沉于水底,便于集中检查。沉淀法适用于吸虫病和棘头虫病的诊断。沉淀法可分为自然沉淀法和离心沉淀法两种。

1. 自然沉淀法

取待检粪便 5～10 g,置于平皿或烧杯中,加入 10～20 倍量的清水,搅拌均匀,经金属筛或纱布过滤于另一杯中。滤液静置 20 min 后倾去上层液,再加水与沉淀物重新搅和,静置,如此反复水洗沉淀多次,直至上层液透明为止。最后倾去上清液,用吸管吸取沉淀物滴于载玻片上,加盖片镜检。

2. 离心沉淀法

取待检粪便 3 g 置于烧杯中,加入 10～15 倍清水搅拌均匀,经粪筛或纱布过滤到离心管中。置离心机上离心 2～3 min(电动离心机转速为 2 500～3 000 r/min),然后倾去管内上层液体,再加水搅匀,再离心。如此反复进行 2～3 次,最后倾去上清液,用吸管吸取适量沉淀物置于载玻片上,加盖玻片镜检。

(三)尼龙筛淘洗法

尼龙筛淘洗法操作迅速、简便,适用于体积较大虫卵(如片形吸虫卵)的检查。

取待检粪便 5～10 g,置于烧杯中,加入 10 倍量的清水,经金属筛滤入另一杯中,将粪液全部倒入尼龙筛网中再进行滤过。滤液废弃,粪便剩至网内。然后将尼龙筛依次浸入两只盛水的器皿(桶或盆)内。并反复用光滑的圆头玻璃棒轻轻搅拌网内粪渣。直至粪渣中杂质全部洗净为止。最后用少量清水淋洗筛壁四周与玻璃棒,使粪渣集中于网底,用吸管吸取粪渣,滴于载玻片上,加盖片镜检。

知识链接

1. DB12/T 529—2014 种猪场猪伪狂犬病净化技术规范
2. 病死及病害动物无害化处理技术规范
3. DB43/T 902—2014 猪场引种疫病控制技术规程
4. SN/T 2701—2010 动物炭疽病检疫规范
5. DB13/T 1373—2011 规模化猪场寄生虫病防治技术规程

6. DB13/T 1392—2011 规模猪场猪蓝耳病综合防控技术规范

7. DB21/T 1756—2009 规模化养猪场寄生虫病防治技术规范

8. DB12/T 528—2014 种猪场猪瘟净化技术规范

9. GB/T 22910—2008 痒病诊断技术

10. DB34/T 1577—2011 规模化猪场猪圆环病毒病防控技术规程

11. GB/T 23239—2008 伊氏锥虫病诊断技术

12. DB34/T 1893—2013 规模猪场副猪嗜血杆菌病防控技术规程

13. DB34/T 1894—2013 规模猪场猪支原体肺炎防控技术规程

项目七
动物检疫环节

学习目标

- 掌握动物产地检疫、屠宰检疫、检疫监督的实施程序和检疫处理,具备实施动物生产与流通环节检疫的能力。
- 能填写动物检疫合格证明、检疫申报单、检疫申报受理单、检疫处理通知单、动物准宰通知单。
- 了解净化检疫、进出境动物及动物产品检疫的实施程序和处理。

学习内容

▶ 任务二十八　产地检疫 ◀

一、产地检疫概述

(一)动物产地检疫的概念

动物产地检疫是指动物、动物产品在离开饲养地或生产地之前进行的检疫,即到饲养场、饲养户或指定的地点检疫。产地检疫的目的是及时发现染疫动物、染疫动物产品及病死动物,将其控制在原产地,并且在原产地安全处理,防止进入流通环节,保障动物及动物产品安全,保护人类健康,维护公共卫生安全。

(二)动物产地检疫的意义

动物产地检疫的实施是落实预防为主的方针,防止患病动物、动物产品进入流通环节的关键,在促进动物疫病预防工作,方便流通和理顺动物检疫工作等方面具有重要意义。

(1)通过产地检疫能及时发现病原,并及时采取措施,消灭传染源,切断传播途径,防止病原传播扩散。

(2)加强动物产地检疫,防止疫病进入交易市场,可以减轻流通领域检疫时间紧、工作量大的压力,减少误检漏检率,提高检疫的正确性,也减轻了对外贸易、运输和市场检疫监督的压力。

(3)通过查验免疫档案和免疫标识,可以充分调动畜主依法防疫的积极性,促进基层动物免疫接种工作,提高动物生产、加工、经营人员的防疫检疫意识,实现防检结合,以检促防。

(三)产地检疫的分类

1. 产地常规检疫

大型动物养殖场(户)饲养的动物按计划在饲养场内进行定期检疫,目的在于及时发现传染源,淘汰阳性感染动物,达到逐步净化的目的。

2. 产地售前检疫

动物、动物产品出售前在饲养场、加工单位内进行的就地检疫。

3. 产地隔离检疫

有出口业务的饲养场在动物未进入口岸(海关)前在产地进行的隔离检疫。国内异地调运种畜禽,运送动物前在原种畜禽场进行的隔离检疫和调回动物后进行的隔离观察。

(四)动物产地检疫的要求

1. 现场检疫

检疫人员应到场入户或到指定地点进行现场检疫。结合当地动物疫情、疫病监测情况和临诊检查,合格者才可出具检疫合格证明。

2. 定期检疫

按检疫要求,定期对本地动物(特别是种用、乳用动物)进行检疫。

3. 隔离检疫

引进动物后,要严格隔离一定时间(一般大、中动物 45 d,其他动物 30 d),经确认无疫病后方可投入生产。

4. 售前检疫

对动物在出售前实施检疫,并对合格者出具检疫合格证明。

5. 确定检疫

当发生动物疫情时,及时报告所在地农业农村主管部门或者动物疫病预防控制机构,及早确诊,以便于及时采取措施。

二、动物产地检疫

(一)动物产地检疫的实施程序和内容

1. 报检

报检是指经营动物、动物产品的单位和个人在其动物、动物产品发生移动之前,依照有关规定向所在地动物卫生监督机构提出检疫申报的过程。报检一般要提前进行,申报方式可以电话口头提出,内容含动物种类、数量、起运地点、到达地点、运输方式和约定检疫时间等。动物卫生监督机构接到申报后,必须填写报检记录,按约定时间派人到现场或指定地点实施检疫,在运输、出售前作出检疫结论,检疫合格的出具检疫合格证明。不予受理的,则应说明理由。

县级动物卫生监督机构本着"有利生产,促进流通,方便群众,便于检疫"的原则,在辖区内设立动物、动物产品的产地检疫报检点,负责检疫申报受理工作,并将报检电话、联系人和业务管辖范围,公告管理相对人。报检点数量、地点及报检形式,由县级动物卫生监督机构决定。

※※※※※※※※※※※※※※※※※※※※※※※※※※※※※※※※※※※※※※

检疫申报单(样式)

(货主填写)

编号：_____

货主：_____ 联系电话：_____

动物/动物产品种类：_____ 数量及单位：_____

来源：_____ 用途：_____

启运地点：_____

启运时间：_____

到达地点：_____

　　依照《动物检疫管理办法》规定,现申报检疫。

货主签字(盖章)：

申报时间：　　年　　月　　日

※※※※※※※※※※※※※※※※※※※※※※※※※※※※※※※※※※※※※※

申报处理结果(样式)

(动物卫生监督机构填写)

□受理。拟派员于_____年_____月_____日到_____实施检疫。

□不受理。理由：_____。

经办人：

_____ 年__月__日

(动物卫生监督机构留存)

※※※※※※※※※※※※※※※※※※※※※※※※※※※※※※※※※※※※※※

检疫申报受理单(样式)

(动物卫生监督机构填写)

处理意见：　　　　　　　　　　　　　　　　　　No.

□受理。本所拟于_____年_____月_____日 派员到_____实施检疫。

□不受理。理由：_____。

经办人：_____ 联系电话：_____

动物检疫专用章

_____年_____月_____日

(交货主)

※※※※※※※※※※※※※※※※※※※※※※※※※※※※※※※※※※※※※※

（1）实行报检制度的要求　动物、动物产品出售或调运离开产地前，必须按下列时间向所在地动物卫生监督机构提前报检：出售、运输动物产品和供屠宰、继续饲养的动物提前 3 d 申报检疫；种用、乳用或者役用动物提前 15 d 申报检疫；因生产生活特殊需要出售、调运和携带动物或者动物产品的，随报随检。

（2）实行报检制度的意义　实行报检制度有利于检疫机关预知动物、动物产品移动的时间、流向、种类和数量等情况，以便提前准备，合理布置和安排检疫具体事宜，及时完成检疫任务；有利于提高人们对动物检疫的意识；有利于提高动物、动物产品质量，促进商品流通和确保动物检疫工作的科学实施。

2. 疫情调查

向畜主、防疫员询问饲养管理情况、近期当地疫病发生情况和邻近地区的疫情动态等情况，了解当地疫情；结合对饲养场、饲养户的实际观察，确定动物是否来自疫区。

3. 查验免疫档案和免疫耳标

向畜主索取动物的免疫档案，核实免疫档案的真伪、检查是否按规定进行免疫接种，并认真核对免疫有效期和查验免疫耳标，确定动物是否具备合格的免疫标识。

4. 临床健康检查

主要检查被检动物是否健康。动物产地检疫以感官检查为主，主要通过对动物的群体检疫（包括静态表现、动态表现和饮食状态是否正常），对个别疑似患病动物需进行个体检查（包括精神状态、体温、呼吸、可视黏膜等项目的检查）。

5. 种用、乳用、役用动物按有关规定进行实验室检验

对种用、乳用、役用动物除临床检查外，按检疫要求进行特定项目的实验室检验。

6. 动物产地检疫的结果判定

动物产地检疫结果的判定即动物产地检疫的出证条件。凡产地检疫的动物同时符合条件的，其检疫结果判定为合格。否则，其产地检疫结果判定为不合格。判定条件如下：

①动物必须来自非封锁区或者未发生相关动物疫情的饲养场（户）。

②按照国家规定进行了强制免疫，并在有效保护期内。

③养殖档案相关记录和畜禽标识符合规定。

④临床检查健康。

⑤农业农村部规定需要进行实验室疫病检测的，结果合格。

（二）动物产地检疫结果及处理方法

1. 动物产地检疫合格的处理

经检疫合格的动物、动物产品，由动物卫生监督机构出具检疫合格证明，动物产品同时加盖或者加封动物卫生监督机构使用的验讫标志。

2. 动物产地检疫不合格的处理

经检疫不合格的动物、动物产品，出具检疫处理通知单，在当地由动物卫生监督机构的监督下进行无害化处理，做好检疫工作记录。

※※※※※※※※※※※※※※※※※※※※※※※※※※※※※※※※※※※※※

检疫处理通知单(样式)

编号:

_____ :

按照《中华人民共和国防疫法》和《动物检疫管理办法》有关规定,你(单位)的 _____ _____ 经检疫不合格,根据 _____ _____ 之规定,决定进行如下处理:

一、 _____

二、 _____

三、 _____

四、 _____

动物卫生监督所(公章)

年 月 日

官方兽医(签名):

当事人签收:

※※※※※※※※※※※※※※※※※※※※※※※※※※※※※※※※※※※

三、种畜禽调运检疫

(一)种畜禽调运检疫的意义

加强种用动物及其产品的检疫管理是动物疫病防控中不可缺少的环节,这是由种用动物在动物疫病防控中占有重要地位的特点决定的——种用动物价值高,在繁殖后代的过程中,在疫病传播(特别是种源性疫病)方面的影响面很大。一旦种用动物患病或成为病原携带者,会成为长期的传染源,并通过其精液、胚胎、种蛋垂直传播给后代,造成疫病的传播和扩散。因此必须高度重视,真正地落实开展有关种畜禽调运检疫技术工作,防止动物疫病远距离跨地区传播。

(二)种畜禽调运检疫的程序和内容

1. 引种审批手续

准备引种的单位和个人应以书面报告的形式向输入地动物卫生监督机构办理审批手续。报告应含调运种用动物或动物产品的种类、数量、地点和时间等内容。输入地动物卫生监督机构在调查输出地动物疫情的同时,派人前往引种单位检查临时隔离场所是否符合动物饲养条件和动物卫生基本要求,待审核批准后方可前往引种。

2. 种畜禽启运前的检疫

引种单位和个人应提前15 d以上到输出地动物卫生监督机构报检。输出地动物卫生监督机构接到报检后,派出动检员对调出的种用动物在原种畜禽场实施隔离检疫。主要工作如下:

(1)了解疾病史 调查了解该种畜禽场近6个月内动物疫情情况,若发现种畜禽患有一类疫病及炭疽、布鲁氏菌病等动物疫病时,停止调运。

（2）查看各种记录　查看调出种畜禽的档案和预防接种详细记录,核对被检种畜禽是否按国家有关规定免疫,是否免疫合格等。

（3）临床检查　临床检查是对全部准备调出的种畜禽进行群体和个体检查。按照动物产地检疫要求主要开展下列疫病的临床检查:

①种猪:口蹄疫、猪瘟、高致病性猪蓝耳病、炭疽、猪丹毒、猪肺疫、猪细小病毒病、猪支原体性肺炎、猪传染性萎缩性鼻炎。

②种牛:口蹄疫、布鲁氏菌病、牛结核病、炭疽、牛传染性胸膜肺炎、牛白血病。

③奶牛:口蹄疫、布鲁氏菌病、牛结核病、炭疽、牛传染性胸膜肺炎、乳腺炎。

④种羊:口蹄疫、布鲁氏菌病、绵羊痘和山羊痘、小反刍兽疫、炭疽。

⑤奶山羊:口蹄疫、布鲁氏菌病、绵羊痘和山羊痘、小反刍兽疫、炭疽。

⑥种鸡:高致病性禽流感、新城疫、鸡传染性喉气管炎、鸡传染性支气管炎、鸡传染性法氏囊病、马立克病、禽痘、鸡白痢、鸡球虫病、鸡病毒性关节炎、禽白血病、禽脑脊髓炎、禽网状内皮组织增殖症。

⑦种鸭和种鹅:高致病性禽流感、新城疫。

（4）实验室检验　实验室检验是按国家有关规定对全部准备调出的种畜禽进行某些疫病特异性项目的检验。实验室检查结果合格的,可以调运;检查结果不合格的,停止调运。实验室检验疫病种类有:

①种猪:口蹄疫、猪瘟、高致病性猪蓝耳病、猪圆环病毒病、布鲁氏菌病。

②种牛:口蹄疫、布鲁氏菌病、牛结核病、副结核病、牛传染性鼻气管炎、牛病毒性腹泻/黏膜病。

③种羊:口蹄疫、布鲁氏菌病、蓝舌病、山羊关节炎脑炎。

④奶牛:口蹄疫、布鲁氏菌病、牛结核病、牛传染性鼻气管炎、牛病毒性腹泻/黏膜病。

⑤奶山羊:口蹄疫、布鲁氏菌病。

⑥精液和胚胎:检测其供体动物相关动物疫病。

（5）输出地动物卫生监督机构通过以上检疫合格的,颁发种畜禽健康证明和检疫合格证明,准予启运。

3. 种畜禽运输时的检疫

种畜禽装运时,应请输出地动物卫生监督机构到现场监装。

运载种畜禽的交通工具和饲养用具,必须在装运前由输出地动物卫生监督机构的监督下进行清扫、洗刷和实施消毒。

运输途中不准在疫区车站、港口、机场装填草料、饮水和夹带其他动物和动物产品。押运员应随时观察种畜禽的健康状况,若发现患病、死亡动物或有其他异常情况时,应及时与当地动物卫生监督机构联系,按有关规定妥善处理。

4. 种畜禽到达目的地的检疫

到达引进的种畜禽场后,向输入地动物卫生监督机构报验,在输入地动物卫生监督机构的监督下隔离饲养观察 15～30 d 或以上,经群体、个体检查和实验室检查,确定种畜禽健康后,方可并入原有种群供繁殖、生产使用。若发现疫病或可疑疫病按有关规定处理。

四、动物产品检疫

1. 种蛋检疫

①种蛋必须来自非疫区。

②种蛋的供体必须无国家规定的动物疫病,供体有健康合格证明。

③种蛋消毒处理,包装箱消毒后加贴统一规定使用的外包装消毒封签或消毒标志。

④根据种蛋的流向情况,出具《动物检疫合格证明》。

2. 精液和胚胎的检疫

①精液和胚胎必须来自非疫区。

②精液和胚胎供体必须无国家规定的动物疫病,供体有健康合格证明。

③采用浸泡或喷湿等方法,对精液和胚胎外包装进行消毒,消毒后加贴统一规定使用的外包装消毒封签或消毒标志。

④根据精液和胚胎的流向情况,出具《动物检疫合格证明》。

3. 毛、羽、绒、皮、蹄、骨、角等的检疫

在检疫中,对毛、羽、绒、皮、蹄、骨、角等特殊动物产品的检疫比较困难,对这类动物产品若原产地无规定动物疫情,并按有关要求进行消毒加以处理后,按规定进行外包装消毒,并于外包装加贴统一规定使用的消毒封签或消毒标志。

根据上述动物产品的流向情况,出具《动物检疫合格证明》。

动物产品检疫证明的有效期,应根据产品种类、用途、运输距离等实际情况确定,最长不得超过 30 d。

▶ 任务二十九　屠宰检疫 ◀

一、宰前检疫

(一)宰前检疫的概念和作用

1. 宰前检疫的概念

对待宰动物活体所进行的检疫称为动物屠宰前检疫。

2. 宰前检疫的作用

(1)通过宰前检疫,及时查出患病动物,做到早发现,早处理,防止疫病扩散。尤其对临床症状明显而宰后却难以发现的疫病,如狂犬病、破伤风、猪传染性萎缩性鼻炎、李氏杆菌病、口蹄疫、传染性水疱病、羊痘和中毒病等有重要意义。弥补了宰后检疫的不足,减轻了宰后检疫的压力,对保障肉品安全有重要的意义。

(2)实行宰前检疫,及时发现、剔出患病动物和伤残动物,有利于做到病、健分宰,减少肉品污染,提高肉品卫生质量。

(3)宰前检疫通过查证验物,发现和纠正违反动物防疫法律法规的行为,维护动物防疫法的尊严,促进动物免疫接种和动物产地检疫工作的实施。

(二)宰前检疫的程序和内容

1. 查证验物

动物运输到屠宰场后,没有卸载之前,向畜(货)主或押运员收缴《动物检疫合格证明》,了解动物的来源和产地疫情。并到车船仔细察看动物,核对有关证明所记载的动物种类和数量,了解途中病、亡情况。发现动物疫情时,要根据耳标,通知产地动物卫生监督机构调查疫情,及时追查疫源,采取对策。

2. 临床健康检查

经上述查验认可的动物,准予卸载,并施行临床健康检查(三观一查),抽检"瘦肉精"等违禁药物饲喂情况。

临床健康检查一般在卸载台到圈舍之间设置狭长的走廊,检疫人员在走廊旁的适当位置视检行进中动物的精神外貌和行走姿态,对发现有异常的动物,分别涂上一定的标记。在走廊近圈舍的一端由专人把守,按标记将可疑病畜禽移入隔离栏,并进行详细的个体临床检查。

3. 送宰检验

健康动物在留养待宰期间尚需随时进行临床观察。送宰前再做一次群体检疫,剔出患病动物。

4. 检疫结果登记

对宰前检疫的动物种类、产地、数量和患病、健康动物情况及处理措施等做详尽的登记。

(三)宰前检疫的方法

1. 群体检疫

将屠畜按种类、产地、入场批次、分批分圈进行检查。

(1)静态观察　检验人员深入圈舍,在不惊扰畜群使其保持自然安静的情况下,仔细观察屠畜的精神状态、睡卧姿势和反刍等情况。

(2)动态观察　静态检查后,先看动物自然活动,后看驱赶活动,观察其运动状态。

(3)饮食状态观察　观察采食和饮水状态。同时注意屠畜排便姿势,以及粪尿色泽、形态、气味等是否正常。

2. 个体检疫

经群体检查隔离的病畜应逐头进行详细的个体检疫,通常用看、听、摸、检四种方法。

(1)看　观察病畜的精神、行为、姿态、被毛、可视黏膜等情况。

(2)听　直接听取病畜的叫声、咳嗽声,借助听诊器听诊心音、呼吸音和胃肠蠕动音等。

(3)摸　用手触摸检查屠畜的脉搏、耳、角和皮肤的温度,触摸浅表淋巴结的状态等。

(4)检　有针对性地进行血、尿常规检查,以及必要的病理组织学和病原学等实验室检查。

(四)宰前检疫后的处理

1. 宰前检疫合格动物的处理

经宰前检疫,对待宰动物检疫证明、运载工具消毒证明有效;具有有效免疫耳标;证物相符;被检动物临床检查健康,检疫人员应出具准宰通知书,准予屠宰,填写动物现场检疫记录表。

2. 宰前检疫不合格动物的处理

经宰前检疫不合格和临床健康检查患病的屠畜,根据定性情况及时逐级报告单位,同时填写《检疫处理通知单》给屠宰场业主,并监督其按照 GB 16548—2006 的要求进行生物安全处理。通知产地动物卫生监督机构对患病动物进行追踪溯源。具体处理如下：

（1）无检疫合格证明、运载工具消毒证明的，则实施补检和补消毒。

（2）持过期检疫合格证明或证物不符的，则实施重检、补消毒。

（3）持伪造、涂改和转让无效的检疫合格证明、运载工具消毒证明的，除实施补检、补消毒外，还需按相关规定处理。

（4）宰前检疫发现患病或疑似患病动物时，按相关规定进行处理。

①经宰前检疫发现一类动物疫病和二类动物疫病中的兔出血热时，病畜禽和疑似病畜禽作销毁处理。

同群畜禽用密闭运输工具运到动物卫生监督机构指定的地点，用不放血方法全部扑杀，按规定销毁处理，无条件进行无害化处理的，可慎重采用深埋方法处理。畜禽存放处和屠宰场所实行严格消毒，严格采取防疫措施，并立即向所在地农业农村主管部门或者动物疾病预防控制机构报告疫情。

②经宰前检疫发现狂犬病、炭疽、布鲁氏菌病、马鼻疽、弓形虫病、结核病等患畜禽和疑似病畜禽时，按规定销毁处理。同群畜急宰，胴体内脏高温处理。病畜存放处和屠宰场所实行严密消毒，采取防疫措施，并立即向所在地农业农村主管部门或者动物疾病预防控制机构报告疫情。

③患有其他疫病的畜禽，实行急宰，除剔除病变部分销毁外，其余部分高温处理。

④凡判为急宰的畜禽，均应将其宰前检疫报告单结果及时通知检疫人员，以提供对同群畜禽检验的综合判定处理。

二、宰后检疫

宰后检疫是指动物在放血解体的情况下，直接检查肉尸、内脏，根据其病理变化和异常现象进行综合判断，得出检疫结论。宰后检疫包括对动物疫病的检查（即宰后检疫）和肉品品质检查（即肉品检验）两大方面。肉品检验内容包括对传染性疾病和寄生虫以外疾病的检查、对有害腺体摘除情况的检查、对屠宰加工质量的检查、对注水或注入其他物质的检查、对有害物质的检查以及检查是不是种公、母畜或晚阉畜肉。

（一）宰后检疫的意义

（1）动物宰后肉尸、内脏充分暴露，能直观、快捷、准确地发现肉尸和内脏的病理变化，对临床症状不明显或处于潜伏期、在宰前难以发现的疫病（如猪咽型炭疽、猪旋毛虫病等）较容易检出，弥补了宰前检疫的不足，能及时作出判断和及早处理，防止疫病的传播和人兽共患病的发生。

（2）动物宰后检疫作为宰前检疫的延续和补充，同时还可以及时发现非传染性畜禽胴体和内脏的某些病变，如黄疸肉及黄脂肉、肿瘤、异味等有碍肉品卫生的情况，以便及时剔除，保证肉品卫生安全，使人们吃上放心肉。

（二）宰后检疫工具的使用和消毒

1．检疫工具

一般检疫用工具有检疫刀、检疫钩和锉棒等。检疫刀用于切割检疫肌肉、内脏、淋巴结用；检疫钩用于钩住胴体、肉类和内脏一定部位便于切割。锉棒为磨刀专用。动物检疫人员上岗时，要随身携带两套检疫工具。

2. 检疫工具的使用方法

检疫时对切开的部位和限度有一定的要求,用刀时要用刀刃平稳滑动切开组织,不能用拉锯式的动作,以免造成切面模糊,影响观察。为保持检疫刀的平衡用力,拿刀时应把大拇指压在刀背上。使用时要注意安全,不要伤及自己及周围人员,万一碰伤手指等,要立即消毒包扎。

3. 检疫工具的消毒

检疫时接触过患病动物胴体和内脏的检疫工具,应立即放入消毒药液中浸泡消毒 30~40 min,使用另一套检疫工具进行下一头肉尸的检疫。经过消毒的检疫工具,消毒后用清水冲洗,擦干后备用。检疫后的工具要消毒、洗净、擦干,以免生锈。

(三)宰后检疫的基本方法与要求

1. 宰后检疫的基本方法

宰后检验主要是通过感官检查,对胴体和脏器的病变进行综合的判断和处理,必要时辅以实验室检验。感官检查方法主要有视检、剖检、触检和嗅检,以视检和剖检为主。

(1)视检　通过视觉器官直接观察胴体皮肤、肌肉、脂肪、胸腹膜、骨骼、关节、天然孔及各种脏器浅表暴露部位的色泽、形状、大小、组织状态等,判断有无病理变化或异常,为进一步剖检提供方向。如牛、羊的上下颌骨膨大时,注意检查放线菌病;若猪咽喉和颈部肿胀的,应注意检查咽炭疽和猪肺疫;若见皮肤、黏膜、脂肪发黄则表明有黄疸的可疑。

(2)剖检　用检疫刀切开肉尸或脏器的深部组织或隐蔽部分,观察其有无病理变化,这对淋巴结、肌肉、脂肪、脏器的检查和疾病的确诊非常必要,尤其是对淋巴结的剖检显得十分重要。当病原体侵入动物机体后,首先进入管壁薄、通透性大的淋巴管,进而随淋巴液流向附近淋巴结内,在此被其吞噬、阻留或消灭,由于阻留病原体的刺激,淋巴结会呈现相应的病理变化,如常见的肿大、充血、出血、化脓、坏死等,病因不同,淋巴结的病理形态变化也不同,往往在淋巴结中形成特殊的病变。如患猪瘟的病猪全身淋巴结肿大、切面周边出血呈红白相间的大理石样外观;炭疽病畜淋巴结急剧肿大、变硬,切面砖红色,淋巴结周围组织常有胶冻样浸润。

(3)触检　即用手直接触摸受检组织和器官,感觉其弹性、硬度以及深部有无隐蔽或潜在性的变化。触检可减少剖检的盲目性,提高剖检效率,必要时将触检可疑的部位进行剖开视检,这对发现深部组织或器官内的硬块、肿块病变就具有实际意义。例如,猪肺疫时红色肝变的肺除色泽似肝外,用手触摸其坚实性也似肝;奶牛乳房结核时可摸到乳房内的硬肿块等,均具有一定的诊断价值。

(4)嗅检　用鼻嗅闻被检胴体及组织器官有无特殊异常气味,借以判定肉品质量和食用价值,为实验室检验提供指导,确定实验室的必检项目。生前动物患有尿毒症,宰后肉中有尿臊味;生前用药时间较长,宰后肉品有残留的药味;病猪、死猪冷宰后肉有一定的尸腐味等,都可通过嗅检查出。

当感官检验不能判定疾病性质时,需进行实验室检验。常用的有细菌学、血清学、病理组织学和寄生虫学等检验。

2. 宰后检疫的要求

(1)认真观察,细心检查。为了迅速准确地做好在高速运转的屠宰加工流水线上的检验工作,必须遵守一定的程序和方法,养成良好的习惯。按规定的检疫程序检疫,做到检疫刀数到位、检疫术式到位、综合判定到位、无害化处理到位。

(2)在高速的流水作业条件下,要求检疫人员在几十秒钟内对动物的健康状况作出准确判断,这就不仅要求检疫人员要熟练掌握动物疫病的典型病理变化,还要求进一步掌握动物处于不同病理阶段组织器官的特殊变化,以便最大限度地检出患病动物。

(3)在屠宰量大时,胴体、内脏或离体的头、蹄等要进行统一编号,对照检查,以免调乱,难以查对。

(4)为了保证肉品的卫生质量和商品外观,剖检只能在一定部位切开,且切口大小深浅适度,不允许随意乱划和拉锯式切割。

(5)上岗时应随身携带两套检疫工具,以便替换;遇到污染时,立刻更换使用另一套。被污染的检疫工具要彻底消毒后方可使用。

(6)内脏器官暴露后一般应先视检外形,不要急于剖检。当切开组织或脏器的病变部位时,要估计可能造成对外界的污染,应采取一切措施,防止污染产品、器具设备、环境和工作人员。检出疑似重大疫病时,要立即上报疫情、封锁现场、按规定处理。

▶ 任务三十　动物检疫监督 ◀

一、运输检疫监督

(一)运输检疫监督的概念

为了保护各省、自治区、直辖市免受动物疫病的侵入,防止动物疫病远距离跨地区传播和减少途病途亡,对动物、动物产品在公路、水路、铁路航空等运输环节进行的监督检查称为运输检疫监督。

(二)运输检疫监督的意义

运输过程中,由于动物集中、相互接触,感染疫病的机会增多。同时由于生活环境突然改变,运输时又受到许多不良因素的刺激(如挤压、驱赶等),抗病能力下降,极易暴发疫病。另外,随着交通运输业的发展,虽然缩短了在途时间,减少途中损耗,但动物疫病的传播速度也加快了。因此,搞好运输动物检疫监督,及时查出未经检疫或检疫不合格的动物、动物产品以及违法贩运的动物尸体,对防止动物疫病远距离传播,起到关键性作用,并能进一步监督和促进产地检疫工作的开展,也为市场检疫监督奠定了良好的基础。

(三)运输检疫监督的分类

运输动物检疫监督根据运输方式不同可分为公路动物检疫监督、铁路动物检疫监督、航空动物检疫监督、水路动物检疫监督等。

目前,我国在动物、动物产品运输频繁的公路交通要道、火车站、机场和码头,设立有专门的公路、铁路、航空、水路动物检疫监督检查站。这些部门负责对运输经过的动物、动物产品实施监督检查,发现可疑染疫动物、动物产品或检疫证明过期或证物不符等情况,对其进行隔离、封存、补检、重检、补消毒等处理,防止动物疫病跨省市远距离传播。

(四)运输检疫监督的要求

1. 动物、动物产品的产地检疫

需要出省境运输动物、动物产品的单位或个人,应向当地动物卫生监督机构提出申请检疫(报检),说明运输目的地和运输动物、动物产品的种类、数量、用途等情况。动物卫生监督机构要根据国内疫情或目的地疫情,由当地县级以上动物卫生监督机构进行检疫,合格者出具《动物检疫合格证明》。

2. 凭《动物检疫合格证明》运输

经公路、铁路、航空等运输途径运输动物、动物产品时,托运人必须提供有效的检疫合格证明,承运人必须凭检疫合格证明方可承运。动物卫生监督机构对动物、动物产品的运输,依法进行监督检查。

对中转出境的动物、动物产品,承运人凭始发地动物卫生监督机构出具的检疫合格证明承运。

3. 运载工具的消毒

跨县(市)运输动物和动物产品的运载工具、包装物在装前卸后,承运单位和个人应当向驻运输部门动物卫生监督机构申请消毒。动物卫生监督机构在监督实施消毒并验证合格后,出具消毒证明。

4. 运输途中的管理

运输途中不准宰杀、销售、抛弃染疫动物和病死动物以及死因不明的动物。染疫、病死以及死因不明的动物及产品、粪便、垫料、污物等必须在当地动物卫生监督机构监督下在指定地点进行无害化处理。

运输途中,对动物进行冲洗、放牧、喂料,应当在当地动物卫生监督机构指定的场所进行。

(五)运输检疫监督的程序和内容

1. 查证验物

要求畜(货)主或承运人出示《动物检疫合格证明》;仔细查验检疫证明是否合法,印章的加盖和证明的填写是否规范,证物是否相符等。

2. 查验标识标志

查验猪、牛、羊是否佩戴有农业农村部规定的畜禽标识;动物产品查验验讫印章或检疫标志。

3. 现场检疫

按有关项目要求进行动物的临床健康检查;动物产品进行感官检查等。

必要时,对疑似染疫的动物、动物产品应采样送实验室进行检查。

(六)运输检疫监督的处理

对持有合法、有效检疫证明和消毒证明、佩戴有合格免疫标识或加盖有合格的验讫印章、证物相符、动物或动物产品无异常的,予以放行。

经检疫合格的动物、动物产品应当在规定时间内到达目的地。经检疫合格的动物在运输途中发生疫情,应按有关规定报告并处置。

发现动物、动物产品异常的,隔离(封存)留验;检查发现畜禽标识、检疫证明等不全或不符合要求的,要依法补检或重检;对涂改、伪造、转让检疫证明的按有关规定给予处罚。

二、市场检疫监督

(一)市场检疫监督的概念和意义

1. 市场检疫监督的概念

市场检疫监督是指对进入市场交易的动物、动物产品所进行的监督检查。动物卫生监督机构派动物防疫员在集市、批发市场、商场等负责对交易的动物、动物产品进行防疫监督检查。其目的是及时发现并防止检疫不合格或依法应当检疫而未经检疫的动物、动物产品进入市场流通,保护人类健康,促进贸易,防止疫病扩散。

2. 市场检疫监督的意义

市场是动物、动物产品集散地,易传播和扩散疫病。同时市场又是一个多渠道经营的场所,货源复杂。有的动物、动物产品经过严格检疫检验,有的未经过任何检查,有的不法商贩私屠乱宰甚至非法收购病、死、残动物,剥皮分割成块后充当鲜畜禽肉上市出售。因此,通过结合落实相关法律、法规和应用科学检查方法,搞好市场检疫监督,能有效地防止未经检疫检验的动物、动物产品、染疫动物和病害肉尸等上市流通交易,形成良好的交易环境,使市场管理更加规范和法制化。同时进一步促进产地检疫、屠宰检疫工作的开展和运输动物检疫监督工作的实施,使产地检疫、屠宰检疫、动物运输检疫监督和市场检疫监督环环相扣,保证消费者的食品卫生安全。

(二)市场检疫监督的程序与要求

1. 验证查物

进入市场的动物、动物产品,畜主或货主必须持有相关的《动物检疫合格证明》,检疫人员应仔细查验检疫证明是否合法有效。检查动物、动物产品的种类、数量(重量)与检疫证明是否一致,核实证物是否相符。查验活动物是否佩戴有合格的畜禽标识;检查肉尸、内脏上有无检验讫印章或检疫标志以及检验刀痕,加盖的印章是否规范有效。

2. 感官检查

结合疫情调查、查验免疫标识、观察动物全身状态确定动物是否健康。鲜肉产品以视检为主结合剖检,重点检查病死动物肉,尤其注意一类检疫对象的查处,检查肉的新鲜度,必要时进行实验室检验。其他动物产品多数带有包装,观察外包装是否完整、有无霉变等现象。

3. 严格市场准入条件

禁止来自封锁疫区内与所发生动物疫病有关的和疫区内易感染的,病死或死因不明的,依法应当检疫而未经检疫或者检疫不合格的,腐败变质、霉变或污秽不洁、混有异物和其他感官性状不良等不符合有关动物防疫规定的动物、动物产品进入市场。

4. 定点交易及做好公共卫生工作

动物、动物产品应在指定的地点进行交易,同时建立消毒制度以及病死动物无害化处理制度,防止疫情传播。在交易前、交易后要对交易场所进行清扫、消毒。粪便、垫草、污物采取堆积发酵等方法处理,病死动物按有关规定进行无害化处理。

5. 严格岗位责任

市场检疫监督人员要坚守岗位,不漏检,执法必严,依法处理。

6. 定期报告

建立市场检疫监督报告制度,定期向当地动物卫生监督机构报告检疫情况。

(三)市场检疫监督后的处理

1. 准许交易

对持有有效检疫合格证明、动物佩戴有合格免疫标识和胴体、内脏上加盖(加封)有效验讫印章或验讫标志,且动物、动物产品符合检疫要求的,准许交易。

2. 停止交易,依法处理

(1)发现经营禁止经营的动物、动物产品的,责令停止经营,立即采取措施收回已售出的动物、动物产品,没收违法所得和未出售的动物、动物产品;对收回和未出售的动物、动物产品予以销毁。

(2)发现经营应检疫而没有检疫的动物、动物产品的,责令停止经营,没收违法所得;对未出售的动物、动物产品依法进行补检。对补检合格的准许交易。不合格的动物、动物产品进行隔离、封存,再根据具体情况,由货主在动物检疫员的监督下进行消毒和无害化处理。

(3)对证物不符、证明过期的,责令其停止经营,按有关规定进行重检,对重检合格的准许交易。不合格的动物、动物产品进行隔离、封存,再根据具体情况,在动物检疫员的监督下由货主进行消毒和无害化处理。

(4)对涂改、伪造、转让检疫合格证明的,依照有关规定予以处罚。

(5)对需补检或重检的动物,动物产品必须按照规定的规程进行。

▶ 任务三十一　进出境检疫 ◀

为防止动物传染病、寄生虫病及其他有害生物传入、传出国境,保护畜牧业生产和人体健康,促进对外经济贸易的发展,对进出境的动物、动物产品和其他检疫物以及运输工具、装载容器、包装物,按规定实施检疫,称进出境检疫或国境检疫,又称口岸检疫。

一、概述

(一)进出境检疫的目的和任务

1. 保护畜牧业生产

众所周知,畜牧业生产在世界各国国民经济中占有非常重要的地位,采取一切有效措施免受国内外重大疫情的灾害,是每一个国家对动物、动物产品检疫的重大任务。

2. 促进经济贸易的发展

当前动物、动物产品贸易成交与否,关键要看动物及动物产品是否优质。

3. 保护人类身体健康

动物、动物产品与人们的生活密切相关,动物的许多疫病是人兽共患病。进出境动物、动物产品检疫对保护人类身体健康具有非常重要的意义。

4. 保护本国资源

为了加强国内动物资源保护,我国禁止受保护动物资源出境,包括良种动物、濒危动物、珍稀动物等。

(二)我国禁止进境物和禁止出境动物

1. 我国禁止的进境物

为保护国家不受外来动物疫病侵袭,禁止下列进境物进境:动物病原体(包括菌种、毒种等)、害虫(对动物和动物产品有害的活虫)及其他有害生物(如有危险病虫的中间宿主、媒介等);动物疫情流行的国家和地区的有关动物、动物产品和其他检疫物;动物尸体等。

因科研等特殊需要引进上述禁止进境物的,必须事先提出申请,经国家出入境检验检疫机关批准方可引入。

2. 我国禁止出境的动物

为防止国内动物疫病传出和动物资源得到保护,禁止出境受保护动物资源包括良种动物、濒危动物、珍稀动物等。若是我国优良种畜禽,应有农业农村主管部门品种审批单;若是受保护动物资源、实验动物,还应有批准的出境许可证。

二、进境检疫

(一)进境动物及遗传物质的检疫

1. 签订双边检疫协议书

输入动物、动物遗传物质先由两国政府动物检疫或兽医主管部门签订输入动物和遗传物质检疫协议书。

2. 检疫审批

输入动物、动物遗传物质应在贸易合同或协议签订之前,货主或其代理人应向国家检验检疫机关提出申请,办理检疫审批手续。国家检验检疫机构根据对申请材料的审核及输出国家的动物疫情、我国的有关检疫规定等情况,对同意进境动物、动物遗传物质得发给相关的进境检疫许可证。

3. 报检

货主或其代理人应在动物进境前一定时限(大、中动物进境前 30 d,其他动物 15 d),向入境口岸和指运地检验检疫机构报检。报检时需出具有效的进境动物检疫许可证等文件,并如实填写报检单。

若无有效进境动物检疫许可证的,不得接受报检。如动物已抵达口岸的,视情况作退回或销毁处理,并根据有关规定,进行处罚。

4. 现场检疫

输入动物、动物遗传物质抵达入境口岸时,动物检疫人员必须登机(登轮、登车)进行现场检疫。

(1)核查输出国官方检疫部门出具的有效动物检疫证书(正本),并查验证书所附有关检测结果报告是否与相关检疫条款一致,动物数量、品种是否与进境动物检疫许可证相符。

(2)查阅运行日志、货运单、贸易合同、发票、装箱单等,了解动物的启运时间、口岸、途经国家和地区,并与进境动物检疫许可证的有关要求进行核对。

(3)登机(轮、车)清点动物数量、品种,并逐头进行临诊检查。

(4)对入境运输工具停泊的场地、所有装卸工具、中转运输工具进行消毒处理,上下运输工具或者接近动物的人员接受检验检疫机构实施的防疫消毒。

(5)经现场检疫合格后的,签发《入境货物通关单》,同意卸离运输工具。派专人随车押运动物到指定的隔离检疫场。现场检疫发现动物发生死亡或有一般可疑传染病临床症状时,应做好现场检疫记录,隔离有传染病临床症状的动物,对铺垫材料、剩余饲料、排泄物等作无害化处理,对死亡动物进行剖检。根据需要采样送实验室进行诊断。

现场检疫时,发现进境动物有一类疫病临床症状的,必须立即封锁现场,采取紧急防疫措施,通知货主或其代理人停止卸运,并以最快的速度报告国家市场监督管理总局和地方人民政府。

5. 隔离检疫

进境动物必须在入境口岸指定的隔离检疫场做进一步全面的隔离检疫。

(1)进境大中家畜应在北京、上海、天津、广州4个国家级隔离场隔离检疫;输入其他动物,需要在国家检验检疫机关批准的进境动物临时隔离场进行隔离检疫。

(2)隔离检疫期,大、中动物为45 d,小动物为30 d,如需延长的,需报国家市场监督管理总局批准。

(3)根据有关隔离场管理办法的规定,在动物进场前对隔离场实施消毒。所有装载动物的器具、铺垫材料、废弃物均需经消毒或无害化处理后,方可进出隔离场。进入隔离场的饲草,应来自非疫区,使用前应做熏蒸处理。

(4)饲养、管理人员必须经县级以上医院体检合格后,方可进入隔离场从事隔离饲养管理动物工作。动物在隔离期间,饲养、管理人员应遵守动物隔离场的有关规定,对动物进行详细的临床检查,并做好记录。

(5)实验室检验 隔离检疫期间,按相关规定要求进行采样,并按规定填写《送样单》送实验室。依据进境检疫许可证和相关的检疫议定书的要求进行检疫。

6. 检疫后处理

(1)隔离期满,且实验室检验工作完成后,对动物作最后一次临床检查,合格的动物、动物遗传物质,由隔离场所在地检验检疫机构出具《入境货物检验检疫证明》放行,准予入境。

(2)对不合格的动物出具《动物检疫证书》,需做检疫处理的,出具《检验检疫处理通知书》。

①隔离期内检测结果阳性,立即采取下列措施:单独隔离,由专人负责管理;对污染场地、用具和物品进行消毒;严禁转移和急宰;对死亡动物必要时进行尸体剖检,分析死亡原因,并作无害化处理,相关过程要留有影像资料。

②检出一类疫病的,连同其同群动物全群退回或者扑杀处理并销毁尸体。

③检出二类疫病的,对阳性动物作退回或者扑杀处理并销毁尸体,同群动物在隔离场隔离观察。

④检出《中华人民共和国一类、二类动物疫病的名录》之外对畜牧业有严重危害的其他疾病的,作除害、退回或销毁处理。经除害处理合格的,准予进境。

⑤发现重大疫情的及时上报国家市场监督管理总局。

(二)进境动物产品检疫

凡进入中华人民共和国国境的未经加工或虽经加工但仍可能传播疫病的动物产品(如生皮张、毛类、肉类、脏器、奶制品、蛋类、血液、骨、蹄、角等)均应接受检疫,经检疫合格后方准进境。

1. 注册登记

生产、加工、存放进境动物产品的进口企业,应向所在地检验检疫机构申请办理注册登记。所在地直属检验检疫机构对申请企业的生产、加工、存放能力、核定进口数量以及落实防疫措施等情况进行考核。考核合格后,方可申请办理注册登记。

2. 检疫审批

进口单位或其代理人向进境动物产品加工、存放地直属检验检疫机构提交申请表,检验检疫机构接到申请材料后对其进行初审。初审合格后出具对该注册登记生产企业的考核报告。进口单位持初审材料和考核报告向国家市场监督管理总局递交申请表,办理《检疫许可证》的申请手续。

3. 报检

进口单位或其代理人提供《入境货物报检单》《检疫许可证》、输出国或地区官方检验检疫机构出具的检疫证书、贸易合同、产地证书、信用证、发票等单证。入境口岸局受理报检时,审核报检单填写内容是否完整、准确、真实,所附单证是否齐全、一致、有效,并核对货主提供的《检疫许可证》第一联正本与《检疫许可证》第二联是否相符;电子报检随附单证的审核由施检人员在收取随附单证时实施。

无输出国家或者地区官方检验检疫机构出具的有效检疫证书,或者未依法办理检疫审批手续的,口岸检验检疫机构可以根据具体情况,对货物作退回或者销毁处理;发现有变造、伪造单证的,应予以没收,并按有关规定处理。

4. 入境口岸现场查验

(1)查询该批货物的启运时间、港口,途经国家或地区,查看运行日志。核对集装箱号与封识与所附单证是否一致;核对单证与货物的名称、数量、产地、包装是否相符;查验有无腐败变质,容器、包装是否完好。

(2)查验后符合要求的,允许卸离运输工具。发现散包、容器破裂的,由货主或者代理人负责整理完好,方可卸离运输工具。货物卸离运输工具后,需实施防疫消毒的应及时对运输工具的相关部位及装载货物的容器、包装外表、铺垫材料、污染场地等进行消毒处理。

(3)检疫后的处理 分合格与不合格两种情况。

①现场查验合格的,出具《入境货物通关单》,调离到指运地检验检疫机构进行检验检疫并监督贮藏、加工、使用,同时根据有关规定采取样品,送实验室检验检疫。

②现场查验不合格的,出具《检验检疫处理通知书》,作无害化、退回或者销毁处理;经无害化处理合格的,准予进境;凡来自禁止进口的国家、货证不符的一律作销毁或退回处理。

5. 指运地口岸检查

指运地检验检疫机构按《检疫许可证》和《入境货物通关单》等单证的内容,核对进境动物产品的名称、数量、重量、产地、包装等,并按规定采样进行检验检疫。货物卸离运输工具后,应及时对运输工具的有关部位及装载货物的容器、包装外表、铺垫材料、污染场地等进行消毒处理。

6. 检疫后的处理

实验室检验检疫合格的,由检验检疫机构签发《入境货物检验检疫证明》。实验室检验检疫不合格的,出具《检验检疫处理通知书》,相关货物作除害、退回或者销毁处理。

三、出境检疫

(一)出境活动物检疫

出境活动物检疫是指对输出到其他国家和地区的种用、肉用或演艺用等活动物出境前的检疫。

1. 注册登记

出境动物饲养场或其代理人应向饲养场所在地直属检验检疫机构提出注册登记申请,提交申请表。

2. 检疫监督

(1)对注册饲养场实行监督管理制度,定期或不定期地检查注册饲养场动物卫生防疫制度的落实情况、动物卫生状况、饲料及药物的使用等,并填入出境动物注册饲养场管理手册。

(2)对注册饲养场实施疫情监测,发现重大疫情时,必须立即采取紧急预防措施,并于 12 h 内向国家市场监督管理总局报告。

(3)对注册饲养场开展药物残留监测。

(4)注册饲养场免疫程序必须报检验检疫机构备案,严格按规定的程序进行免疫,严禁使用国家禁止使用的疫苗。

(5)注册饲养场应建立疫情报告制度,发生疫情或疑似疫情时,必须及时采取紧急预防措施,并于 12 h 内向所在地检验检疫机构报告。

(6)注册饲养场不得饲喂或存放国家和输入国家或者地区禁止使用的药物和动物促生长剂。对允许使用的药物和动物促生长剂,要遵守国家有关药物使用规定,特别是停药期的规定,并将使用药物和动物促生长剂的名称、种类、使用时间、剂量、给药方式等填入管理手册。

(7)注册饲养场必须保持良好的环境卫生,切实做好日常防疫消毒工作,定期消毒饲养场地和饲养用具,定期灭鼠和灭蚊蝇。进出注册场的人员和车辆必须严格消毒。

3. 报检

货主或其代理人应提前向启运地检验检疫机构报检:要求对来自注册饲养场的,需出示注册登记证、发票;对不要求来自注册饲养场的,需出示县级以上农业农村主管部门签发的动物检疫合格证明;输入国家或地区以及贸易合同有特殊检疫要求的,应提供书面材料。经审核符合报检规定的,接受报检。否则,不予受理。

4. 隔离检疫

(1)输入国家或地区对出口活动物有隔离检疫要求的,出口单位应提供临时隔离场或隔离区。检验检疫机构按照有关隔离场管理办法的要求对临时隔离场或隔离区进行考核和管理。输入国家或地区同意在注册场实施隔离检疫的,从注册饲养场输出的活动物可在注册饲养场内设定的隔离区进行隔离检疫。

(2)按规定隔离期进行群体临床健康检查,必要时,进行个体临床检查。采样送实验室进行规定项目的实验室检验。

(3)检疫后处理　分检疫合格和不合格两种情况。

①检验检疫合格的,出具《动物卫生证书》和《出境货物通关单》或《出境货物换证凭单》。

②检验检疫不合格的,不准出境。

5. 监装和运输监管

(1)根据需要,对出境动物实行装运前检疫和监装制度。确认出境动物来自检验检疫机构注册饲养场并经隔离检疫合格的;临床检查无任何传染病、寄生虫病症状和伤残;运输工具及装载器具经消毒处理,符合动物卫生要求;核定出境动物数量,必要时检查或加施检验检疫标识或封识。

(2)出境大、中动物长途运输的押运必须由检验检疫机构培训考核合格的押运员负责。押运员必须做好运输途中的饲养管理和防疫消毒工作,不得串车,不准沿途抛弃或出售病、残、死动物及随意卸下或清扫饲料、粪便、垫料等,要做好押运记录。运输途中发现重大疫情时应立即向启运地检验检疫机构和所在地兽医卫生监督机构报告,同时采取必要的防疫措施。

(3)出境动物抵达出境口岸时,押运员需向出境口岸检验检疫机构提交押运记录,途中所带物品和用具必须在检验检疫机构监督下进行有效消毒处理。

6. 离境查验

(1)离境申报 货主或其代理人需向离境口岸检验检疫机构申报离境,提供启运地检验检疫机构出具的《动物卫生证书》和《出境货物换证凭单》或《出境货物通关单》。

(2)离境查验 实施临床检查;核定出境动物数量,核对货证是否相符;检查检验检疫标识或封识等。查验合格的,准予出境;不合格的,不准出境。

(二)出境动物产品检疫

出口动物产品检疫是指输出到其他国家或地区的、来源于动物未经加工或虽经加工但仍有可能传播疫病的动物产品实施的检疫

1. 注册登记

生产、加工、存放出境动物产品的出口企业,应向所在地检验检疫机构申请办理注册登记。所在地直属检验检疫机构负责对申报材料进行审核以及对申请的生产、加工、存放企业的兽医卫生条件进行考核,并考核企业的生产、加工及存放能力、核定出口数量、落实防疫措施的情况。考核合格后,由所在地直属检验检疫机构将考核结果上报国家市场监督管理总局。

2. 报检

(1)货主或其代理人提供《出境货物报检单》、贸易合同、信用证、检疫合格证明等单证在报关或装运前 7 d 向产地检验检疫机关报检。对输入国家有特殊要求、检验检疫周期较长的,可视情况适当提前。

(2)受理报检时,审核报检单填写内容是否完整、准确、真实,所附单证是否齐全、一致、有效。电子报检随附单证的审核由施检人员在收取随附单证时实施。

(3)发现有变造、伪造单证的,应没收,并按有关规定处理;单证不全、不一致、无效的,不受理报检,待补齐有关单证后重新报检。

3. 检验检疫

(1)现场查验 核查货物与报检资料是否相符,数量、重量、规格、批号、内外包装、标记与所提供资料是否一致;生产、加工、存放过程是否符合相关要求查验;厂检单、原料产地的县级以上农业农村主管部门出具的动物产品检疫证明是否齐全;产品贮藏情况是否符合规定,必要时对其生产、加工过程进行现场检查核实。

(2)抽样检验 根据相应标准或合同指定的要求进行抽样。抽样应具有代表性、典型性、随机性,样品应代表或反应货物的真实情况,并满足检验检疫的需要。对抽取的样品进行感官检验检疫,包括外观、色泽、弹性、组织状态、气味、异物、异色等项目的检验检疫。

(3)实验室检验 根据要求进行理化、微生物、寄生虫等实验室检验。

4. 出证

(1)根据现场查验、感官检验和实验室检验结果,进行综合判定。填写《出境货物检验检疫原始记录》,判定为合格的,拟制《出境货物通关单》或《出境货物换证凭单》等相关证书。

(2)判定为不合格的,不准出境。对经过消毒、除害以及再加工、处理后合格的,准予出境;对无法进行消毒、除害处理或者再加工仍不合格的,不准出境,并出具《不合格通知单》。

5. 离境口岸查验

凭《出境货物换证凭单》换发《出境货物通关单》,分批出口的,需在《出境货物换证凭单》上

核销。按照出境货物口岸查验的相关规定查验。如果包装不符合要求,需更换包装;货证不符的,不准放行。

考核评价

国家实行生猪定点屠宰、集中检疫制度,能有效地防止和控制病死猪和其他不合格肉品进入市场销售环节,防止人兽共患病的传播,确保消费者吃肉安全和身体健康,维护国家利益和消费者的合法权益。除此之外,国家对经营猪肉人员有何具体规定? 新《条例》规定对私屠滥宰行为怎样处罚?

案例分析

经营未经检验检疫肉类一企业被罚 6 000 余万元

2021 年 1 月 15 日,四川天府新区眉山管理委员会市场监管和综合执法局接群众举报,查封四川福琪食品有限公司存放于王某某家中的无标识、无检验检疫证明的牛心管 69 箱,牛肚727 袋。

经调查,2020 年 11 月 5—21 日,当事人多次从郫都区海霸王冻品批发市场经营户张某处和青白江区银犁冷冻食品交易市场经营户郭某处购入未经检疫的牛心管和牛百叶,存放于双流区白家陆汇冷库。2020 年 12 月 18—28 日,当事人从白家陆汇冷库运回部分牛百叶和牛心管,分 3 次在四川福琪食品有限公司厂内进行加工并销售给西安某商贸有限公司,销售金额5.08 万元。另查明,当事人从白家陆汇冷库运回 21.41 t 牛百叶和牛心管至贵平镇三峨村二组村民王某家中存放解冻,当事人将原包装撕掉,换成印刷有"沈阳某食品有限公司"字样的纸箱,并伪造冷冻肉制品的检疫证明。上述涉案的 21.41 t 牛百叶和牛心管货值金额为 235.71万元。

四川天府新区眉山管理委员会市场监管和综合执法局依法对当事人作出了没收涉案食品、没收违法所得、罚款 6 010.67 万元的处罚。眉山市市场监管局依法对当事人作出吊销食品生产许可证的行政处罚。同时,四川天府新区眉山管理委员会市场监管和综合执法局依法对当事人 3 名主管人员分别作出罚款 28.8 万元、25.2 万元、21 万元以及 5 年内不得申请食品生产经营许可,或者从事食品生产经营管理工作、担任食品生产经营企业食品安全管理人员的行政处罚。

知识拓展

规模养猪场如何做好高致病性蓝耳病的预防

"规模养猪场预防"高致病性猪蓝耳病必须坚持科学养殖,自繁自养,预防为主及加强综合饲养管理,采用合理的免疫程序等综合措施。主要应做好如下几点:一是坚持自繁自养。不从外地外场引进生猪,并实行全出全进制养猪,防止疫病传入。二是加强饲养管理。冬天确保猪舍保暖通风;夏天高温季节,要做好猪舍的通风和防暑降温,提供充足的清洁饮水,保持猪舍干燥,保持合理的饲养密度,降低应激因素。保证充足的营养,增强猪群抗病能力。三是建立严格隔离消毒制度。养猪场要实行封闭饲养管理,严禁与生产无关人员进入生产区,生产人员进出要严格消毒。搞好环境卫生,及时清除猪舍粪便及排泄物,对各种污染物品进行无害化处理。对饲养场、猪舍内及周边环境增加消毒次数,做好环境杀虫灭鼠工作,防止昆虫等媒介带入疫病。四是坚持科学免疫。制定合理的免疫程序，按时、按量做好高致病性猪蓝耳病的免疫。一般情况下，商品仔猪断奶后，首次免疫剂量为 2 mL；在高致病性猪蓝耳病流行地区，可根据实际情况在首免后 1 个月采用相同剂量加强免疫 1 次；后备母猪 70 日龄前接种程序同商品仔猪，以后每次于怀孕母猪分娩 1 个月前进行 1 次加强免疫，剂量为 4 mL；种公猪在 70 日龄前接种程序同商品仔猪，以后每隔 6 个月加强免疫 1 次，剂量为 4 mL。当周围地区发生动物疫情时，要进行紧急免疫。五是药物预防。制定合理的用药方案，在饲料中选择适当的预防用抗菌类药物，预防猪群的细菌性感染，提高健康水平。

知识链接

1. 动物检疫合格证明等样式及填写应用规范
2. 动物检疫管理办法
3. SN/T 1691—2006 进出境种牛检验检疫操作规程
4. SN/T 1998—2007 进出境野生动物检验检疫规程
5. SN/T 2028—2015 出入境动物检疫术语
6. SN/T 2032—2007 进境种猪临时隔离场建设规范

模块三 实训指导

项目八
动物防疫技术实训

学习目标

- 了解传染病的流行规律、疫情调查的内容;
- 掌握畜禽养殖场防疫制度及防疫计划的编写内容与方法,免疫接种的方法与步骤,常用消毒器械的使用方法及常用消毒液的配制,驱虫技术、驱虫中的注意事项和驱虫效果的评定办法,染疫动物尸体运送和无害化处理的方法;
- 熟悉动物疫病的防控措施,动物生物制品的保存、运送和检查方法,畜禽舍、土壤、粪便的消毒措施,动物驱虫的准备和组织工作。

学习内容

▶▶ 实训一　畜禽养殖场疫情调查方案的制定 ◀◀

一、目的

通过实训掌握拟定动物疫情调查提纲、设计疫情调查表、实地调查动物疫情、统计分析动物疫情调查资料,提出合理的动物疫病防控措施,具备实施动物疫情调查的综合能力。

二、材料

疫情调查表、工作服、胶手套、消毒液、手术刀、剪刀、平皿、相机等。

三、拟定调查提纲

动物疫病的发生和流行,常常受多种因素的影响,因此,学生在专业课老师的指导下,拟定本次畜禽养殖场疫情调查的提纲时,应尽可能地将影响动物疫病发生和流行的各种因素都考虑进来,拟定合理的、切实可行的调查提纲。

(一)确定调查内容与项目

1. 被调查区域或养殖场(户)的基本情况

包括该场的名称、地址,地理地形特点,气象资料;饲养动物的种类、数量、用途,饲养方式;养殖场饲养员和兽医的人数、文化程度、技术水平。

2. 养殖场(户)的卫生特征

饲养场及其邻近地区的卫生状况,饲料来源、品质、调配及保藏情况,饲喂方法,放牧场地和水源卫生状况,周围及栏舍内昆虫、啮齿动物活动情况,粪便、污水处理方法,预防消毒及免疫接种执行情况,动物流通情况,病死动物的处理方法等。有无检疫室、隔离室、屠宰场、产房等及其兽医卫生状况,污水排出情况等。

3. 动物疫病发生与流行情况

首例病例发生时间,发病及死亡动物的种类、数量、性别、年龄,临诊主要表现,动物疫病经过的特征,采用的诊断方法及结果,动物疫病的流行强度,所采取的措施及效果等。

4. 既往发病情况

曾发生过何种动物疫病及发生时间,流行概况,所采取的措施,动物疫病间隔期限,是否呈周期性等。

(二)设计疫情调查表

根据所调查地区或养殖场具体情况,确定调查项目,并依据所要调查的内容自行设计动物疫情调查表,见表 3-8-1。

(三)确定调查方法及调查注意事项

1. 确定调查方法

询问调查;现场观察和查阅相关资料;实验室检查;统计分析。

2. 调查注意事项

了解当地的疫情,有目的地调查;提前取得有关单位或人员以及养殖户的配合;按防疫的要求进行调查;注意询问调查的沟通方式;做好个人卫生防护工作。

四、实地调查动物疫情

准备好本次动物疫情调查需要的器械、材料、工作服、胶手套等,到达目的地后,分组实施调查,然后按规定时间汇合。

五、资料统计分析

对调查所得的资料进行全面检查,并按调查的养殖场和养殖户进行分组,然后按养殖动物的种类、年龄等进行分组,分组计算发病率、死亡率和病死率。制成统计表或统计图进行对比,综合统计分析,以明确该调查区域(养殖场)动物疫病流行的类型、特点、发生原因、传播来源和途径等。

六、总结

可组织学生分组讨论后写出调查,也可由学生个人书面总结。

(一)调查中遇到的问题

调查中遇到什么问题,是如何解决的?

(二)汇总调查结果

根据调查所得的资料,对资料进行统计分析,汇总调查结果。

(三)提出动物疫病的防控措施

根据调查所得资料,分析养殖场和养殖户采取的防控措施及效果,提出更合理的预防控制动物疫病的具体措施和建议。

表 3-8-1　动物疫情调查表

编号　　　　　　　　　　　　　　　　　　　　　　　　　　　　调查日期

养殖场/户/小区名称						
畜主/负责人姓名		联系电话			联系地址	
养殖场/户/小区的基本情况	地理特点					
	近期气候情况					
	饲养方式					
	饲料情况					
	饲养量					
	防疫设施					
	排污设施					
发病情况	发病动物种类		最初发病时间		开始死亡时间	
	发病年龄					
	临床表现	主要临床症状				
		剖检变化				
发病后治疗、消毒及其他防控措施、效果	隔离情况					
	治疗情况					
	消毒情况					
	其他措施					
周边疫情情况						
免疫情况	疫苗名称					
	疫苗生产厂家、生产日期、生产批号					
	疫苗接种时间、途径、剂量					
发病史						
饮水情况						
种畜禽来源						
最近一个月购入畜禽情况	来源					
	购进时间、动物品种、数量、健康状况					
	混群前是否隔离					
疫情来源调查及结果分析						
调查人	姓名：		联系电话：		单位：	

▶▶ 实训二 疫苗的保存、运送与免疫接种技术 ◀◀

一、目的

通过实训掌握疫苗的稀释方法及常用的免疫接种方法,熟悉疫苗的保存、运送和用前检查方法,具备独立对各种动物进行免疫接种的能力。

二、材料

(一)器材

煮沸消毒锅、金属注射器、玻璃注射器、金属皮内注射器、连续性注射器、针头(兽用 12～14 号)、带盖搪瓷盘、脸盆、毛巾、镊子、脱脂棉、乳头滴管、体温计、气雾免疫器、工作服、帽子、胶靴、护目镜、登记卡片、动物保定用具等。

(二)药品

5%碘酊、75%酒精、来苏尔或新洁尔灭等消毒剂、免疫用疫苗及稀释液等。

三、接种前准备工作

(一)预防接种前的准备

1. 免疫接种前器械和药品的准备、人员的安排

根据免疫接种计划,统计接种对象及数目,确定接种日期,准备足够的生物制剂、药品、器材,编订登记表册或卡片,安排及组织接种和动物保定人员,器械消毒,接种前对饲养员及相关人员进行培训。

2. 免疫接种前动物的检查

为保证免疫接种的安全与效果,接种前应对拟接种的动物进行了解及临诊观察,必要时进行体温检查。凡体质过于瘦弱的畜禽、妊娠后期的母畜、未断奶的幼畜、体温升高者或疑似患病动物均不应接种疫苗,留待以后补种。

3. 免疫接种用生物制剂的保存、运送和用前检查

(1)生物制品的保存 各种疫苗应保存在低温、阴暗及干燥的场所。灭活苗、类毒素、免疫血清等应保存在 2～8 ℃的环境中,防止冻结;大多数弱毒苗应在−15 ℃以下冻结保存。在不同温度下保存,不得超过所规定的期限,超过有效期的制剂不能使用。

(2)生物制品的运送 要求包装完善,防止碰坏瓶子和散播活的弱毒病原微生物。运送途中避免日光直射和高温,并尽快送到保存地点或预防接种场所。弱毒苗应在低温条件下运送,大量运送应用冷藏车,少量运送可装在有冰块的广口瓶或保温瓶内。

(3)生物制品的用前检查 必须对所用的生物制品进行仔细检查,有下列情况之一者不得使用:无瓶签或瓶签模糊不清,没有经过合格检查;过期失效;性状与说明书不符,如变色、沉淀、有异物、发霉和有异味;瓶盖不紧或瓶体破裂;未按规定方法保存等。

(二)疫苗的稀释

各种疫苗使用的稀释液、稀释倍数和稀释方法都有明确规定,必须严格地按生产厂家的使用说明书进行。稀释疫苗用的器械必须是无菌的,否则,不但影响疫苗的效果,而且会造成人为的污染。

1. 注射用疫苗的稀释

用70%酒精棉球擦拭消毒疫苗和稀释液的瓶盖,然后用带有针头的灭菌注射器吸取少量稀释液注入疫苗瓶中,充分振荡溶解后,再加入全量的稀释液。

2. 饮水用疫苗的稀释

饮水(或气雾)免疫时,疫苗最好用蒸馏水或无离子水稀释,也可用凉开水、洁净的深井水或泉水稀释,不能用自来水,因为自来水中的消毒剂会把疫苗中活的细菌、病毒等微生物杀死,使疫苗失效。稀释前先用酒精棉球消毒疫苗的瓶盖,然后用灭菌注射器吸取少量的蒸馏水注入疫苗瓶中,充分振荡溶解后,抽取溶解的疫苗放入干净的容器中,再用蒸馏水把疫苗瓶冲洗几次,使全部疫苗所含病毒(或细菌)都被冲洗下来,然后按一定剂量加入蒸馏水。

四、免疫接种的方法

(一)注射免疫法

1. 皮下接种

多用于灭活苗、免疫血清、高免卵黄抗体接种,选择皮肤薄,被毛少,皮肤松弛,皮下血管少的部位。马、牛等大家畜宜在颈侧中1/3部位,猪在耳根后或股内侧,犬、羊宜在股内侧,兔在耳后,家禽在颈部背侧下1/3部位。注射部位消毒后,左手的拇指与食指捏起皮肤形成皱褶,右手持注射器在皱褶底部稍倾斜快速刺入皮下,缓缓注入,注射后,将针拔出。

2. 皮内接种

选择皮肤致密,被毛少的部位。目前仅羊痘弱毒疫苗采用皮内注射。在羊的尾根或尾下皮肤部位。注射部位消毒后,左手将皮肤捏起形成皱褶,或左手将皮肤绷紧固定,右手持注射器,使针头斜面朝上,几乎与皮肤平行,缓慢刺入皮内,因阻力较大,注射后在注射部位形成一个小泡,则证明确实注入皮内,注射后,将针拔出。

3. 肌肉接种

多用于弱毒疫苗的接种,肌内注射操作简便,应用广泛,副作用小,吸收快,免疫效果较好。应选择肌肉丰满的部位。猪、马、牛、羊在颈侧中部上1/3处;鸡在胸部或大腿外侧肌肉接种。注射部位消毒后,左手固定注射部位,右手持注射器,垂直或呈45°角刺入肌肉内,回抽一下,如无回血,缓慢注入,注射后,将针拔出。如回抽时有回血,应变更位置。

(二)口服免疫法

分饮水免疫、滴口免疫。接种疫苗时必须用活苗,灭活苗免疫力差,不适于口服。饮水、拌料免疫效率高,省时省力,操作简便,对鸡群的应激反应小,但抗体滴度不均匀,免疫持续时间短。

1. 饮水免疫

加入的水量要适中,保证在最短的时间内饮用完毕,并在饮水中加入适当浓度的疫苗保护剂,比如加入0.2%~0.3%脱脂奶粉。按畜禽数量和每头(只)畜禽平均饮水量,准确计算需用稀释后疫苗的剂量。免疫前应禁饮,夏季一般不超过4 h,冬季一般不超过6 h,以保证疫苗稀释后在较短时间内饮完。

2. 滴口免疫

按规定的剂量用适量的生理盐水或凉开水稀释疫苗,充分混匀后用滴管或一次性注射器吸取疫苗,将鸡腹部朝上,左手食指托住头颈后部,大拇指轻按前面头颈处,待鸡张开口后,在口腔上方约 1 cm 处滴下 1～2 滴疫苗溶液即可。

(三)气雾免疫法

气雾免疫法是利用气泵产生的压缩空气通过气雾发生器,将稀释的疫苗喷出去,使疫苗形成雾化粒子,均匀地浮游在空气之中,动物通过呼吸道吸入肺内,以达到免疫目的。此法适用于大群免疫。

1. 室内气雾免疫

适用于对大群鸡免疫,分粗滴气雾和细滴气雾两种。

(1)粗滴气雾免疫　雾滴大小在 100～200 μm,喷雾枪口可在其鸡头上方 0.8～1 m 处喷雾。这种方法产生的雾滴粗,一般停留在雏鸡的眼和鼻腔内,很少诱发慢性呼吸道病,适于雏鸡在出雏器、运输箱或雏鸡室免疫。

(2)细滴气雾免疫　雾滴细小,形成气溶胶,肉眼看不见雾滴,雾滴直径为 50 μm 以下,喷雾枪口应在鸡头上方约 30 cm 处喷射,此种方法免疫,可使雾滴同时刺激上呼吸道和深入肺部气囊,诱导免疫应答发生,但对鸡的刺激较大,易诱发呼吸道感染,当鸡群有慢性呼吸道病或大肠杆菌引起的气囊炎时,不宜使用此种方法。

2. 野外气雾免疫

疫苗用量按动物的种类和数量计算。免疫时操作人员手持喷头,站在动物群中,喷头与动物头部同高,朝动物头部方向喷出,操作者应站在上风。喷完后,让动物停留数分钟放出。野外气雾免疫时,应注意个人防护。

(四)滴鼻、点眼免疫法

这种方法多用于雏禽。用左手的食指和拇指固定鸡头,使一侧的鼻孔或眼睛朝上,滴鼻时用左手的食指堵住非滴鼻侧的鼻孔,用能安装滴头的塑料滴瓶盛装稀释好的疫苗,装上专用滴头后,挤出滴瓶内部分空气,迅速将滴瓶倒置,滴头距离眼或鼻孔 0.5～1 cm,用手轻捏滴瓶,将疫苗滴入眼或鼻孔内,滴 1～2 滴(每滴约 0.03 mL,小鸡 1 滴,大鸡 2 滴)。稍等片刻,待鸡眨一次眼或吸入鼻孔内,方可放开鸡。或用乳头滴管吸取疫苗,滴入眼或鼻孔内。

(五)刺种法

将疫苗稀释后,用刺种针蘸取疫苗液,刺入鸡翅膀内侧无血管处的翼膜下即可,刺种时要将翅膀内侧羽毛拨开,防止羽毛擦去疫苗。刺种后 6 d 左右,随机抽测,检查刺种部位皮肤出现红肿、结痂等接种反应,说明刺种成功,否则需重新刺种。

五、免疫接种注意事项

(一)接种前检查

在对动物进行免疫接种前,必须先进行一般性检查,对不宜接种者暂缓接种。工作人员需穿工作服及胶鞋,必要时戴口罩。做好动物的保定等工作,接种前后均应洗手消毒,工作中不应吸烟和吃食物。

(二)接种时应严格执行无菌操作

注射器、针头、镊子应高压或煮沸消毒。接种时,原则上应一畜(禽)一个针头。注射部位皮肤用5％碘酊消毒,皮内注射及皮肤刺种用75％酒精消毒,被毛较长的应剪毛消毒。

(三)吸取疫苗注意事项

吸取疫苗时,先除去封口上的火漆或石蜡,用酒精棉球消毒瓶盖。瓶上固定一个消毒的针头专供吸取药液,吸液后不拔出,用酒精棉球包好,以便再次吸取。给动物注射用过的针头不能吸液。

(四)不同疫苗有不同的注意事项

疫苗使用前,必须充分振荡,使其均匀混合后才能应用。免疫血清则不应振荡,沉淀不应吸取,并随吸随注射。需经稀释后才能使用的疫苗,应按说明书的要求进行稀释。已经开瓶或稀释过的疫苗,必须尽快用完,未用完的无害化处理后弃去。

(五)废液及废弃物处理

针筒排气溢出的药液,应吸积于酒精棉球上,并将其收集于专用瓶内。用过的酒精棉球和吸入注射器内未用完的药液都放入专用瓶内,集中销毁。

(六)免疫后观察及护理

动物免疫接种后,应注意观察和加强护理,如有不良反应,可根据情况及时处理。

六、实训报告

根据某养殖场实际情况,制订一份动物免疫接种计划。

▶▶ 实训三　消毒 ◀◀

一、目的

掌握常用消毒器械的使用方法及常用消毒液的配制；熟悉畜禽舍、土壤、粪便等的消毒措施。

二、材料

(一)器材

喷雾消毒器、天平或台秤、盆、桶、缸、清扫及洗刷用具、高筒胶靴、工作服、橡胶手套等。

(二)药品

新鲜生石灰、粗制氢氧化钠、漂白粉、来苏尔、高锰酸钾、福尔马林(40%甲醛)等。

三、方法步骤

(一)器械的使用

1.喷雾器

喷雾器有2种：一种是手动喷雾器，一种是机动喷雾器。前者有背携式和手压式2种，常用于小量消毒；后者有背携式和担架式2种，常用于大面积消毒。

欲装入喷雾器的消毒液，应先在一个木制或铁制的桶内充分溶解，过滤，以免有些固体消毒剂不清洁，或存有残渣以致堵塞喷雾器的喷嘴，而影响消毒工作的进行。喷雾器应经常注意保养，以延长使用期限。

2.火焰喷灯

火焰喷灯是利用汽油或煤油做燃料的一种工业用喷灯，因喷出的火焰具有很高的温度，所以在兽医实践中常用以消毒各种被病原体污染的金属制品，如管理动物用的用具，金属的鼠笼、兔笼、捕鸡笼等。但在消毒时不要喷烧过久，以免将被消毒物品烧坏，在消毒时还应有一定的次序，以免发生遗漏。

(二)常用消毒剂的配制方法

配制消毒液时，常需根据不同的浓度计算用量。可按下式计算：

$$N_1 \cdot V_1 = N_2 \cdot V_2$$

式中：N_1为原药液的浓度，V_1为原药液体积，N_2为需配制药液的浓度，V_2为需配制药液的体积。

配制消毒液时应注意药品的有效浓度，并让药液充分溶解；药量、水量和药与水的比例应准确；配制消毒药的容器必须干净；注意检查消毒药品的有效浓度；配制好的消毒药品不能久放。

(三)消毒药物的配制(任选两种)

1.5%来苏尔溶液

取来苏尔5份加清水95份(最好用50～60℃温水配制)，混合均匀即成。

2. 20％石灰乳

1 kg 生石灰加 5 kg 水即为 20％石灰乳。配制时最好用陶缸或木桶、木盆。首先把少量水缓慢加入石灰内，稍停，石灰变为粉状时，再加入余下的水，搅匀即成。

3. 漂白粉乳剂及澄清液的配制

首先在漂白粉中加入少量的水，充分搅拌成稀糊状，然后按所需浓度加入全部水（最好为 25 ℃左右的温水）。

20％漂白粉乳剂：1 000 mL 水加漂白粉 200 g（含有效氯 25％），混匀所得混悬液即是。

20％漂白粉澄清液：把 20％漂白粉乳剂静置一段时间，上液即为 20％澄清液，使用时可稀释成所需浓度。

4. 10％福尔马林溶液

取 10 mL 40％甲醛溶液加 90 mL 水即成 10％福尔马林溶液。

5. 4％苛性钠溶液

取 40 g 苛性钠加 1 000 mL 水（最好用 60～70 ℃热水）搅拌后即得 4％苛性钠溶液。

(四)畜舍消毒

本实训采取不同方法两次完成。一次机械清除法，一次化学消毒法（喷洒法或熏蒸法消毒），化学消毒法任选一种。

1. 机械清除法

清扫前用清水或消毒剂喷洒，以免灰尘及微生物飞扬。然后对地面、饲槽等进行消毒，扫除粪便、垫草及残余的饲料等污物，扫除的污物按粪便消毒法处理。水泥地面的畜舍，在扫除污物后，再用清水冲洗，效果更好。

2. 药物喷洒消毒

畜舍的消毒一般以"先里后外，先上后下"的顺序喷洒为宜，用药量视畜舍结构和性质适量控制。水泥地面、顶棚、砖混结构的建筑，控制在 800 mL/m² 左右；土地面、土墙或砖木结构建筑，用量控制在 1 000～1 200 mL/m²。畜舍内设备控制在 200～400 mL/m²。启用前用清水刷洗料槽、水槽，开门通风，消除药味。

3. 熏蒸消毒

常用甲醛气体，用量按照畜禽舍空间计算，按每立方米用福尔马林 30 mL，再放高锰酸钾（或生石灰）15 g。消毒前将畜禽赶出畜禽舍，舍内的管理用具、物品等适当摆开，门窗密闭，室温不得低于正常室温（15～18 ℃）。药物反应可在金属桶中进行，用木棒搅拌，经几秒钟即见有浅蓝色刺激眼鼻的气体蒸发出来，人员迅速离开畜禽舍，将门关闭。经 12～24 h 后方可开门窗通风。若急需使用畜禽舍，可用氨气中和甲醛气，每立方米空间取氯化铵 5 g，生石灰 2 g，加入 75 ℃的水 7.5 mL，混合液装于小桶内放入畜禽舍。也可用氨水代替，按每立方米空间用 25％氨水 12.5 mL，中和 20～30 min，打开门窗通风 20～30 min，即可迁入畜禽。

(五)地面土壤的消毒

病畜停留过的畜圈、运动场等，先铲除表土，清除粪便和垃圾，按粪便消毒法处理。小面积的地面土壤，可用消毒液喷洒。大面积的地面土壤，可用犁、镐等将地面翻一下，在翻地的同时撒上干漂白粉，对于一般传染源而言其用量为 0.5 kg/m²，炭疽杆菌等芽孢杆菌的用量为 5 kg/m²，漂白粉与土混合后，加水湿润后原地压平。

(六)粪便的消毒

1. 焚烧法

此种方法是消灭一切病原微生物最有效的方法,用于消毒最危险的传染病病畜的粪便。

2. 化学药品消毒法

用含 2%～5% 有效氯的漂白粉溶液,或 20% 石灰乳,与粪便混合消毒。

3. 掩埋法

粪便与消毒剂混合后,深埋于地下。深度应达 2 m 左右。

4. 生物热消毒法

生物热消毒法有发酵池法和堆粪法。

(七)污水的消毒

动物医院、牧场、产房、隔离室、病厩以及农村屠宰动物的地方,经常有病原体污染的污水排出,如果这种污水不经处理任意外流,很容易使疫病散布出去,而给邻近的农牧场和居民造成很大的威胁。污水的处理方法有沉淀法、过滤法、化学药品处理法等。比较实用的是化学药品处理法,方法是先将污水处理池的出水管用一木闸门关闭,将污水引入污水池后,加入化学药品(如漂白粉或生石灰)进行消毒,消毒药的用量视污水量而定(一般污水用漂白粉 2～5 g/L)。

四、实训报告

记录操作情况及存在的问题,就学校的动物实训场地写一份"如何做好畜禽舍消毒"的实训报告。

▶ 实训四　动物驱虫技术 ◀

一、目的

熟悉大群动物驱虫的准备和组织工作；掌握驱虫技术、驱虫中的注意事项和驱虫效果的评定方法。

二、材料

(一)药物

常用各种驱虫药(丙硫咪唑、左旋咪唑、伊维菌素、敌球灵、球痢灵、吡喹酮等)。

(二)器材

各种给药、称重用具、粪便检查用具等。

(三)动物

病畜或病禽。

(四)其他

各种记录表格。

三、方法步骤

(一)驱虫前感染状态的检查

实验前检查并记录实验动物的感染情况，包括临床症状、检测体内寄生虫(卵)数。根据动物种类和寄生虫种类不同，选择并确定驱虫药的种类及用量。

(二)驱虫常用给药方法

1. 混饲法

禁饲一段时间后，将一定量的驱虫药拌入饲料中投服，适合于群体驱虫时使用，此法节约劳动力，但不能保证每一个体的准确用量。

2. 饮水法

禁饮一段时间后，将面粉加入少量水中溶解，再加药粉搅拌溶解，最后加足水，将驱虫药制成混悬液让畜禽自由饮用。

3. 注射法

有些驱虫药，经皮下注射可以达到驱除线虫、外寄生虫的作用。注射部位消毒后，按剂量注入皮下。

4. 涂擦法

涂擦法主要适用于畜禽体表寄生虫的驱除，药物涂擦驱除体表螨、虱、蜱、蝇等。

5. 药浴法

药浴法适用于牧区羊体表寄生虫的驱治。每年在剪毛后，选择晴朗无风的天气，羊群充足饮水后，配制好药液，利用药浴池或喷淋法进行药浴。

(三)驱虫效果评定

驱虫效果主要通过驱虫前后下述两个方面进行评定：

（1）可以通过对比驱虫前后的发病率与死亡率、营养状况、临诊表现、生产能力等进行效果评定。

（2）通过计算虫卵减少率与转阴率、驱虫率等评定驱虫效果。

①虫卵减少率。为动物服药后粪便内某种虫卵数与服药前的虫卵数相比所下降的百分率。

$$虫卵减少率 = \frac{投药前 1\,g 粪便中含有某种蠕虫虫卵数 - 投药后虫卵数}{投药前 1\,g 粪便中含有某种蠕虫虫卵数} \times 100\%$$

②虫卵转阴率。为投药后动物的某种蠕虫感染率比投药前感染率下降的百分率。

$$虫卵转阴率 = \frac{投药前某种蠕虫感染率 - 投药后该蠕虫感染率}{投药前某种蠕虫感染率} \times 100\%$$

驱虫前后粪便检查各进行 3 次,取其平均数;粪便检查时所有器具、粪样数量以及操作方法要完全一致。

③粗计驱虫率(驱净率)。为投药后驱净某种蠕虫的头数与驱虫前感染头数相比的百分率。

$$粗计驱虫率 = \frac{投药前动物感染数 - 投药后动物感染数}{投药前动物感染数} \times 100\%$$

④精计驱虫率(驱虫率)。为试验动物投药后驱除某种蠕虫平均数与对照动物体内平均虫数相比的百分率。

$$精计驱虫率 = \frac{对照动物体内平均虫数 - 试验动物体内平均虫数}{对照动物体内平均虫数} \times 100\%$$

(四)驱虫注意事项

（1）驱虫时将动物的来源、品种、年龄、性别及健康状况等逐头编号登记。为保证药物用量准确,需先称重或估测以计算体重。选择适当驱虫药,确定剂量、剂型、给药方法和疗程,记载药品的制造单位及生产批号等。

（2）在进行大群驱虫之前,应先对部分动物做试验,以确保安全性及有效性。

（3）注意给药后的变化(特别是驱虫后 3～5 h),发现中毒立即急救。

（4）投药后 3～5 d 内,要使动物圈留,将粪便集中用生物热发酵处理。

（5）混饲、混饮前一定要禁食、禁饮一段时间,以确保同群动物都能充分摄入足量药物。药浴前一定要充足饮水,以防止羊群误饮药液,发生中毒。

四、实训报告

根据实际操作及记录,对某养殖小区畜(禽)驱虫效果进行评定并写一份实训报告。

实训五　染疫动物的无害化处理

一、目的

掌握染疫动物尸体运送和无害化处理的方法。

二、材料

病死动物若干头,运尸车,消毒液,消毒工具,防护服,胶鞋,手套,口罩,风镜。

三、方法步骤

(一)尸体的运送

参加运送尸体的人员,均应穿戴防护服、胶鞋、手套、口罩、风镜。运尸车应不漏水。尸体装车前,车厢底部铺一层石灰,并应先用蘸有消毒液的湿纱布,堵塞尸体的天然孔,防止流出分泌物和排泄物。尸体装车时,把尸体躺过的地面表土铲起,同尸体一起运走,并用消毒液喷洒消毒地面。装运过尸体的车辆、用具都应严加消毒,参运人员被污染的衣物等,也应进行消毒。

(二)病死动物的无害化处理

按《病死及病害动物无害化处理技术规范》(农医发〔2017〕25 号)的规定,不同疫病采取不同方法处理。

1. 高温法

将肉尸分割成重 2 kg,厚度 8 cm 的肉块,放在蒸汽锅中,煮沸 2~2.5 h,煮到深层肌肉切开为灰白色,肉汁无血色时即可。这种方法的适用对象为猪肺疫、结核病、弓形虫病等。

2. 化制法

(1)土灶化制　化制时锅内先放入 1/3 清水煮沸,再加入用作化制的脂肪和肥膘小块,边搅拌边将浮油撇出,最后剩下渣子,用压榨机压出油渣内油脂。但这种方法不适用患有烈性传染病的患病动物肉尸。

(2)湿化法　是用湿压机或高压锅处理患病动物和废弃物的化制法。将高压蒸汽通入机内化制。用这种方法可以处理烈性传染病患病动物肉尸。

(3)干炼法　使用卧式带搅拌器的夹层真空锅。化制时,将肉尸切割成小块,放入锅内,蒸汽通过夹层,使锅内压力增高,升至一定温度,以破坏化制物结构,使脂肪液化从肉中析出,同时也杀灭病原体。这种方法适用于炭疽、口蹄疫、猪瘟、布鲁氏菌病等。

3. 深埋法

(1)在较大的动物交易场所,装卸动物较多的车站、码头、屠宰场、养殖场,要有传染病隔离圈和死亡动物掩埋地点。

掩埋地点应选择离住宅、道路、池塘、河流等较远,地下水位低,土质干燥的地方。掩埋大牲畜,挖长 2 m、宽 1.5 m、深 2~2.5 m 的坑,在掩埋时先向坑内撒布一层新鲜石灰,尸体投入后,再撒一层石灰,然后掩埋。埋后要注意防止私自扒出食用。

(2)在一般较小的屠宰场或动物检疫部门可设一定规模的生物热尸体处理坑,利用生物热发酵将病原微生物杀死。尸坑为井式,深度为 8~10 m,坑宽为 1.5~2 m,坑口有一木盖。坑口周围加高,在距坑口本盖的上面 0.5~1 m 再盖一严密的盖,隔绝坑外空气进入坑内,可促使尸体很快腐烂发酵。一般 2~3 个月即可完全腐烂。此法适用非烈性传染性疫病的死亡动物。

4. 焚烧法

焚烧大牲畜尸体方法是将患病动物尸体、内脏、病变部分投入焚化炉中烧毁炭化。常用单坑焚烧法、十字坑焚烧法。适用对象为国家规定的烈性传染病。

5. 硫酸分解法

(1)操作方法　将病死及病害动物和相关动物产品或破碎产物,投至耐酸的水解罐中,按每吨处理物加入水 150~300 kg,后加入 98% 的浓硫酸 300~400 kg(具体加入水和浓硫酸量随处理物的含水量而设定)。密闭水解罐,加热使水解罐内升至 100~108 ℃,维持压力≥0.15 MPa,反应时间≥4 h,至罐体内的病死及病害动物和相关动物产品完全分解为液态。

(2)注意事项

①处理中使用的强酸应按国家危险化学品安全管理、易制毒化学品管理的有关规定执行,操作人员应做好个人防护。

②水解过程中要先将水加入到耐酸的水解罐中,然后加入浓硫酸。

③控制处理物总体积不得超过容器容量的 70%。

④酸解反应的容器及储存酸解液的容器均要求耐强酸。

四、实训报告

根据病死及病害动物无害化处理的实际操作过程写出实训报告。

项目九
动物检疫技术实训

学习目标

• 了解布鲁氏菌病的临诊检疫方法，不同动物临诊检疫要点，不同情况检疫证明的处理；

• 掌握猪、牛、羊、家禽临诊检疫的基本技术，平板法、试管法凝集试验、全乳环状凝集试验的操作方法，变态反应检疫的操作步骤，新城疫 HA/HI 试验检疫技术，全血平板凝集试验操作技术，动物产地检疫证明的填写及判定；

• 熟悉群体检疫和个体检疫的方法，布鲁氏菌病病原学检查的程序、方法，结核病的检疫要点，动物产地检疫的程序。

学习内容

▶▶ 实训六　猪临诊检疫 ◀◀

一、目的

通过实训掌握猪临诊检疫的基本技术、群体检疫和个体检疫的方法，具备独立对猪进行临诊检疫的能力。

二、材料

动物保定钢绳，听诊器、体温计等检疫器材，被检猪群，群检场地及工作服、胶手套等。

三、方法步骤

(一)基本方法

1. 问诊

问诊是向饲养人员调查、了解猪发病情况和经过的一种方法。问诊的主要内容包括：

(1)现病史　被检猪有没有发病；发病的时间、地点，病猪的主要表现、经过、治疗措施和效果，畜主估计的致病原因等。

(2)既往病史　过去病猪或猪群患病情况，是否发生过类似疫病，其经过与结局如何，本地或邻近乡、村的常在疫情及地区性的常发病,预防接种的内容、时间及结果等。

(3)饲养管理情况　饲料的种类和品质,饲养制度与方法;畜舍的卫生条件,运动场、猪场的地理情况,附近厂矿的三废处理情况;猪的生产性能等。

问诊的内容十分广泛,但应根据具体情况适当增减,既要有重点,又要全面收集情况,注意采取启发式的询问方法。可先问后检查,也可边检查边问。

2. 视诊

视诊是用肉眼或借助简单器械观察病猪和猪群发病现象的一种检查方法。视诊的主要内容包括:

(1)外貌　如体格大小,发育程度,营养状况,体质强弱,躯体结构等。

(2)精神状态　沉郁或兴奋。

(3)姿态步样　静止时的姿势,运动中的步态。

(4)体表状况　如被毛状态,皮肤、黏膜颜色和特征,体表创伤、溃疡、疱疹、肿胀等病变的位置、大小及形状等。

(5)与体表直通的体腔　如口腔、鼻腔、咽喉、阴道等黏膜颜色的变化和完整性的破坏情况,分泌物、渗出物的数量、性质及混杂物情况。

(6)生理活动情况　如呼吸动作和咳嗽,采食、咀嚼、吞咽,有无呕吐、腹泻,排粪、排尿的状态以及粪便、尿液的数量、性质和混杂物等。

视诊的一般程序是先视检猪群,以发现可能患病的个体。对个体的视诊先在距离猪2~3 m的地方,从左前方开始,从前向后逐渐按顺序视察头部、颈部、胸部、腹部、四肢,再走到猪的正后方稍作停留,视察尾部、会阴部,对照观察两侧胸腹部及臀部状态和对称性,再由右侧到正前方。如果发现异常,可接近猪,按相反方向再转一圈,对异常变化进行仔细观察,注意观察运步状态。

视诊宜在光线较好的场所进行。视诊时应先让猪休息,熟悉周围环境,待呼吸、心跳平稳后进行。

3. 触诊

触诊是利用手指、手掌、手背或拳头的触压感觉来判定局部组织或器官状态的一种检查方法。触诊的主要内容包括:

(1)体表状态　耳温,皮肤的温、湿度、弹性及硬度,浅表淋巴结及肿物的位置、形态、大小、温度、内容物的性状以及疼痛反应等。

(2)腹腔脏器　可通过软腹壁进行深部触诊,感知腹腔状态,胃、肠、肝、脾与膀胱的病变以及母猪的妊娠情况等。

4. 听诊

听诊是利用听觉去辨认某些器官在活动过程中的音响,借以判断其病理变化的一种检查方法。

听诊有直接和间接两种方法。直接听诊主要听叫声、咳嗽声、呼吸声。借助听诊器主要用于听诊心音,喉、气管和肺泡呼吸音,胸膜的病理音响以及胃肠的蠕动音等。

听诊应在安静的环境进行,应注意力集中,如听呼吸音时要观察呼吸动作,听心音时要注意心搏动等,还应注意与传来的其他器官的声音相区别。

5. 嗅诊

嗅诊是利用嗅觉辨别动物散发出的气味,借以判断其病理气味的一种检查方法。嗅诊内容包括呼吸气味、口腔气味、粪尿等排泄物气味以及带有特殊气味的分泌物等。

（二）群体检疫

群体检疫的实施参照项目五任务十八中的猪的临诊检疫内容进行。

（三）个体检疫

个体检疫的实施参照项目五任务十八中的猪的临诊检疫内容进行。

四、实训报告

记录操作情况和存在的问题，写一份实训报告。

▶▶ 实训七　牛、羊临诊检疫 ◀◀

一、目的

通过实训掌握牛、羊临诊检疫的基本技术、群体检疫和个体检疫的方法，具备独立对牛和羊进行临诊检疫的能力。

二、材料

听诊器、体温计、叩诊锤等检疫器材，被检牛群、羊群，群检场地及工作服、胶手套等。

三、方法步骤

（一）基本方法

参照实训六。

（二）群体检疫

群体检疫的实施参照项目五任务十八中的牛的临诊检疫内容和羊的临诊检疫内容进行。

（三）个体检疫

个体检疫的实施参照项目五任务十八中的牛的临诊检疫内容和羊的临诊检疫内容进行。

四、实训报告

记录操作情况和存在的问题，写一份实训报告。

▶▶ 实训八　家禽临诊检疫 ◀◀

一、目的

通过实训掌握家禽临诊检疫的基本技术、群体检疫和个体检疫的方法，具备独立对家禽进行临诊检疫的能力。

二、材料

检疫器材，被检家禽群，群检场地及工作服、胶手套等。

三、方法步骤

(一)基本方法

家禽临诊检疫的基本方法主要为问诊、视诊、触诊,具体内容参照实训六猪临诊检疫。

(二)群体检疫

家禽群体检疫的实施参照项目五任务十八中的禽的临诊检疫内容进行。

(三)个体检疫

家禽个体检疫主要内容如下:

1. 鸡的个体检疫

检疫人员常以左手握住其两翅根部,先观察头部,注意鸡冠、肉髯和无羽毛处有无苍白、发绀、痘疹,眼、鼻及喙有无异常分泌物等变化。再以右手的中指抵住咽喉部,并以拇指和食指夹压两颊,迫使其张开口,以观察口腔与喉头有无大量黏液,黏膜是否有出血点和有无灰白色伪膜或其他病理变化。再摸嗉囊,探查其充实度及内容物的性质。摸检胸腹部及腿部肌肉、关节等处,以确定有无关节肿大、骨折、外伤等情况。再将鸡高举,使其颈部贴近检疫者的耳部,听其有无异常呼吸音,并触压喉头及气管,诱发咳嗽。观察泄殖腔附近有无粪污及潮湿。必要时检测体温。

2. 鸭的个体检疫

检疫人员常以右手抓住鸭的上颈部,提起后夹于左臂下,同时以左手托住鸭的锁骨部,然后进行检查。检查的顺序是头部、天然孔、食道膨大部、皮肤、肛门,以及体温检测。

3. 鹅的个体检疫

对鹅进行个体检疫时,因鹅体较重,不便提起,一般就地压倒进行检查,检查顺序与鸭相同。

四、实训报告

记录操作情况和存在的问题,写一份"鸡白痢临诊检疫"的实训报告。

▶▶ 实训九　布鲁氏菌病的检疫 ◀◀

一、目的

了解布鲁氏菌病的临诊检疫方法,变态反应诊断法;掌握平板法、试管法凝集试验、全乳环状凝集试验的操作方法及结果判定;掌握布鲁氏菌病病原学检查的程序和方法。

二、材料

无菌采血针头,采血试管,皮内注射器,皮内注射针头,布鲁氏菌水解素,5%碘酊棉球,70%酒精棉球,来苏尔或新洁尔灭,毛巾,脸盆,工作服,灭菌小试管,小试管架,清洁灭菌吸管(0.2 mL、1 mL、5 mL、10 mL),清洁玻璃板(20 cm×25 cm),酒精灯,牙签或火柴,0.5%石炭酸生理盐水,布鲁氏菌试管凝集抗原及平板凝集抗原,全乳环状试验抗原,虎红平板凝集抗原、布鲁氏菌标准阳性血清,布鲁氏菌标准阴性血清,玻璃笔,接种环、酒精灯、血清肝汤琼脂培养基、显微镜、常用染色液,恒温培养箱等。

三、方法步骤

(一)临诊检疫

1. 流行病学调查

了解畜群的免疫接种、疫病的流行及饲养管理情况等。

2. 临诊检疫

根据所学的布鲁氏菌病的症状进行仔细观察,特别注意家畜生殖系统变化及第一次怀孕母畜是否出现流产,牛流产后是否出现胎衣不下,畜群中是否有关节炎、睾丸炎病例。

3. 病理变化

对流产胎儿及胎衣仔细观察,结合学过的知识注意观察特征性的病理变化,胎儿皮下及肌肉间结缔组织出血性胶冻样浸润,黏膜浆膜有出血斑点,胸腔、腹腔有微红色液体,肝、脾、淋巴结不同程度地肿大等。

(二)实验室检疫

1. 被检动物的采血及血清分离

牛、马、羊颈静脉采血,猪耳静脉采血,局部剪毛消毒后,无菌采血 7～10 mL 于灭菌试管内,摆成斜面让血液自然凝固,经 10～12 h,待血清析出后,分离血清装入灭菌小瓶内。有时血清析出量少,或血清蓄积于血凝块之下,可用灭菌纤细铁丝或接种环沿着试管壁穿刺,使血凝块脱落管壁,然后放于冷暗处,使血清充分析出。

2. 试管凝集试验

(1)操作方法 取康氏试管 7 支,立于试管架上,用玻璃笔在每支试管上标明血清号和试管号,用 5 mL 吸管吸取 0.5％石炭酸生理盐水于第一管内加入 2.3 mL,此后 4 管各加入 0.5 mL,用 1 mL 吸管吸取被检血清 0.2 mL 加入第一管内,混合均匀后,吸取 1.5 mL 弃于消毒缸内,再吸取 0.5 mL 加于第二管内混匀,再从第二管吸 0.5 mL 于第三管内,依此类推,到最后一管混匀后吸 0.5 mL 弃去,然后每管加入布鲁氏菌试管凝集抗原(石炭酸生理盐水 1：20 稀释)0.5 mL 混匀,如此,每管血清稀释倍数依次为 1：25、1：50、1：100、1：200,置 37 ℃下放置 4～10 h,再置室温 18～24 h,观察记录结果。与此同时,每次凝集试验应有阳性血清(1：800)、阴性血清(1：25)对照和抗原对照,标准阳性、阴性血清经 1：25 稀释后分别取 0.5 mL 与等量抗原混合,抗原对照是抗原约 0.5 mL 加盐水 0.5 mL 混合。试管凝集试验加样表,见表 3-9-1。

表 3-9-1　布鲁氏菌试管凝集试验加样表　　　　　　　　　　　　　　mL

试管号	1	2	3	4	5	6	7	8
稀释倍数	1：12.5	1：25	1：50	1：100	1：200	阳性对照	阴性对照	抗原对照
生理盐水	2.3	0.5	0.5	0.5	0.5	阳性血清 0.5	阴性血清 0.5	0.5
被检血清	0.2	0.5	0.5	0.5	0.5			
	弃 1.5				弃 0.5			
抗原	0.5	0.5	0.5	0.5	0.5	0.5	0.5	0.5

(2)记录反应结果 按凝集程度分：

①若100%抗原被凝集,试管底部有明显的倒伞状凝集物,液体完全透明,以"＋＋＋＋"表示;

②若75%抗原被凝集,试管底部有明显的倒伞状凝集物,液体悬浮25%抗原而稍浑浊,以"＋＋＋"表示;

③若50%抗原被凝集,试管底部有倒伞状凝集物,液体悬浮50%抗原而浑浊,以"＋＋"表示;

④若25%抗原被凝集,试管底部有少量倒伞状凝集物,液体悬浮75%抗原而浑浊,以"＋"表示;

⑤若抗原完全不凝集,试管底部无倒伞状凝集物,只有圆点状的沉淀物,液体完全浑浊,以"－"表示。

(3)凝集价 抗原发生50%凝集的最高血清稀释倍数,就是这份血清的凝集价。

(4)判定标准 羊、猪血清凝集价1∶50以上阳性,1∶25为可疑;大家畜和人1∶100以上为阳性,1∶50为可疑。

(5)结果判定 按照每一管血清在不同稀释倍数下的凝集程度,确定出凝集价,把凝集价与判定标准比较,达到阳性标准判为阳性;达到阴性标准判为阴性;达到可疑标准判为可疑。出现可疑反应家畜,再过半个月后重检,重检如仍为可疑可依据畜群具体情况判定,即畜群中有其他阳性病畜则该可疑家畜判为阳性,若畜群中从无阳性病畜,则判为阴性。

3. 平板凝集反应

(1)操作方法 取清洁玻璃划分4 cm×4 cm方格若干,用0.2 mL吸管吸取血清按0.08 mL、0.04 mL、0.02 mL及0.01 mL的剂量,分别加于一排4个方格内,吸管稍斜并接触玻板,然后每格血清上垂直滴加平板凝集抗原0.03 mL,以牙签或火柴棒将血清与抗原混合均匀,使其形成直径约2 cm的圆形涂层,一根牙签或火柴棒只用于一份血清,稀释混合的顺序由后依次向前进行,拿起玻板轻摇,使充分混合,防止水分蒸发,5～8 min后观察记录结果,如表3-9-2所示。

表3-9-2 布鲁氏菌平板凝集试验加样表 mL

序号	1	2	3	4	对照试验		
					阳性对照	阴性对照	抗原对照
被检血清	0.08	0.04	0.02	0.01	标准阳性血清 0.03	标准阴性血清 0.03	生理盐水 0.03
抗原	0.03	0.03	0.03	0.03	0.03	0.03	0.03

(2)记录反应 按凝集程度记录。

①若100%抗原被凝集,出现大凝集片和小的粒状物,液体完全透明,记录符号为"＋＋＋＋";

②若75%抗原被凝集,有明显凝集片和颗粒,液体几乎完全透明,记录符号为"＋＋＋";

③若50%抗原被凝集,有可见凝集块和颗粒,液体不甚透明,记录符号为"＋＋";

④若25%抗原被凝集,仅仅可见颗粒,液体浑浊,记录符号为"＋";

⑤若无凝集现象,记录符号为"－"。

(3)判定标准 平板凝集试验的血清量0.08 mL、0.04 mL、0.02 mL和0.01 mL加入抗原后,其血清稀释倍数相当于试管法稀释度的 1：25、1：50、1：100 和 1：200,判定标准、判定方法与试管凝集试验相同。

4. 全乳环状试验

此法是用于监视乳牛群有无布鲁氏菌感染的适宜方法,全乳环状试验抗原用苏木紫染成蓝色,或用四氮唑染成红色。

(1)操作方法　取新鲜全脂乳 1 mL 于小试管内,加入抗原 1 滴(约 0.05 mL),旋转试管数次,混合均匀,放于 37 ℃温箱中 1 h,取出判定结果。

(2)判定标准　根据反应的结果作出判定。

阳性反应(＋):上层乳脂环着色明显(蓝或红),乳脂层下的乳柱为白色或着色轻微。

阴性反应(－):乳脂层白色或轻微着色,乳柱显著着色。

可疑反应(±):乳脂环与乳柱的颜色相似。

5. 虎红平板凝集试验

取虎红平板凝集抗原、被检血清各 0.03 mL 于玻璃板上混合,5 min 内出现凝集即为阳性,不出现凝集为阴性,介于两者之间难以判定的判为可疑。

6. 变态反应试验

布鲁氏菌水解素皮内变态反应用于羊的布病检疫。

(1)试验方法　在羊的尾根皱褶或肘关节无毛处,先用酒精棉球消毒,再用注射器皮内注入布鲁氏菌水解素 0.2 mL。注射正确时,在注射部位形成绿豆大小的水泡。注射后 24 h 和 48 h 进行两次检查,肉眼观察或触诊检查,若两次检查反应不符时,以反应最强的一次作为判定的依据。

(2)判定标准　根据反应结果作出判定。

注射部位出现明显水肿,无须触诊凭肉眼即可察出者,判为阳性(＋)。

注射部位水肿不明显,需触诊注射部位,并与对侧比较才能察觉者,判为可疑(±)。

注射部位无任何反应,或仅出现一个小硬者,判为阴性(－)。

可疑反应羊 30 d 后复检,如无反应则判为阴性,如仍为可疑者判为阳性。

7. 病原检查

(1)细菌培养　病料取流产胎儿或其胃内容物、羊水、胎盘的病变部位,无菌操作,用接种棒蘸取病料,在血清肝汤琼脂培养基上划线,37 ℃温箱内培养 2～3 d,取出观察结果,如平板上有湿润、闪光、无色、圆形、隆起、边缘整齐的小菌落,则为布鲁氏菌的可疑菌落。

(2)镜检　取培养基的典型菌落涂片,用革兰氏法染色后镜检。布鲁氏菌呈单个散在,少数呈短链,无芽孢、无荚膜的短小杆菌,革兰氏阴性。

(三)注意事项

(1)采血针头、试管使用前必须经过彻底灭菌;每头被检家畜用一个针头,采血后置于消毒液中。

(2)采血时务必使血液沿管壁流入,不要出现气泡。

(3)采得的血清,必须新鲜,无溶血和腐败,若不能尽早检验,应在血清中加入防腐剂。

(4)检查羊血清时,用含有 0.5%石炭酸的 10%盐水代替生理盐水稀释抗原和血清。

(5)为了结果的准确判定,每次检疫必须作对照试验。

(6)大群检疫时,为节约时间,大家畜作 1：100 和 1：50,小家畜作 1：50 和 1：25 两个稀释倍数。

四、实训报告

写出布鲁氏菌病试管凝集试验的操作方法与检疫结果报告。

▶▶ 实训十　牛结核病的检疫 ◀◀

一、目的

熟悉牛结核病检疫内容和要点,掌握变态反应检疫的操作步骤、结果判定及注意事项,能正确完成牛结核病检疫。

二、材料

待检牛、鼻钳、毛剪、镊子、游标卡尺、注射器和针头、酒精、脱脂棉、纱布、牛型提纯结核菌素、记录表、来苏尔、线手套、工作服、工作帽、口罩、胶靴、毛巾、肥皂、牛结核病料、潘氏斜面培养基、甘油肉汤、接种环、酒精灯、石蜡、火柴、培养箱、匀浆机等。

三、方法步骤

(一)临诊检疫

1. 流行病学调查

询问牛的引进及饲养管理情况、发病数量等。

2. 临诊检疫

对待检牛进行临诊检查,特别要注意营养状况、有无逐渐消瘦,咳嗽、呼吸困难,鼻腔分泌物增多,体表淋巴结的肿大,检查乳房是否对称,乳房淋巴结是否肿大等。

3. 病理变化

对疑为结核病牛尸体解剖,进行仔细观察,注意观察肺部、胸腹膜上有无结核结节。

(二)变态反应检疫

1. 操作方法

(1)注射部位及术前处理　将牛编号后在左侧颈部中上 1/3 处剪毛(或提前 1 d 剃毛);3 个月以内的犊牛,也可在肩胛部进行,直径约 10 cm,用卡尺测量术部中央皮皱厚度,做好记录。如术部有变化时,应另选部位或在对侧进行。

(2)注射剂量　不论大小牛,一律皮内注射 10 000 IU,即将牛型提纯结核菌素(PPD)稀释成每毫升 100 000 IU 后,皮内注射 0.1 mL,冻干菌素稀释后应当天用完。

(3)注射方法　先以 75%酒精消毒术部,然后皮内注入定量的牛型提纯结核菌素,注射后局部应出现小泡,如注射有疑问时,应另选 15 cm 以外的部位或对侧重做。

(4)观察反应　皮内注射后经 72 h 判定,仔细观察局部有无热痛、肿胀等炎性反应,并以卡尺测量皮皱厚度,做好详细记录。对疑似反应牛应即在另一侧以同一批菌素同一剂量进行第二次皮内注射,再经 72 h 观察反应。

如有可能,对阴性和疑似反应牛,注射后 96 h 和 120 h 再分别观察一次,以防个别牛出现较晚的迟发型变态反应。

牛结核病检疫记录表，见表 3-9-3。

表 3-9-3　牛结核病检疫记录表

单位：　　　　　　　　年　　月　　日　　　　　　　　检疫员：

编号	牛号	年龄	提纯结核菌素皮内注射反应								
			次数		注射时间	部位	原皮厚/mm	注射后皮厚/mm			判定
								72 h	96 h	120 h	
			第　次	一回							
				二回							
			第　次	一回							
				二回							
			第　次	一回							
				二回							
			第　次	一回							
				二回							
			第　次	一回							
				二回							

受检头数＿＿＿＿＿　　阳性头数＿＿＿＿＿　　疑似头数＿＿＿＿＿　　阴性头数＿＿＿＿＿

2. 结果判定

(1)阳性反应　局部有明显的炎性反应，皮厚差等于或大于 4 mm 者(对进口牛的检疫，凡皮厚差大于 2 mm 者)，均判为阳性，其记录符号为"＋"。

(2)疑似反应　局部炎性反应不明显，皮厚差在 2.1～3.9 mm，其记录符号为"±"。

(3)阴性反应　无炎性反应。皮厚差在 2 mm 以下，其记录符号为"－"。

3. 疑似牛的判定

凡判定为疑似反应的牛，于第一次检疫 30 d 后进行复检，其结果仍为可疑反应时，经 30～45 d 后再复检，如仍为疑似反应，应判为阳性。

(三)病原检疫

1. 病料处理

根据感染部位的不同采用不同的病料，如痰、尿、脑脊液及腹水、乳及其他分泌物等。为了排除分枝杆菌以外的微生物，组织样品制成匀浆后，取 1 份匀浆加 2 份草酸或 5% NaOH 混合，室温放置 5～10 min，上清液小心倒入装有小玻璃珠带螺帽的小瓶或小管内，37 ℃放置 15 min，3 000～4 000 r/min 离心 10 min，弃去上清液，用无菌生理盐水洗涤沉淀，并再离心。沉淀物用于分离培养。

2. 分离培养

将沉淀物接种于潘氏斜面琼脂和甘油肉汤，培养管加橡皮塞，置 37 ℃下培养至少 2～4 周，每周检查细菌生长情况，并在无菌环境中换气 2～3 min。牛结核分枝杆菌呈淡黄微白色、湿润、黏稠、微粗糙菌落。取典型菌落涂片、染色、镜检可确检。结核分枝杆菌革兰氏染色阳性(菌体呈蓝色),抗酸染色菌体呈红色。

(四)注意事项

(1)利用变态反应检疫牛结核,注射方法必须正确,剂量准确。

(2)游标卡尺测量皮肤厚度时,松紧度应适宜,结果观察时,不要更换检疫人员,减少人为误差。

四、实训报告

填写牛结核病检疫记录表,并根据皮内变态反应的结果进行判定。

▶▶ 实训十一　旋毛虫病的检疫 ◀◀

一、目的

熟悉旋毛虫病临诊检疫的操作要点,掌握肌肉压片检查法,了解集样消化检查法,认识旋毛虫。

二、材料

剪刀、镊子、旋毛虫压片器或载玻片、肌旋毛虫玻片标本、显微镜、1%稀盐酸、10%稀盐酸、50%甘油溶液、研磨器、消化液(胃蛋白酶)、天平、贝尔曼氏幼虫分离装置、污物桶等。

三、方法步骤

(一)临诊检疫

感染旋毛虫病的猪一般有一定的耐受性,虫体对猪的影响较小,主要病变在肌肉。感染严重的猪出现营养不良、肌肉痉挛、运动障碍、体温升高、吞咽障碍、咀嚼困难及发痒等症状。

(二)实验室检查

1. 虫体识别

将肌旋毛虫玻片标本放置于50～100倍的显微镜下,观察旋毛虫大小以及寄生的部位。

2. 肌肉压片检查法

(1)采样　用剪刀剪取猪胴体左右两侧膈肌脚25～50 g的肉样各一块,并与胴体编成同一号。如果被检对象是部分胴体,可从腰肌、肋间肌或咬肌等处采样。

(2)制片　用剪刀顺着肌纤维的方向,分别在两块肉样(每块肉样两面不同部位各剪取6粒)中剪取12个麦粒大小的肉粒(要特别注意选择剪取目检时发现的可疑病灶),分两排分布在旋毛虫压片器上。如用载玻片,则每玻片分两排放6粒,共两枚玻片。然后盖上玻片,旋动夹压片或用力压迫载玻片,以可透过压薄肉粒清晰地看到报纸上的小号字为宜。

(3)镜检　将制好的压片,置于50～100倍低倍镜下仔细观察。要求从压片的第一个肉粒开始,按照肌纤维的方向逐一检查24个肉粒,不得漏检。视野中的肌纤维为微黄色。

(4)判定　未形成包囊的旋毛虫,在肌纤维之间,虫体呈蚯蚓样的直线状或微弯曲状。形成包囊后的旋毛虫,在肌纤维间可以看到发亮透明圆形或椭圆形的包囊,一个包囊内有一条幼虫,偶尔会有两条以上的幼虫。钙化的包囊幼虫,镜下检查呈黑色的团块状。在肉样中滴加适量的10%稀盐酸将钙化灶溶解后再进行镜检。可见到完整的幼虫虫体或可见虫体的片段,此系包囊钙化,或见到断裂成段、模糊不清的虫体,此系幼虫本身钙化。机化的包囊幼虫,因虫体周围的结缔组织增生,使包囊明显增厚,压片镜检时呈较大的白点或云雾状,此时在肉样中滴加适量的 50％甘油溶液,数分钟后待检样透明清晰,镜检可见虫体或崩解后虫体的片段。

3. 集样消化检查法

集样消化检查法是利用胃蛋白酶消化肌肉组织而旋毛虫虫体不被消化的原理,将肌肉组织溶解后,镜检沉淀物检查有无旋毛虫的方法。

首先将肉样中的腱膜、肌筋及脂肪去除,后用剪刀剪碎并研磨。称取 25 g 后置于 600 mL 三角烧瓶中,加入 1％的稀盐酸和消化液(胃蛋白酶),在 37 ℃恒温箱中搅拌和消化 8～15 h,将烧瓶移入冰箱中冷却。消化后的肉汤通过贝尔曼氏装置滤进,过滤后再倒入 500 mL 冷水静置 2～3 h 后倾去上层液,取 10～30 mL 沉淀物镜检。

四、实训报告

根据检查结果,写一份猪旋毛虫病检疫的报告。

▶ 实训十二　鸡新城疫的检疫 ◀

一、目的

了解鸡新城疫的临诊检疫要点,掌握新城疫 HA/HI 试验检疫技术。

二、材料

待检病鸡、健康鸡、9～11 日龄鸡胚、生理盐水、新城疫抗原、3.8％枸橼酸钠、注射器、针头、吸管、离心管、离心机、试管、试管架、手术剪、镊子、青霉素、链霉素、酒精棉球、碘酒棉球、酒精灯、石蜡、蛋托、照蛋器、96 孔 V 形反应板、50 μL 定量移液器、血细胞振荡器、稀释棒、天平等。

三、方法步骤

(一)临诊检疫

1. 流行病学调查

通过询问、观察和统计,了解鸡群的免疫接种情况、发病时间、发病率、死亡率以及药物治疗情况等。

2. 临诊检疫

根据所学过的新城疫的症状进行仔细观察,特别要注意神经症状、呼吸道症状和消化道症状。

3. 病理变化

对疑为新城疫死亡的鸡进行剖检,结合学过的知识观察特征性的病理变化,注意观察腺胃乳头的出血或溃疡,盲肠扁桃体和直肠黏膜的出血等。

(二)实验室检疫

1. 病毒的分离培养

无菌采取病鸡的脾、脑或肺,研磨后加入 10～20 倍灭菌生理盐水制成悬液,并按每毫升悬液加入青霉素、链霉素各 1 000 IU,在 4 ℃冰箱中放置 2~4 h 后离心,取上清液 0.1~0.2 mL,接种于 9~11 日龄鸡胚的尿囊腔内,接种后每日观察 2 次,取 24~48 h 内死亡的鸡胚置 4 ℃冰箱内过夜,次日取出鸡胚收集其尿囊液,并观察病变,尿囊液应清朗,胚体无腐败,头、翅和趾出血明显,尿囊液保存备用。

2. 血凝(HA)和血凝抑制(HI)试验

(1)血凝(HA)　试验简要步骤如下。

①0.5%红细胞液制备:健康鸡翅静脉采血,用注射器先吸取 3.8%的枸橼酸钠 2 mL,然后采血 2~3 mL,然后将抗凝血注入离心管中,用灭菌生理盐水离心洗涤 3 次,第 1、2 次 2 000 r/min 离心 5 min,第 3 次 3 000 r/min 离心 8 min,洗去血清和白细胞,直至上清液完全透明,弃去上清液,取红细胞泥配成 0.5%红细胞悬液。

②96 孔反应板的准备:注意将每个孔穴刷净,置于 2%盐酸中浸泡 24 h,流水漂洗数小时,然后再用蒸馏水冲洗 5~6 次,放置 30 ℃恒温箱内干燥。

③操作方法:按表 3-9-4 操作,置 37 ℃恒温箱中作用 15 min 后观察结果。

④结果判定及记录,根据结果判定如下:

"+"表示红细胞完全凝集。红细胞凝集后完全沉于反应孔底,呈颗粒状,边缘不整齐或呈锯齿状,而液体中无悬浮的红细胞。

"-"表示红细胞未凝集。反应孔底部的红细胞没有凝集成一层,而是全部沉淀成小圆点,位于小孔最底端,边缘水平。

"±"表示可疑。红细胞下沉情况介于"+"与"-"之间。新城疫病毒液能凝集鸡的红细胞,但随着病毒液被稀释,其凝集红细胞的作用逐渐变弱。

稀释到一定倍数时,就不能使红细胞出现明显的凝集,从而出现可疑或阴性结果。能使红细胞发生完全凝集的病毒的最大稀释倍数为该病毒的血凝滴度或称血凝效价。鸡新城疫病毒的凝集价多在 2^6 倍以上。

表 3-9-4　NDV-HA 试验加样表(微量法)　　　　　　μL

孔号	1	2	3	4	5	6	7	8	9	10	11	12
病毒稀释倍数	2^1	2^2	2^3	2^4	2^5	2^6	2^7	2^8	2^9	2^{10}	2^{11}	2^{12}
生理盐水	50	50	50	50	50	50	50	50	50	50	50	50
病毒液	50	50	50	50	50	50	50	50	50	50	50	50
0.5%红细胞	50	50	50	50	50	50	50	50	50	50	50	50

(2)血凝抑制(HI)试验　采用同样的血凝板,每排孔可检查 1 份血清样品。检查另一份血清时,必须更换吸取血清的加样器。

①制备 4 个血凝单位的病毒抗原:用生理盐水稀释病毒抗原,使之含 4 个血凝单位的病毒。稀释倍数按下式计算:病毒抗原应稀释倍数＝病毒的血凝滴度/4。

如病毒的凝集价为 2^6(6 号孔),则将原病毒液稀释 2^4 倍即为 4 个血凝单位的病毒抗原。

②操作方法:按表 3-9-5 操作,置 37 ℃恒温箱内作用 15~30 min 后观察结果。

表 3-9-5　NDV-HI 试验加样表(微量法)　　　　　　　　　　　　　　　μL

孔号	1	2	3	4	5	6	7	8	9	10	11	12
病毒稀释倍数	2^1	2^2	2^3	2^4	2^5	2^6	2^7	2^8	2^9	2^{10}	病毒对照	盐水对照
生理盐水	50	50	50	50	50	50	50	50	50	50		50
免疫血清	50	50	50	50	50	50	50	50	50	50		/
4 单位病毒	50	50	50	50	50	50	50	50	50	50	50	/
置 37 ℃恒温箱内作用 5～10 min												
0.5% 红细胞	50	50	50	50	50	50	50	50	50	50	50	50

③结果判断和记录,根据反应结果判断:

"一"表示红细胞不凝集。高浓度的新城疫病毒抗血清能抑制新城疫病毒对鸡红细胞的凝集作用,使反应孔中的红细胞呈圆点状沉淀于反应孔底端中央,而不出现血凝现象。

"+"表示红细胞完全凝集。随着血清被稀释,它对病毒血凝作用的抑制减弱,反应孔中的病毒逐渐表现出血凝作用,而最终使红细胞完全凝集,沉于反应孔底层,边缘不整或呈锯齿状。

"±"表示可疑。红细胞下沉情况介于"一"与"+"之间。

能使红细胞完全发生凝集抑制的血清最高稀释倍数为该血清的血凝抑制滴度或抗体的血凝抑制效价,当病鸡或康复鸡血清抗体水平超过 1 000 倍,可判为新城疫感染。

四、实训报告

记录血凝及血凝抑制试验的结果,根据结果作出正确的诊断。

实训十三　鸡白痢的检疫

一、目的

了解鸡白痢的临诊检疫方法,掌握鸡白痢全血平板凝集试验的操作方法、判定标准及注意事项。

二、材料

待检鸡、清洁玻璃板、玻璃笔、不锈钢金属丝环、针头、乳头滴管、酒精灯、吸管、小试管、试管架、接种环、酒精棉球、火柴、鸡白痢全血平板凝集抗原和血清凝集抗原、鸡白痢阳性血清和阴性血清、灭菌生理盐水、培养基、载玻片、革兰氏染色液、显微镜、恒温箱等。

三、方法步骤

(一)临诊检疫

1. 流行病学调查

询问鸡群的免疫、饲养管理和发病情况。

2. 临诊检查

根据已学的鸡白痢的症状进行仔细观察,特别注意其消化道症状。

3. 病变检查

对死亡鸡或病鸡进行剖检,结合学过的知识注意观察特征性的病理变化。

(二)实验室检疫

1. 全血平板凝集反应

(1)抗原　为每毫升含 100 亿菌的悬浮液,其中有枸橼酸钠和色素。

(2)操作方法　简要步骤如下。

①将玻璃板擦拭干净,用玻璃铅笔划成 1.5～2 cm 的小方格,并编号。

②将抗原充分振荡后,用滴管吸取 1 滴,滴于玻板的小方格里,随即以针头刺破被检鸡冠或翼下静脉,用不锈钢丝环取血一满环(0.02～0.04 mL),立即与小方格内抗原混匀,扩散至 2 cm,置 20 ℃下或在酒精灯上微加温,2 min 内判定结果。

(3)判定标准

(＋)阳性反应:2 min 内出现明显颗粒或块状凝集。

(－)阴性反应:2 min 内不出现凝集或呈均匀一致的微细颗粒或边缘由于干涸形成的絮状物。

(±)疑似反应:不易判定为阳性或阴性反应的。

(4)注意事项

①本试验只适用于 2 月龄以上鸡的检疫,对 2 月龄以下的鸡敏感性差,不适用。

②反应在 20 ℃左右进行,检疫开始时必须用阳性和阴性血清对照。

③操作用过的用具(如采血针、不锈钢丝环等),经消毒后方可再用。

2. 血清平板凝集反应

(1)抗原　同上抗原,不加稀释。

（2）操作方法　在玻板上滴 1 滴血清和 1 滴抗原,混匀,30～60 s 出现凝集者为阳性。试验应在 10 ℃以上室温中进行。

3. 血清试管凝集反应（单管法）

（1）抗原　每毫升含菌 10 亿个。

（2）操作方法　采鸡血分离血清,吸取血清 0.02 mL 于小试管中,加上述抗原 1 mL 与血清混合,置 37 ℃ 24 h,再在室温放置 12～24 h,发生凝集者为阳性反应。

4. 病原检查

（1）病原分离培养　无菌采鸡的肝、胆囊、脾、心血、卵黄,用接种环蘸取病料,在麦凯琼脂平板上划线。置 37 ℃温箱内培养 24 h,取出观察结果。如平板上有分散、光滑、湿润、微隆起、半透明、无色或与培养基同色的,具黑色中心的细小菌落,则为鸡白痢沙门菌可疑菌落。若材料被污染或平板上未见到可疑菌落,可取上述病料于无菌乳钵中加灭菌磨碎,以营养肉汤作稀释液,制成混悬液。吸该悬液 10 mL 接种于 100 mL 四硫黄酸钠煌绿增菌液中,于 42 ℃培养 18～24 h。同时吸 10 mL 悬液加入 100 mL 亚硒酸盐胱氨酸增菌液内,于(36±1) ℃培养 18～24 h。然后取增菌液各一环划线接种于平板上,培养 24 h 后取出观结果。

（2）鉴别培养　从每一分离平板上用接种针挑取可疑鸡白痢沙门菌单个菌落至少 3 个,分别移种于三糖铁琼脂斜面培养基上(先进行斜面划线,再作底层穿刺接种),于 37 ℃恒温箱内培养 18～24 h,取出观察并记录结果。鸡白痢沙门菌在斜面上产生红色菌苔,底部仅穿刺线呈黄色并慢慢变黑,但不向四周扩散,说明产生硫化氢,无动力;有裂纹形成,说明产气。

（3）镜检　自斜面取培养物涂片,用革兰氏染色后镜检。鸡白痢沙门菌为单独存在、革兰氏阴性、两端钝圆、无芽孢的小杆菌。用培养物做悬滴标本观察,无运动性。

四、实训报告

记录全血平板凝集试验的结果,分析几种不同实验室方法的优缺点,写出实训报告。

▶ 实训十四　动物产地检疫 ◀

一、目的

掌握产地检疫的项目和要求,按产地检疫的程序开展动物和动物产品的产地检疫工作,能够规范出具各种检疫证明,并能准确判定有关证明是否有效。

二、材料

国家法定的检疫证明复印件和记录表格;体温计、听诊器、酒精棉球、消毒药和消毒器械等;根据报检情况,选择合适的规模化养殖场和自然村的被检动物群以及相应的被检动物产品。

三、方法步骤

(一)现场介绍

动物卫生监督机构接到申报后,按约定时间派动物检疫员和指导教师带学生到现场或指定地点实施检疫。动物检疫员或指导教师介绍该场或当地实际情况,如地理位置、周围环境、动物养殖情况、动物疫情动态、产地检疫工作开展情况、动物和动物产品的流通动向等。

(二)分组学习

学生分成 4～8 个小组在动物检疫员或指导教师的带领下到场、到户开展动物、动物产品的产地检疫工作。

1. 动物的产地检疫

(1)疫情调查　向畜主询问饲养管理情况、近期当地疫病发生情况和邻近地区的疫情动态等情况,结合对饲养场、饲养户的实际观察,确定动物是否来自非疫区。

(2)查验免疫档案和免疫耳标　向畜主索取动物的免疫档案,核实免疫档案的真伪、检查是否按国家或地方规定必须强制预防接种的项目以及是否处在免疫有效期内。同时认真查验免疫耳标,确定动物具备合格的免疫标识。

(3)实施临床检查　根据现场条件分别进行群体和个体检查被检动物是否健康。

(4)检疫后处理　经检疫合格的,收缴动物免疫档案,根据动物的流向,出具相应的证明,经检疫不合格的,按有关国家有关法律、法规的规定进行处理。

2. 动物产品的产地检疫

(1)疫情调查　确定生皮、原毛、绒等产品的生产地无规定疫情,并按照有关规定进行消毒;种蛋、精液和胚胎的供体无国家规定动物疫病,供体有健康合格证明。

(2)消毒　外包装用广谱高效消毒剂实施消毒,消毒后加贴统一的消毒封签或消毒标志。出具相应的证明。

四、动物检疫证明的填写

填写和使用动物检疫证明的基本要求:出具证照的机构和人员必须是依法享有出证职权者;各种检疫证明必须按规定签字盖章方为有效;严格按适用范围出具检疫证明,混用无效;证明所列项目要逐一填写,内容简明准确;涂改检疫证明无效;除检疫书证的签发日期可用阿拉伯数字填写外,数量、有效期等必须用大写汉字填写。

　　附动物检疫合格证明样式,供参考。

动 物 检 疫 合 格 证 明（动物A）

编号：

货　主		联系电话		
动物种类		数量及单位		
启运地点	省　　　市(州)　　　县(市、区)　　　乡(镇)村 （养殖场、交易市场）			
到达地点	省　　　市(州)　　　县(市、区)　　　乡(镇) 村（养殖场、屠宰场、交易市场）			第
用　途		承运人		联系电话	
运载方式	□公路 □铁路 □水路 □航空		运载工具 牌号		联
运载工具消毒情况	装运前经＿＿＿＿＿＿＿＿＿消毒			
本批动物经检疫合格,应于＿＿＿＿＿＿＿＿＿日内到达有效。 　　　　　　　　官方兽医签字：＿＿＿＿＿＿＿＿ 　　　　　　　　签发日期：　　　年　月　日 　　　　　　　（动物卫生监督所检疫专用章）				共 联
牲　畜 耳标号				
动物卫生 监督检查 站签章				
备　注				

注：1.本证书一式两联,第一联随货同行,第二联由动物卫生监督所留存。

　　2.跨省调运动物到达目的地后,货主或承运人应在24 h内向输入地动物卫生监督机构报告。

　　3.牲畜耳标号只需填写后3位,可另附纸填写,需注明本检疫证明编号,同时加盖动物卫生监督机构检疫专用章。

动物检疫合格证明（动物B）

编号：

货　主			联系电话	
动物种类		数量及单位	用途	
启运地点	市（州）　　　县（市、区）　　　乡（镇）　　　村（养殖场、交易市场）			
到达地点	市（州）　　　县（市、区）　　　乡（镇）　　　村（养殖场、屠宰场、交易市场）			
牲　畜 耳标号				

第　联　共　联

本批动物经检疫合格，应于当日内到达有效。

官方兽医签字：＿＿＿＿＿＿＿＿＿＿

签发日期：　　年　月　日

（动物卫生监督所检疫专用章）

注：1.本证书一式两联，第一联随货同行，第二联由动物卫生监督所留存。

　　2.本证书限省内使用。

　　3.牲畜耳标号只需填写后3位，可另附纸填写，并注明本检疫证明编号，同时加盖动物卫生监督所检疫专用章。

动 物 检 疫 合 格 证 明（产品A）

编号：

货　主		联系电话	
产品名称		数量及单位	
生产单位名称地址			
目的地	省　　　　市（州）　　　　县（市、区）		
承运人		联系电话	
运载方式	□公路　　　□铁路　　　□水路　　　□航空		
运载工具牌号		装运前经＿＿＿＿＿＿消毒	

本批动物产品经检疫合格,应于＿＿＿＿＿＿日内到达有效。

官方兽医签字：＿＿＿＿＿＿＿＿＿

签发日期：　　　年　月　日

（动物卫生监督所检疫专用章）

动物卫生监督检查站签章	
备注	

注:本证书一式两联,第一联随货同行,第二联由动物卫生监督所留存。

第
联

共
二
联

动物检疫合格证明（产品B）

编号：

货　主		产品名称	
数量及单位		产　地	
生产单位名称地址			
目的地			
检疫标志号			
备　注			

本批动物产品经检疫合格，应于当日到达有效。

官方兽医签字：_____

签发日期：　　　年　月　日

（动物卫生监督所检疫专用章）

第一联 共二联

注：1.本证书一式两联，第一联随货同行，第二联动物卫生监督所留存。

　　2.本证书限省境内使用。

参 考 文 献

[1] 黄爱芳,王选慧.动物防疫与检疫[M].北京:中国农业大学出版社,2015.

[2] 刘明生,吴祥集.动物传染病[M].北京:中国农业出版社,2020.

[3] 姚火春.兽医微生物学实验指导[M].北京:中国农业出版社,2012.

[4] 陈溥言.兽医传染病学[M].北京:中国农业出版社,2015.

[5] 杜宗沛.动物疫病[M].北京:中国林业出版社,2019.

[6] 王选慧.兽医卫生检验[M].北京:中国农业出版社,2016.

[7] 杨增歧.畜禽无公害防疫新技术[M].北京:中国农业出版社,2015.

[8] 鞠兴荣.动植物检验检疫学[M].北京:中国轻工业出版社,2018.

[9] 胡新岗.动物防疫与检疫[M].北京:中国农业出版社,2012.

[10] 李雪梅.动物性食品卫生检验[M].北京:中国轻工业出版社,2018.

彩　图

彩图 1-2-1　场舍门口消毒池

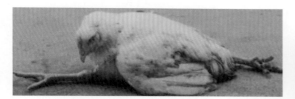

彩图 2-5-1　神经型马立克氏病病鸡两腿呈"劈叉"姿势

彩图 2-5-2　健康犬的舌黏膜呈淡红色

彩图 2-5-3　健康猪睡卧常取侧卧,四肢伸展,
头侧着地,爬卧时后肢屈于腹下

彩图 2-5-4　患病猪精神萎靡,姿势异常

彩图 2-5-5　健康羊的静态观察

彩图 2-5-6　健康马的静态观察

彩图 2-5-7　健康马的饮水状态观察

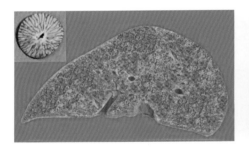

彩图 2-5-8　"槟榔肝"

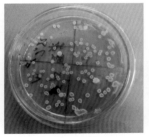

彩图 2-5-9　圆形菌落

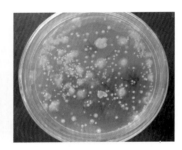

彩图 2-5-10　放射状菌落

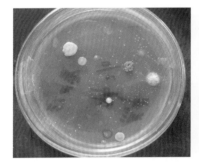

彩图 2-5-11　橘红色菌落

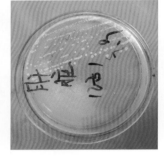

彩图 2-5-12　凸起、光滑、湿润、
乳白色、边缘整齐的中等大菌落

彩图 2-5-13　金属光泽的红色菌落

彩图 2-5-14　紫黑色带金属光亮的菌落

彩图 2-5-15　左侧试管液面有菌
膜，右侧试管液面无菌膜

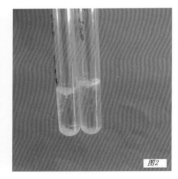

彩图 2-5-16　液面有菌膜，
试管底部有沉淀

彩图 2-6-1　患病牛流涎，
泡沫状挂满嘴边

彩图 2-6-2　患病牛舌
黏膜糜烂

彩图 2-6-3　"虎斑心"

彩图 2-6-7　肺脏纤维素性化脓性炎症，
且与肋胸膜发生粘连

彩图 2-6-4　患病牛鼻黏膜、鼻镜坏死

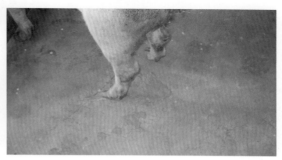

彩图 2-6-8　患病猪排砖灰色稀粪

彩图 2-6-5　患病牛眼角膜浑浊

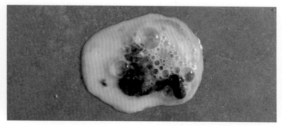

彩图 2-6-9　患病鸡排黄白色稀粪

彩图 2-6-6　患病羊口腔、鼻镜坏死

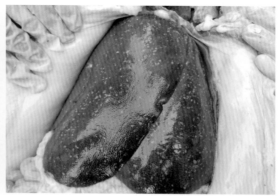

彩图 2-6-10　肝脏体积肿大且表面可见大小
不等的灰白色坏死灶

彩图 2-6-11　肠系膜淋巴结肿大

彩图 2-6-12　肠壁增厚，黏膜潮红，覆盖有纤维蛋白性坏死物

彩图 2-6-13　心肌灰白色结节

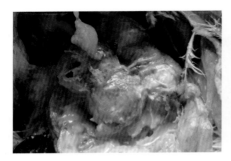

彩图 2-6-14　卵黄性腹膜炎

彩图 2-6-15　"青铜肝"

彩图 2-6-16　脾脏稍肿且表面可见针帽大小的灰白色坏死灶

彩图 2-6-17　气管黏膜广泛性充血、出血

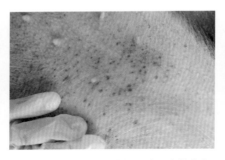

彩图 2-6-18　患病猪腹部皮肤斑点状出血

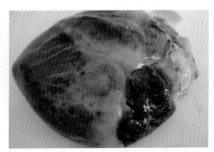

彩图 2-6-19　心耳及心外膜广泛性出血斑点

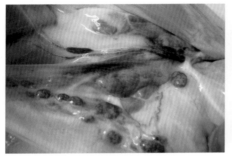

彩图 2-6-20　肠系膜淋巴结肿胀，充血、出血、外表呈紫红色

彩图 2-6-21　肾脏点状出血

彩图 2-6-22　脾脏边缘可见梗死灶

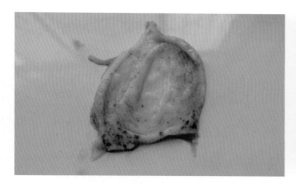

彩图 2-6-23　膀胱黏膜点状至斑块状出血

彩图 2-6-26　患病猪耳部、鼻、腹部皮肤发绀

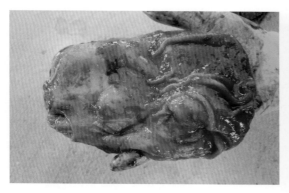

彩图 2-6-24　胃黏膜卡他性出血性炎症

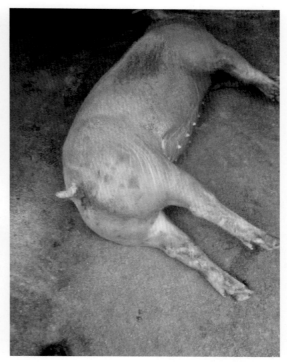

彩图 2-6-27　患病猪尾部、后肢等处皮肤发绀

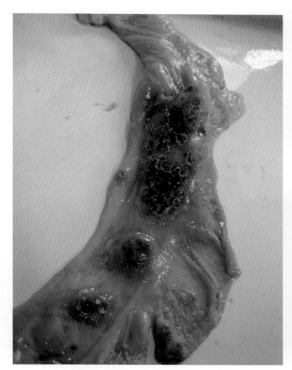

彩图 2-6-25　回肠、盲肠黏膜纽扣状溃疡

彩图 2-6-28　患病猪背部皮肤可见方形或菱形疹块

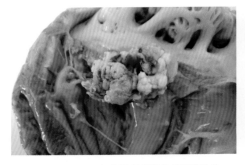

彩图 2-6-29　房室瓣见"菜花状"赘生物

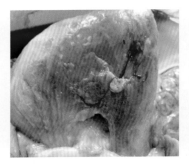

彩图 2-6-30　"绒毛心"

彩图 2-6-31　患病猪跗关节肿大,切开有大量炎性渗出物

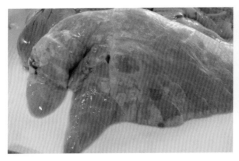

彩图 2-6-32　肺脏"肉样变"

彩图 2-6-33　患病绵羊乳房上可见丘疹、红斑

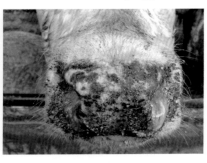

彩图 2-6-34　患病牛流出淡黄色脓性鼻液

彩图 2-6-35　肺组织内有粟粒大小的灰白色结节

彩图 2-6-36　"珍珠病"

彩图 2-6-37　真胃出血性炎症

彩图 2-6-38　肾脏软化如泥

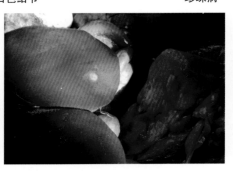

彩图 2-6-39　肝脏充血、肿胀,表面有一灰黄色凝固性坏死灶

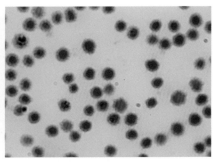

彩图 2-6-40　红细胞内发现小型多形态虫体

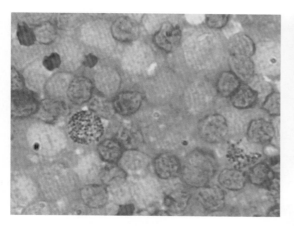

彩图 2-6-41　淋巴细胞内发现裂殖子

彩图 2-6-45　淋巴结、腺胃均肿大

彩图 2-6-42　绿色粪便

彩图 2-6-43　腺胃乳头肿胀、出血,肌胃出血、溃疡

彩图 2-6-46　患病鸡闭眼呈昏睡状态

彩图 2-6-44　"灰眼病"

彩图 2-6-47　腿部条状出血

彩图 2-6-48　法氏囊
肿大、出血

彩图 2-6-49　"花斑肾"

彩图 2-6-50　喉头及气管上段黏膜充血、
肿胀、出血，管腔中有带血的渗出物

彩图 2-6-51　小肠
肿胀，肠壁充血、出血

彩图 2-6-52　患病犬眼内有
大量黏脓性分泌物

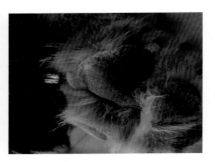

彩图 2-6-53　患病犬脚垫变硬

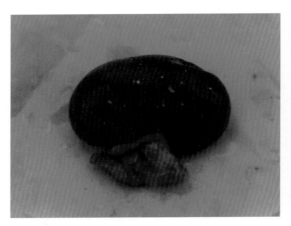

彩图 2-6-54　坏死性肾炎：肾脏表面可见针尖至
粟粒大的灰黄色坏死灶（引自陈怀涛）

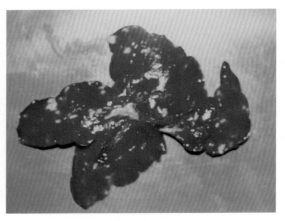

彩图 2-6-55　兔肝型球虫病：肝肿大，表面和实质内
有许多白色或淡黄色结节